中文版
AutoCAD 2014
实用教程

CAD辅助设计教育研究室　编著

人民邮电出版社
北　京

图书在版编目（CIP）数据

中文版AutoCAD 2014实用教程 / CAD辅助设计教育研
究室编著. -- 北京：人民邮电出版社，2015.12
ISBN 978-7-115-40295-0

Ⅰ. ①中… Ⅱ. ①C… Ⅲ. ①AutoCAD软件—教材
Ⅳ. ①TP391.72

中国版本图书馆CIP数据核字(2015)第243376号

内 容 提 要

本书是一本介绍 AutoCAD 2014 基本功能及实际应用的教程，以实例的形式，全面讲解了该软件的各项功能和使用方法。

全书共 16 章，循序渐进地介绍了 AutoCAD 2014 快速入门、AutoCAD 2014 的基本操作、简单二维图形绘制、复杂二维图形绘制、二维图形编辑、精准绘制图形、图块与设计中心的使用、文字和表格的使用、尺寸标注的应用、图层的应用与管理、AutoCAD 图形的输出和打印、绘制轴测图、三维绘图的基础操作以及三维图形的绘制等内容。最后通过建筑设计和机械设计等经典案例的实战演练巩固前面所学知识。

本书提供多媒体教学光盘，包含 98 个实例的素材文件及 1000 多分钟的高清语音视频讲解。同时，为方便教学，还配备了 PPT 教学课件，以供参考。

本书具有很强的针对性和实用性，且结构严谨、内容丰富，既可以作为大、中专院校相关专业以及 CAD 培训机构的教材，也可以作为从事 CAD 相关工作的工程技术人员的自学指南。

◆ 编　　著　CAD 辅助设计教育研究室
　　责任编辑　张丹阳
　　责任印制　程彦红

◆ 人民邮电出版社出版发行　　北京市丰台区成寿寺路 11 号
　　邮编　100164　　电子邮件　315@ptpress.com.cn
　　网址　http://www.ptpress.com.cn
　　北京天宇星印刷厂印刷

◆ 开本：787×1092　1/16
　　印张：25.75　　　　　　　　2015 年 12 月第 1 版
　　字数：638 千字　　　　　　2025 年 1 月北京第 51 次印刷

定价：49.80 元（附光盘）

读者服务热线：(010)81055410　印装质量热线：(010)81055316
反盗版热线：(010)81055315

前　言

AutoCAD作为一款通用的计算机辅助设计软件，它可以帮助用户在统一的环境下灵活地完成概念和细节设计，并在同一个环境下创作、管理和分享设计作品，十分适合广大普通用户使用。AutoCAD目前已经成为世界上应用最广的CAD软件之一，市场占有率居世界第一。

本书特色

- 最全面的知识：覆盖AutoCAD 2014所有的建筑、机械、室内以及电气等设计类型。
- 最实用的实例：98个最常见的图纸设计课堂实例＋29个图纸设计延伸课后习题。
- 最超值的赠送：所有案例素材文件＋所有案例的教学视频。

本书内容

- 第1章 AutoCAD 2014快速入门：介绍了AutoCAD的基础知识、软件操作、界面认识以及绘图环境的设置等内容。
- 第2章 AutoCAD 2014的基本操作：介绍了AutoCAD命令的调用、文件的操作、视图的草图以及坐标系的使用等内容。
- 第3章 简单二维图形绘制：介绍了AutoCAD 2014中点图形、直线图形、圆图形和多边形图形的绘制方法等内容。
- 第4章 复杂二维图形绘制：介绍了AutoCAD 2014中多段线、样条曲线、多线、面域以及图案填充图形的绘制和编辑方法等内容。
- 第5章 二维图形的编辑：介绍了对图形进行选择、移动、旋转、复制、修整、打断、合并、分解、倒角、圆角以及夹点编辑等多种操作。
- 第6章 精准绘制图形：介绍了图形的精确定位、对象捕捉的应用、对象追踪的应用以及对象约束的应用等内容。
- 第7章 图块与设计中心的使用：介绍了图块及其属性、设计中心与工具选项板的操作应用等内容。
- 第8章 文字和表格的使用：介绍了文字创建与编辑以及表格的创建与编辑等内容。
- 第9章 尺寸标注的应用：介绍了尺寸标注的概述与组成、尺寸标注样式的应用、基本尺寸标注的应用、其他尺寸标注的应用以及尺寸标注的编辑等内容。
- 第10章 图层的应用与管理：介绍了图层的创建、设置、使用与管理技巧、图层特性的设置以及线型比例的修改等内容。
- 第11章 AutoCAD图形的输出和打印：介绍了在模型空间和图纸空间中创建布局、创建打印样式、应用布局图以及打印出图等内容。
- 第12章 绘制轴测图：介绍了轴测图的概念、等轴测绘图环境的设置以及等轴测图的绘制等内容。

- 第13章 三维绘图的基础操作：介绍了三维坐标系和视点的设置、三维实体的显示控制、三维曲面和三维网格的绘制等内容。

- 第14章 三维图形的绘制：介绍了通过二维图形转化三维图形、三维实体的绘制、布尔运算的应用、倒角边与圆角边的操作、三维图形的操作、三维图形表面的编辑、图形的消隐与着色以及三维模型的渲染的绘制方法。

- 第15章 建筑设计及绘图：介绍了建筑设计的概念，别墅设计图中的平面图、立面图和剖面图的绘制以及凉亭三维模型的创建等内容。

- 第16章 机械设计及绘图：介绍了机械设计制图的内容和流程、机械零件图、装配图和三维模型图的绘制方法等内容。

为了达到使读者轻松自学并深入了解AuroCAD 2014软件功能的目的，本书在版面结构上尽量做到清晰明了，如下图所示。

课堂实例：包含大量的机械、建筑、室内以及电气设计等案例详解，让大家深入掌握各种图纸设计的制作流程，以快速提升图纸设计能力。

提示与技巧：针对软件的实用技巧以及机械、建筑、室内、电气等图纸的设计制作过程中的难点进行重点提示。

课后习题：安排重要的机械、建筑、室内、电气等方面的设计习题，让大家在学完相应内容以后继续强化所学技能。

附赠资源

本书附带1张DVD教学光盘，内容包含"素材""视频""PPT课件"和"赠送资源"四个文件夹。其中在"素材"中包含本书所有案例素材文件；在"视频"中包含了本书所有实例的多媒体有声视频教学录像，读者可以边观看视频教学，边学习书中的实例；在"PPT课件"中将本书所有章节内容制作成PPT的形式，方便教师教学；在"赠送资源"中包含了本书之外的其他相关资源，帮助读者掌握更多知识。

课程按排

本书的参考课时为112课时，其中讲师教授环节为80课时，学生实训环节为32课时，各章的参考学时如下表所示。

章节	课程内容	学时分配	
		讲授学时	实训学时
第1章	AutoCAD 2014快速入门	5	2
第2章	AutoCAD 2014的基本操作	5	2
第3章	简单二维图形绘制	4	2
第4章	复杂二维图形绘制	5	2
第5章	二维图形编辑	7	2
第6章	精准绘制图形	4	2
第7章	图块与设计中心的使用	5	2
第8章	文字和表格的使用	2	1
第9章	尺寸标注的应用	5	2
第10章	图层的应用与管理	5	2
第11章	AutoCAD图形的输出和打印	6	1
第12章	绘制轴测图	3	2
第13章	三维绘图的基础操作	6	2
第14章	三维图形的绘制	9	2
第15章	建筑设计及绘图	4	4
第16章	机械设计及绘图	5	2
课时总计		80	32

本书作者

本书由陈志民主编，参与编写的还有李红萍、陈云香、陈文香、陈军云、彭斌全、林小群、钟睦、张小雪、罗超、李雨旦、孙志丹、何辉、彭蔓、梅文、毛琼健、刘里锋、朱海涛、李红术、马梅桂、胡丹、何荣、张静玲和舒琳博等。

由于作者水平有限，书中错误、疏漏之处在所难免。在感谢您选择本书的同时，也希望您能够把对本书的意见和建议告诉我们。

读者服务邮箱:lushanbook@qq.com

QQ读者群：327209040

编者

目录 CONTENTS

目 录 CONTENTS

目 录 CONTENTS

目 录 CONTENTS

目 录 CONTENTS

目 录 CONTENTS

目录 CONTENTS

第1章

AutoCAD 2014 快速入门

AutoCAD 2014是由美国Autodesk公司推出的AutoCAD的新版本，是目前市场上最流行的计算机辅助绘图软件之一。随着Autodesk公司对AutoCAD软件不断地改进和完善，其功能也日渐强大，并且具有易于掌握、使用方便以及体系结构开放等优点，使其不仅在建筑、机械、石油、土木工程和产品造型等领域得到了大规模的应用，同时还在广告、气象、地理和航海等特殊领域开辟了广阔的市场。

学习目标

了解AutoCAD的基础知识
掌握AutoCAD 2014软件的操作方法
熟悉AutoCAD 2014的工作空间
熟悉AutoCAD 2014的工作界面
掌握绘图环境的设置方法

1.1 AutoCAD的基础认识

作为一款广受欢迎的计算机辅助设计软件，AutoCAD可以帮助用户在统一的环境下灵活完成概念和细节设计，并在同一个环境下创作、管理和分享设计作品。

1.1.1 AutoCAD基本功能

AutoCAD产生于1982年，至今已经过多次升级，其功能不断增强并日趋完善，如今已成为工程设计领域中应用最为广泛的计算机辅助绘图和设计软件之一。AutoCAD具有功能强大、易于掌握、使用方便和体系结构开放等特点，能够绘制平面图形与三维图形、标注图形尺寸、渲染图形以及打印输出图纸，深受广大工程技术人员的欢迎。AutoCAD所包含的基本功能有图形的绘制与编辑功能、尺寸标注功能、图形显示控制功能、三维模型渲染功能、图形的输出与打印功能以及二次开发功能6种。

1. 图形的绘制与编辑功能

在AutoCAD的【绘图】和【修改】菜单、工具栏以及功能区中包含了丰富的绘图和修改命令，使用这些命令可以绘制直线、圆、椭圆、圆弧、曲线、矩形、正多边形等基本的二维图形，也可以实现拉伸、旋转、放样等操作，使二维图形转换为三维实体。在AutoCAD 2014中，既可以绘制二维平面图，也可以绘制轴测图和三维图。图1-1所示为利用AutoCAD绘制的二维图形和三维模型。

图1-1 绘制的二维图形和三维模型

图1-1 绘制的二维图形和三维模型（续）

2. 尺寸标注功能

尺寸标注是向图形中添加测量注释的过程，是整个绘图过程中不可缺少的一步。AutoCAD 2014提供了标注功能，使用该功能可以在图形的各个方向上创建各种类型的标注，也可以方便、快速地以一定格式创建符合行业或项目标准的标注。

在AutoCAD 2014中提供了线性、半径和角度3种基本标注类型，可以进行水平、垂直、对齐、旋转、坐标、基线和连续等标注，标注的对象可以是二维图形或三维图形。图1-2所示为标注的二维图形和三维模型。

图1-2 标注的二维图形和三维模型

图1-2 标注的二维图形和二维模型（续）

3. 图形显示控制功能

控制图形显示可以方便地以多种方式放大或缩小所绘制的图形。对于三维图形来说，可以通过改变观察视点，从不同视角显示图形；也可以将绘图窗口分为多个视口，从而在各个视口中以不同文件方位显示同一图形。此外，AutoCAD 2014还提供了三维动态观察器，利用该观察器可以动态地观察三维图形。

4. 三维模型渲染功能

AutoCAD拥有非常强大的三维渲染功能，可以根据不同的需要提供多种显示设置，以及完整的材质贴图和灯光设备，进而渲染出真实的产品效果。图1-3所示为渲染的三维模型效果。

图1-3 渲染的三维模型

5. 图形的输出与打印功能

AutoCAD 2014不仅允许将所绘制的图形以不同样式通过绘图仪或打印机输出，还能够将不同格式的图形导入AutoCAD或将AutoCAD图形以其他格式输出。因此，当图形绘制完成之后可以使用多种方法将其输出。例如，可以将图形打印在图纸上，或创建成文件以供其他应用程序使用。

6. 二次开发功能

AutoCAD自带的AutoLISP语言可以让用户自行定义新命令和开发新功能。通过DXF、IGES等图形数据接口，可以实现AutoCAD和其他系统的集成。此外，AutoCAD还提供了与其他高级编辑语言的接口，具有很强的开发性。

1.1.2 AutoCAD的行业应用

随着计算机技术的快速发展，CAD软件在工程领域的应用层次也在不断地提高。作为最具代表性的CAD软件，AutoCAD是当今最能实现设计创意的设计工具和设计手段之一，已经被广泛应用于各个行业。据资料统计，目前世界上有75%的设计部门以及数百万的用户在应用此软件。

1. CAD在机械制造行业中的应用

AutoCAD在机械制造行业中的应用是最早的，也是最为广泛的。采用AutoCAD技术进行产品设计，可以帮助设计人员减轻繁重的图形绘制工作负担，创新设计思路，实现设计自动化，降低生产成本，从而提高企业的市场竞争力。同时还能使企业转变传统的作业模式，由串行式作业转变为并行作业，以建立一种全新的设计和生产管理体制，提高劳动生产效率。

2. CAD在建筑行业中的应用

随着时代的发展和社会的进步，人们的生活水平也越来越高，表现最明显的是住房环境的不断改善。随着家装和建筑市场的日益繁盛，对建筑装潢设计和绘图人员的需求越来越多。AutoCAD是建筑装潢设计中最常用的计算机绘图软件，使用它可以边设计边修改，直到满意为止，再利用打印设备出图，从而在设计过程中不再需要绘制很多不必要的草图，大大提高了设计的质量和工作效率。

15

3. CAD在园林行业中的应用

园林行业的设计工作主要是进行园林景观规划设计、园林绿化规划建设、室外空间环境创造和景观资源保护设计等。园林设计还涉及环境营造、户外活动等，具体表现为乡村、城市等一系列公共性与私密性的人类聚居环境、风景景观、园林绿地等设计。

4. CAD在电气行业中的应用

目前，电气行业已经成为高新技术产业的重要组成部分，广泛应用于工业、农业、国防等领域，在国民经济中发挥着越来越重要的作用。国民经济发展的三大重点行业有：汽车、房地产以及能源电力，其中房地产和能源电力都是电气产品的主要用户。

在家庭装潢的电气施工图中，需要绘制的内容包括住宅内的所有设施及电气线路，一般包括两部分，强电和弱电。其中弱电比较简单，主要是电话线路、有线电视线路和互联网网络线路。而强电包括照明灯具、电气开关、电气线路以及插座线路等。

5. CAD在服装行业中的应用

AutoCAD作为一款计算机辅助设计软件，以其方便、快捷、美观、精确的特点，在服装行业也备受青睐。

由于人们对服装的质量和合体性、个性化的要求越来越高，而通过AutoCAD可以将服装以二维、三维的方式进行服装设计、制版、放码和排料等操作，特别是设计常见的服装款式，有着手绘图纸无法比拟的方便与精准体现等优点。

6. CAD在娱乐行业中的应用

如今，CAD技术已进入到人们的日常生活中，无论是电影、动画、广告，还是其他娱乐行业，CAD技术发挥得淋漓尽致。例如，广告公司利用CAD技术构造布景，以虚拟现实的手法布置出人工难以做出的布景，这不仅节省了大量的人力、物力，降低成本，而且还能获得一般的效果，给人一种视觉冲击。

1.1.3 AutoCAD 2014新增功能

AutoCAD 2014是AutoCAD的新版本，除继承以前版本的优点以外，还增加了一些新的功能，绘图更加方便快捷。

1. 新增图形选项卡

AutoCAD 2014版本提供了图形选项卡，它在打开的图形间切换或创建新图形时非常方便。用户可以使用【视图】选项卡的【用户界面】面板中的【图形选项卡】控件来打开图形选项卡工具条。当文件选项卡打开后，在图形区域上方会显示所有已经打开的图形的选项卡，如图1-4所示。

图1-4 图形选项卡

文件选项卡是以文件打开的顺序来显示的，用户可以拖曳选项卡来更改它们之间的位置。如果上面没有足够的空间来显示所有的文件选项卡，此时会在其右端出现一个浮动菜单来访问更多打开的文件。如果选项卡上有一个锁定的图标，则表明该文件是以只读的方式打开的。如果有个冒号则表明自上一次保存后此文件被修改过。将鼠标光标移到文件标签上时，可以预览该图形的模型和布局。将鼠标光标移预览图形上时，则相对应的模型或布局就会在图形区域临时显示出来，并且打印和发布工具在预览图中也是可用的。

利用文件选项卡的右键菜单可以新建、打开或关闭文件，包括可以关闭除所点击文件外的其他所有已打开的文件，如图1-5所示。用户也可以复制文件的全路径到剪贴板或打开资源管理器并定位到该文件所在的目录。图形右边的加号【+】图标可以使你更容易地新建图形，在图形新建后会自动添加其选项卡。

图1-5 【文件选项卡】右键菜单

2. 新增输入设置

利用鼠标右键单击命令行时，可以通过输入设置菜单中的控件来自定义命令行动作。除了前面的选项来启用自动完成和搜索系统变量外，还可以启用自动更正、搜索内容和字符搜索，所有这些选项是默认打开的。另一个新增功能就是鼠标右击选项提供了访问新的输入搜索选项对话框。大部分新的命令行功能包括自动更正、字符搜索和自动适配建议，也可以使用动态输入，如图1-6所示。

图1-6　【输入设置】右键菜单

3. 外部参照功能增强

在AutoCAD 2014中，外部参照图形的线型和图层的显示功能加强了。外部参照线型不再显示在功能区或属性选项板上的线型列表中，但仍然会显示在功能区中以使用户可以控制它们的可见性。用户可以通过双击【类型】列表轻易地改变外部参照的附着类型，在附着和覆盖之间切换。右键菜单中的一个新选项可以使用户在同一时间对多个选择的外部参照改变外部参照类型。在外部参照选项板中包含了一个新工具，它可轻松地将外部参照路径更改为【绝对】或【相对】路径。用户也可以完全删除路径，XREF命令包含了一个新的PATHTYPE选项，可通过脚本来自动完成路径的改变。

4. 支持触屏操作

对Windows 8的全面支持，即全面支持触屏操作。目前对触屏的支持还存在着问题，特别是平移无法达到想要的效果。

5. 社会化合作设计

增加了社会化合作设计功能，可以通过AutoCAD 2014与其他设计者交流并交换图形。

6. 地理位置

可以将DWG图形与现实的实景地图结合在一起，利用GPS等定位方式直接定位到指定位置上去。

7. 图层管理器

在图层管理器上新增了合并选择，可以从图层列表中选择一个或多个图层，并将在这些层上的对象合并到另外的图层上去。而被合并的图层将会自动被图形清理掉。

8. 命令行增强

命令行得到了增强，可以提供更智能、更高效的访问命令和系统变量。而且，可以使用命令行来找到其他诸如阴影图案、可视化风格以及联网帮助等内容。命令行的颜色和透明度可以随意改变。它在不停靠的模式下很好使用，同时也做得更小。其半透明的提示历史可显示多达50行。

如果命令输入错误，AutoCAD不会再提示【未知命令】，而是会自动更正成最接近且有效的AutoCAD命令。例如，用户输入了TABEL，那就会自动启动TABLE命令。

自动完成命令输入增强到支持中间字符搜索。例如，如果在命令行中输入SETTING，那么显示的命令建议列表中将包含任何带有SETTING字符的命令，而不是只显示以SETTING开始的命令。

9. 图案填充命令增强

在之前的AutoCAD版本中，执行【绘图】|【图案填充】命令后，再设置参数，才可以对图形进行图案填充操作。现在，AutoCAD 2014加入了更人性化的操作，直接在命令行中输入要填充的图案的名称并按Enter键，就可以在绘图区拾取填充区域，对图形进行图案填充，更加方便快捷。

10. 倒角、圆角命令增强

之前的AutoCAD版本，当调用【倒角】或【圆角】命令时，系统默认只能对不平行的两条直线进行倒角、圆角处理。如果要对用多段线绘制的轮廓进行倒角、圆角，要先将图形分解再进行倒角、圆角的操作。AutoCAD 2014正好解决了这一难题，在对多段线进行倒角、圆角的时候就可以直接调用命令，不必再分解图形。

11. 圆弧命令增强

在AutoCAD以往版本中调用【圆弧】命令后，绘制圆弧的方向会有一定的局限性，必须明确指定圆心（或是起点）、端点，才能绘制有正确方向的圆弧。在AutoCAD 2014中是要按住Ctrl键来切换所要绘制的圆弧的方向，这样可以轻松地绘制不同方向的圆弧，降低了绘图的难度，减少了多次尝试绘制的麻烦。

1.1.4 AutoCAD的学习方法

随着计算机应用技术的飞速发展，计算机辅助设计已经成为现代工业设计的重要组成部分，AutoCAD软件具有操作简单、功能强大等特点，它已被广泛应用于机械设计、建筑设计、电子等图形设计领域，那么怎样才能学习好AutoCAD绘图，在此提出一些建议。

1. 学习AutoCAD要掌握正确的方法

有些初学者学习AutoCAD时成绩不佳，往往是由于较低的学习兴趣而造成学习效率不高。兴趣是最好的老师，初学者在学习AutoCAD的时候，要把学习与操作的过程当成一种兴趣而为的活动。

整个学习过程应采用循序渐进的方式。要学习和掌握好AutoCAD，首先要知道如何手工作图，对于作图过程中所用到画法的几何知识一定要非常清楚，只有这样才能更进一步去考虑如何用AutoCAD进行制作。实践证明，对于识图能力和几何作图能力强的人来说，学习AutoCAD较容易些，效果较好。同时需要了解计算机绘图的基本知识，如相对直角坐标和相对极坐标等，使自己能由浅入深地掌握AutoCAD的使用技术。

学习AutoCAD绘图的一大优点就是能够精确绘图。精确绘图就是指尺寸准确，画图到位。比如，对于平行线一定要平行；由两条线构成的角，顶点一定要重合。当尺寸没有按照标准画时，那么在标注尺寸的时候就需要修改数据，不仅影响到了图的美观，还直接影响了图的真实性，所以在画图过程中就要很细心，一步一步慢慢来，做到精确绘图。

使用计算机绘图就是为了提高绘图速度和效率，最快的操作方式就是使用快捷键。因而在用AutoCAD绘制图形时要尽量记住并使用快捷键，左右手都工作，从而提高绘制图形的速度。在绘图中当要执行某命令时，可用左手直接输入命令的快捷键（不需要把鼠标光标移到命令行），然后用右手单击鼠标右键即可，这样与用鼠标左键单击该命令图标的作用是一致的。比如要执行移动命令，可用左手输入"M"（在命令行输入命令时，均不区分大小写），然后用右手单击鼠标右键，即可执行移动命令。常用命令快捷键有：偏移"O"，填充"H"，剪切"TR"，延伸"EX"，写块（在不同图形文件中使用的块）"W"，多行文本"T"，放弃（退回一步操作）"U"，实时平移"P"，创建圆弧"A"，直线"L"，窗口缩放"Z"，分解"X"，创建圆"C"，创建块"B"，插入块"I"；常用开关键有：捕捉"F3"，正交"F8"，极轴"F10"，对象跟踪"F11"。给初学者一个简单的建议，在学习AutoCAD的初期就尝试着使用快捷命令来绘制你练习用的图形。

在学习AutoCAD命令时始终要与实际应用相结合，不要把主要精力花费在孤立地学习各个命令上；要把学以致用的原则贯穿整个学习过程，以使自己对绘图命令有深刻和形象的理解，有利于培养应用AutoCAD独立完成绘图的能力。要强迫自己做几个综合实例，分别详细地进行图形的绘制，使自己可以从全局的角度掌握整个绘图过程，力争在学习完AutoCAD课程之后就可以投身到实际的工作中去。

2. 使用AutoCAD提高绘图效率的技巧

如果要提高AutoCAD绘图的效率，首先要遵循一定的作图原则，然后要选择合适的绘图命令。

遵循一定的作图原则

● 作图步骤：设置图形界限→设置单位及精度→建立若干图层→设置对象样式→开始绘图。

● 绘图始终使用1∶1比例。要改变图样的大小，可以在打印时于图纸空间内设置不同的打印比例。

● 为不同类型的图元对象设置不同的图层、颜色及线宽，而图元对象的颜色、线型及线宽都应由图层控制（LAYER）。

● 当需要精确绘图时，可使用栅格捕捉功能，并将栅格捕捉间距设为适当的数值。

● 不要将图框和图形绘在同一幅图中，应在布局（LAYOUT）中将图框按块插入，然后打印出图。

● 对于有名对象，如视图、图层、图块、线型、文字样式、打印样式等，在命名时不仅要简明，而且要遵循一定的规律，以便于查找和使用。

● 将一些常用设置，如图层、标注样式、文字样式、栅格捕捉等内容设置在一图形模板文件中（即另存为*.dwt），之后在新建图形文件时可以在【选择样板】对话框中选择该样板。

选择合适的命令

在AutoCAD具体操作过程中，尽管可有多种方式能够达到同样的目的，但如果命令选用得当，则会明显减少操作步骤，提高绘图效率，例如生成直线或线段。在AutoCAD中，使用LINE、XLINE、RAY、PLINE、MLINE命令均可生成直线或线段，但唯有LINE命令使用的频率最高，也最为灵活。为保证物体三视图之间"长对正、宽相等、高平齐"的对应关系，应选用XLINE和RAY命令绘出若干条辅助线，然后再用TRIM剪裁掉多余的部分。当需要快速生成一条封闭的填充边界，或想构造一个面域，则应选用PLINE命令。用PLINE生成的线段可用PEDIT命令进行编辑。当一次生成多条彼此平行的线段，且各线段可能使用不同的颜色和线型时，可选择MLINE命令。

以上两点是对初学者学好AutoCAD的一些建议。对于AutoCAD软件的学习，最关键是要多上机练习并多做总结，多查看相关教程，正所谓百学不如一练，只有通过不断练习，才能熟能生巧，提高绘图质量和效率。

1.2 AutoCAD 2014软件的操作

AutoCAD 2014是Windows操作系统环境下的计算机辅助绘图软件，在使用AutoCAD 2014程序之前首先需要学习安装AutoCAD 2014的方法。

1.2.1 AutoCAD 2014的系统要求

在安装AutoCAD 2014软件之前，必须先了解所用计算机配置是否能够满足安装此软件版本的最低要求。因为随着软件不断升级，软件的总体结构在不断膨胀，在其中有些新增功能对硬件的要求也在不断增加。只有满足了软件的最低配置要求，计算机才可以顺利安装和运行该软件。

1. 32位AutoCAD 2014的系统要求

● 操作系统：Windows XP 专业版或家庭版（SP3或更高）、Windows 7。

● CPU：Intel Pentium 4 双核处理器，AMD Athlon 3.0 GHz 双核或更高，采用SSE2技术。

● 内存：2GB（建议使用4GB）。

● 显示器分辨率：1024×768（建议使用1600×1050 或更高）真彩色。

● 磁盘空间：6.0 GB。

● 光驱：DVD。

● 浏览器：Internet Explorer 7.0或更高。

● NET Frameworks：NET Framework 版本4.0，更新1。

2. 64位AutoCAD 2014的系统要求

● 操作系统：Windows XP 专业版或家庭版（SP3或更高）、Windows 7。

- CPU：AMD Athlon 64（采用 SSE2 技术），AMD Opteron™（采用 SSE2 技术），Intel Xeon ®（具有 Intel EM64T 支持和SSE2），Intel Pentium 4（具有 Intel EM 64T 支持并采用 SSE2 技术）。

- 内存：2GB（建议使用4GB）。

- 显示器分辨率：1024×768（建议使用1600×1050 或更高）真彩色。

- 磁盘空间：6.0 GB。

- 光驱：DVD。

- 浏览器：Internet Explorer 7.0或更高。

- NET Frameworks： NET Framework 版本4.0，更新1。

1.2.2 课堂实例——安装 AutoCAD 2014

案例位置	无
视频位置	视频＞第1章＞1.2.2 课堂实例——安装AutoCAD 2014.mp4
难易指数	★★☆☆☆
学习目标	学习AutoCAD 2014软件的安装

01 打开文件夹：将AutoCAD 2014的安装光盘放到计算机光驱内，打开AutoCAD 2014的安装文件夹。

02 运行程序：双击Setup的安装程序文件，运行安装程序。

03 配置安装要求：安装程序首先检测计算机的配置是否符合安装要求，如图1-7所示。

图1-7 检测配置

04 单击按钮：在弹出的AutoCAD 2014安装向导

对话框中单击【安装】按钮，如图1-8所示。

图1-8 单击【安装】按钮

05 接受协议：打开【许可协议】对话框，选择【我接受】单选按钮，单击【下一步】按钮，如图1-9所示。

图1-9 【许可协议】对话框

06 输入产品信息：打开【产品信息】对话框，依次输入序列号和产品密钥，单击【下一步】按钮，如图1-10所示。

图1-10 【产品信息】对话框

07 指定安装路径：打开【配置安装】对话框，提示用户选择安装路径，单击【浏览】按钮可指定所需的安装路径，然后单击【安装】按钮开始安装，如图1-11所示。

图1-11　【配置安装】对话框

08 完成安装：安装完成后，弹出【安装完成】对话框，单击【完成】按钮，如图1-12所示。

图1-12　【安装完成】对话框

1.2.3　启动AutoCAD 2014

安装完成AutoCAD 2014软件后，需要启动AutoCAD 2014程序才可以使用。可以通过以下几种方法启动AutoCAD 2014软件。

● 【开始】菜单：单击【开始】菜单，在菜单中选择【程序\Autodesk\ AutoCAD 2014-简体中文（Simplified Chinese）\ AutoCAD 2014-简体中文（Simplified Chinese）】选项，如图1-13所示。

图1-13　【开始】菜单

● 桌面：双击桌面上的快捷图标。

● 双击已经存在的AutoCAD图形文件（*.dwg格式），如图1-14所示。

图1-14　CAD图形文件

1.2.4　退出AutoCAD 2014

如果用户完成了工作，则需要退出AutoCAD 2014。可以通过以下几种方法退出AutoCAD 2014软件。

● 命令行：在命令行输入QUIT/EXIT。

● 标题栏：单击标题栏上的【关闭】按钮。

● 菜单栏：执行【文件】|【退出】命令。

● 快捷键：Alt+F4或Ctrl+Q组合键。

- 应用程序按钮：单击【应用程序】按钮，打开【应用程序】菜单，单击【退出AutoCAD 2014】按钮，如图1-15所示。

图1-15 【应用程序】菜单

如果在退出AutoCAD 2014之前未进行文件的保存，系统会弹出图1-16所示的提示对话框，提示使用者在退出软件之前是否保存当前绘图文件。单击【是】按钮，可以进行文件的保存；单击【否】按钮，将不对之前的操作进行保存而退出；单击【取消】按钮，将返回到操作界面，不执行退出软件的操作。

图1-16 提示对话框

1.3 AutoCAD 2014工作空间的认识

AutoCAD 2014为用户提供了4种工作空间，分别是【AutoCAD经典】、【草图与注释】、【三维基础】以及【三维建模】工作空间。选择不同的空间可以进行不同的操作，例如在【三维基础】工作空间下，可以方便地进行简单的三维建模操作。

1.3.1 切换工作空间

AutoCAD 2014默认的工作空间为【草图与注释】工作空间，但是用户可以根据需要对工作空间进行切换操作。

可以通过以下几种方法切换工作空间。

- 菜单栏：选择【工具】|【工作空间】菜单命令，在子菜单中选择相应的工作空间，如图1-17所示。

图1-17 通过菜单栏选择工作空间

- 状态栏：直接单击状态栏上【切换工作空间】按钮，在弹出的子菜单中选择相应的空间类型，如图1-18所示。

图1-18 通过切换按钮选择工作空间

- 快速访问工具栏：单击【快速访问】工具栏上的 草图与注释 按钮，在弹出的下拉列表中选择所需要的工作空间，如图1-19所示。

图1-19 通过【快速访问工具栏】选择工作空间

1.3.2 草图与注释空间

AutoCAD 2014默认的工作空间为【草图与注释】工作空间，其界面主要由【菜单浏览器】按钮、【功能区】选项板、快速访问工具栏、绘图区、命令行窗口和状态栏等元素组成。在该空间中，可以方便地使用【默认】选项卡中的【绘图】、【修改】、【图层】、【注释】、【块】和【特性】等面板来绘制和编辑二维图形，如图1-20所示。

图1-20 草图与注释空间

1.3.3 三维基础空间

在【三维基础】空间中，能够非常简单方便地创建基本的三维模型，在其【功能区】选项板中提供了各种常用的三维建模、布尔运算以及三维编辑工具按钮，如图1-21所示。

图1-21 三维基础空间

1.3.4 三维建模空间

【三维建模】空间界面与【草图与注释】空间界面相似。在其【功能区】选项板中集中了三维建模、视觉样式、光源、材质、渲染和导航等面板，为绘制和观察三维图形、附加材质、创建动画、设置光源等操作提供了非常便利的环境，如图1-22所示。

图1-22 三维建模空间

1.3.5 AutoCAD经典空间

AutoCAD经典界面保持了AutoCAD的传统界面，主要由【应用程序】按钮、快速访问工具栏、菜单栏、工具栏、绘图区、命令行和状态栏组成，如图1-23所示，对于习惯使用AutoCAD传统界面的用户来说，使用AutoCAD经典界面更利于进行绘图工作。

图1-23 AutoCAD经典空间

1.3.6 课堂实例——自定义工作空间

案例位置 无
视频位置 视频＞第1章＞1.3.6 课堂实例——自定义工作空间.mp4
难易指数 ★★☆☆☆
学习目标 学习【工作空间】列表框、【功能区】菜单命令以及工具栏的使用

01 选择选项：单击展开【快速访问】工具栏中的【工作空间】列表框，在下拉列表中选择【三维建模】选项，如图1-24所示。

图1-24 工作空间列表框

02 切换空间：切换AutoCAD 2014至【三维建模】工作空间，如图1-25所示。

图1-25 【三维建模】工作空间

03 选择菜单命令：单击【快速访问】工具栏中的下拉按钮，展开下拉列表，选择【显示菜单栏】选项，显示菜单栏，选择【工具】|【选项板】|【功能区】菜单命令，如图1-26所示。

04 隐藏功能区：在【三维建模】工作空间中隐藏功能区，如图1-27所示。

图1-26 菜单栏

图1-27 隐藏功能区

05 添加工具栏：选择【工具】|【工具栏】|【AutoCAD】|【建模】|【实体编辑】工具栏，调出【建模】和【实体编辑】工具栏，并调整其位置，如图1-28所示。

06 选择选项：选择【快速访问】工具栏的工作空间列表框中的【将当前空间另存为】选项，如图1-29所示。

图1-28 添加工具栏

图1-29 工作空间列表框

07 打开对话框：系统弹出【保存工作空间】对话框，输入新工作空间的名称，如图1-30所示。

图1-30 【保存工作空间】对话框

08 保存空间：单击【保存】按钮，自定义的工作空间即创建完成。在以后的工作中可以随时通过选择该工作空间，快速将工作界面切换为图1-31所示的状态。

图1-31 工作空间列表框

技巧与提示

对于不需要的工作空间，可以将其在工作空间列表中删除。选择工作空间列表框中的【自定义】选项，打开【自定义用户界面】对话框，在需要删除的工作空间名称上单击鼠标右键，在弹出的快捷菜单中选择【删除】选项，即可删除不需要的工作空间，如图1-32所示。

图1-32 【自定义用户界面】对话框

1.4 AutoCAD 2014工作界面的认识

　　AutoCAD 2014界面清晰、功能强大、操作简便。它包含有4个工作界面：【AutoCAD经典】、【三维基础】、【三维建模】和【草图与注释】。启动AutoCAD 2014程序后，系统默认显示的是AutoCAD的【草图与注释】工作界面，其界面主要由标题栏、快速访问工具栏、【菜单浏览器】按钮▲、【功能区】选项板、绘图区、文本窗口、状态栏以及命令行等内容组成，如图1-33所示。

图1-33 AutoCAD 2014工作界面

1.4.1 【应用程序】按钮

　　【应用程序】按钮▲位于AutoCAD 2014程序窗口的左上方位置处，在程序窗口中单击【应用程序】按钮▲，将打开应用程序菜单，在该菜单中可以快速进行创建图形文件、打开现有图形文件、保存图形文件、输出图形文件、准备带有密码和数字签名的图形、打印图形文件、发布图形文件以及退出AutoCAD 2014等操作，图1-34所示为【应用程序】菜单。

图1-34 【应用程序】菜单

1.4.2 【快速访问】工具栏

在AutoCAD 2014的快速访问工具栏中包含了最常用的操作快捷按钮，方便用户使用。在默认状态下，在快速访问工具栏中包含7个快捷工具，分别为【新建】按钮、【打开】按钮、【保存】按钮、【另存为】按钮、【打印】按钮、【放弃】按钮和【重做】按钮。单击右侧的展开按钮，可以弹出【工作空间】下拉列表，如图1-35所示。

图1-35 【快速访问】工具栏

1.4.3 标题栏

标题栏位于程序窗口的上方，主要由快速访问工具栏、标题名称、搜索区以及窗口控制按钮组成，如图1-36所示。

图1-36 标题栏

在标题栏中可以快速对图形文件进行常用操作，也可以通过标题栏了解当前图形文件的相应信息，其中各组成部分的常用功能如下。

● 标题名称 Autodesk AutoCAD 2014 Drawing1.dwg：主要用于显示当前窗口的程序名、版本号以及当前正在编辑的图形文件名称等。

● 搜索区：该区域可以用于控制各种命令的使用方法、相关操作等。

● 窗口控制按钮：主要用于控制程序窗口操作，包括【最小化】按钮、【最大化/还原】按钮以及【关闭】按钮。

1.4.4 菜单栏

AutoCAD 2014的菜单栏位于标题栏的下方，为下拉式菜单，其中包含了相应的子菜单。分别为【文件】、【编辑】、【视图】、【插入】、【格式】、【工具】、【绘图】、【标注】、【修改】、【参数】、【窗口】和【帮助】共12个菜单，涵盖了所有的绘图命令和编辑命令，如图1-37所示。

图1-37 菜单栏

在菜单栏中各菜单的作用如下。

● 文件：用于管理图形文件，例如新建、打开、保存、另存为、输出、打印和发布等。

● 编辑：用于对文件图形进行常规编辑，例如剪切、复制、粘贴、清除、链接、查找等。

● 视图：用于管理AutoCAD的操作界面，例如缩放、平移、动态观察、相机、视口、三维视图、消隐和渲染等。

● 插入：用于在当前AutoCAD绘图状态下，插入所需的图块或其他格式的文件，例如PDF参考底图、字段等。

● 格式：用于设置与绘图环境有关的参数，例如图层、颜色、线型、线宽、文字样式、标注样式、表格样式、点样式、厚度和图形界限等。

● 工具：用于设置一些绘图的辅助工具，例如选项板、工具栏、命令行、查询和向导等。

● 绘图：提供绘制二维图形和三维模型的所

有命令，例如直线、圆、矩形、正多边形、圆环、边界和面域等。

● 标注：提供对图形进行尺寸标注时所需的命令，例如线性标注、半径标注、直径标注、角度标注等。

● 修改：提供修改图形时所需的命令，例如删除、复制、镜像、偏移、阵列、修剪、倒角和圆角等。

● 参数：提供对图形约束时所需的命令，例如几何约束、动态约束、标注约束和删除约束等。

● 窗口：用于在多文档状态时设置各个文档的屏幕，例如层叠，水平平铺和垂直平铺等。

● 帮助：提供使用AutoCAD 2014所需的帮助信息。

技巧与提示
除【AutoCAD经典】空间外，其他3种工作空间都默认不显示菜单栏，以避免给一些操作带来不便。如果需要在这些工作空间中显示菜单栏，可以单击【快速访问】工具栏右端的下拉按钮，在弹出菜单中选择【显示菜单栏】命令。

1.4.5 工具栏

工具栏是一组图标型工具的集合，其中每个图标都形象地显示出了该工具的作用。

AutoCAD 2014共有50余种工具栏，在【草图与注释】工作空间中将不显示工具栏，通过下列方法可以显示出所需工具栏。

● 菜单栏：展开【工具】|【工具栏】|【AutoCAD】菜单项，在下级菜单中进行选择，如图1-38所示。

● 快捷菜单：在任意工具栏上单击鼠标右键，在弹出的快捷菜单中选择，如图1-39所示。

图1-38 菜单栏　　　图1-39 快捷菜单

技巧与提示
工具栏在【三维基础】和【三维建模】空间中也默认为隐藏状态，但可以通过在这些空间显示菜单栏，然后通过上面介绍的方法将其显示出来。

1.4.6 功能区

【功能区】选项板是一种特殊的选项板，位于绘图区的上方，是菜单和工具栏的主要替代工具，用于显示与基于任务的工作空间关联的按钮和空间。默认状态下，在【草图与注释】工作界面中，在【功能区】选项板中包含【默认】、【插入】、【注释】、【布局】、【参数化】、【视图】、【管理】、【输出】、【插件】、【Autodesk 360】和【精选应用】11个选项卡，在每个选项卡中包含若干个面板，在每个面板中又包含许多命令按钮，如图1-40所示。

图1-40 功能区

在【功能区】选项板中，有些面板按钮右下角有箭头，表示有扩展菜单，单击该箭头，扩展菜单会列出更多的工具按钮。

如果需要扩大绘图区域，则可以单击选项卡右侧的三角形按钮，使各面板最小化为面板按钮；再次单击该按钮，使各面板最小化为面板标题；再次单击该按钮，使【功能区】选项板最小化为选项卡；再次单击该按钮，可以显示完整的功能区。

1.4.7 绘图区

工作界面中央的空白区域称为绘图窗口，也称为绘图区，是用户进行绘制工作的区域，所有的绘图结果都反映在这个窗口中。如果图纸比例较大，需要查看未显示的部分时，可以单击绘图区右侧与下侧滚动条上的箭头，或者拖动滚动条上的滑块来移动图纸。

在绘图区中除了显示当前的绘图结果外，还显示了当前使用的坐标系类型、导航栏以及坐标原点、*X*轴、*Y*轴、*Z*轴的方向等，如图1-41所示。其中导航栏是一种用户界面元素，用户可以从中访问通用导航工具和特定产品的导航工具。

图1-41 绘图区

1.4.8 命令行与文本窗口

命令行位于绘图区的下方，是AutoCAD与用户对话的一个平台。用于显示输入的命令和提示信息。用户在执行某一命令时，在命令行和绘图区中会显示动态提示信息，以提示用户当前的操作状态。当在命令行上只显示【命令：】时，可以通过菜单命令、工具栏或键盘输入新的命令，如图1-42所示。

在使用AutoCAD绘图时，命令行提示行一般有两种显示状态。

● 等待命令输入状态：表示系统等待用户

输入命令，从而进行图形的绘制或编辑操作。

● 正在执行命令状态：在执行命令的过程中，在命令提示行中将显示该命令的操作提示，以方便用户快速确定下一步操作。

按快捷键F2，打开AutoCAD文本窗口，如图1-43所示，其中显示了命令行窗口的所有信息。文本窗口也称专业命令窗口，用于记录在窗口中操作的所有命令，如单击按钮和选择菜单项等。在文本窗口中输入命令，按Enter键确认，即可执行相应的命令。

图1-42 命令行

图1-43 AutoCAD文本窗口

1.4.9 状态栏

状态栏位于屏幕的底部，它可以显示AutoCAD当前的状态，主要由5部分组成，如图1-44所示。

图1-44 状态栏

1. 坐标区

光标区从左至右的3个数值分别是十字光标所在*X*、*Y*、*Z*轴的坐标数据，光标坐标值显示了绘图区中光标的位置。移动光标，坐标值也会随之变化。

2. 绘图辅助工具

绘图辅助工具主要用于控制绘图的性能，其中包括推断约束、捕捉模式、栅格显示、正交模式、极轴追踪、对象捕捉、三维对象捕捉、对象捕捉追踪、允许/禁止动态UCS、动态输入、显示/隐藏线宽、显示/隐藏透明度、快捷特性和选择循环等工具。各工具按钮的具体说明如下。

● 推断约束▣：该按钮用于开启或者关闭推断约束。推断约束即自动在止在创建或编辑的对象与对象捕捉的关联对象或点之间应用约束，如平行、垂直等。

● 捕捉模式▣：该按钮用于开启或者关闭捕捉。捕捉模式可以使光标能够很容易抓取到每一个栅格上的点。

● 栅格显示▣：该按钮用于开启或者关闭栅格的显示。

● 正交模式▣：该按钮用于开启或者关闭正交模式。正交即光标只能走与X轴或者Y轴平行的方向，不能画斜线。

● 极轴追踪▣：该按钮用于开启或者关闭极轴追踪模式。用于捕捉和绘制与起点水平线成一定角度的线段。

● 对象捕捉▣：该按钮用于开启或者关闭对象捕捉。对象捕捉即能使鼠标光标在接近某些特殊点的时候能够自动指引到那些特殊的点，如中点、垂足点等。

● 对象捕捉追踪▣：该按钮用于开启或者关闭对象捕捉追踪。该功能和对象捕捉功能一起使用，用于追踪捕捉点在线性方向上与其他对象的特殊交点。

● 允许/禁止动态UCS ▣：用于切换允许和禁止动态UCS。

● 动态输入▣：动态输入的开启和关闭。

● 显示/隐藏线宽▣：该按钮控制线宽的显示或者隐藏。

● 快捷特性▣：控制【快捷特性】面板的禁用或者开启。

3. 快速查看工具

使用快速查看工具可以方便地预览打开的图形，以及打开图形的模型空间与布局，并在其间进行切换。图形将以缩略图形式显示在应用程序窗口的底部。

● 模型▣：用于模型与图纸空间之间的转换。

● 快速查看布局▣：快速查看绘制图形的图幅布局。

● 快速查看图形▣：快速查看图形。

4. 注释工具

用于显示缩放注释的几种工具。对于模型空间和图纸空间，将显示不同的工具。当图形状态栏打开后，将显示在绘图区域的底部；当图形状态栏关闭时，图形状态栏上的工具移至应用程序状态栏。

● 注释比例▣：注释时可通过此按钮调整注释的比例。

● 注释可见性▣：单击该按钮，可选择仅显示当前比例的注释或是显示所有比例的注释。

● 自动添加注释比例▣：注释比例更改时，通过该按钮可以自动将比例添加至注释性对象。

5. 工作空间工具

● 切换工作空间▣：切换绘图空间，可通过此按钮切换AutoCAD 2014的工作空间。

● 锁定窗口▣：用于控制是否锁定工具栏和窗口的位置。

● 硬件加速▣：用于在绘制图形时通过硬件的支持提高绘图性能，如刷新频率。

● 隔离对象▣：当需要对大型图形的个别区域重点进行操作并需要显示或隐藏部分对象时，可以使用该功能在图形中临时隐藏和显示所选定的对象。

● 全屏显示▣：用于开启或退出AutoCAD 2014的全屏显示。

1.5 绘图环境的设置

为了保证绘制的图形文件的规范性、准确性和绘图的高效性，在绘图之前应对绘图环境进行设置。

1.5.1 设置绘图单位

在开始绘制图形前，需要确定图形单位与实际单位之间的尺寸关系，即绘图比例。另外，还要指定程序中测量角度的方向。对于所有的线性和角度单位，还要设置显示精度的等级，如小数点的倍数或者以分数显示时的最小分母，精度的设置会影响距离、角度和坐标的显示。

在AutoCAD 2014中可以通过以下几种方法启动【单位】命令。

- 菜单栏：执行【格式】|【单位】命令。
- 命令行：在命令行中输入UNITS/UN命令。

执行以上任一命令均可打开【图形单位】对话框，如图1-45所示，通过该对话框可以设置长度和角度的单位与精度。

图1-45 【图形单位】对话框

在【图形单位】对话框中各选项的含义如下。

- 【长度】选项组：在该选项组中，可以指定测量的当前单位及当前单位的精度。
- 【角度】选项组：在该选项组中，可以指定当前角度格式和当前角度显示的精度。

- 【插入比例】复选框：勾选该复选框，可以控制插入到当前图形中图块和图形的测量单位。
- 【输出样例】选项组：在该选项组中，可以显示用当前单位和角度设置的例子。
- 【光源】选项组：在该选项组中，可以控制当前图形中光度控制光源的强度测量单位。
- 【方向】按钮：单击该按钮，将弹出【方向控制】对话框，如图1-46所示。在该对话框中，可以定义角度并指定测量角度的方向。

图1-46 【方向控制】对话框

技巧与提示

用户在开始绘图前，必须根据要绘制的图形确定一个图形单位来代表实际大小。AutoCAD的绘图区域是无限的，用户可以绘制任意大小的图形。

1.5.2 设置图形界限

图形界限是在绘图空间中一个想象的矩形绘图区域，标明用户的工作区域和图纸的边界。设置图形界限可以避免所绘制的图形超出该边界。在绘图之前一般都要对绘图界限进行设置，从而确保绘图的正确性。

在AutoCAD 2014中可以通过以下几种方法启动【图形界限】命令。

- 菜单栏：执行【格式】|【图形界限】命令。
- 命令行：在命令行中输入LIMITS命令。

在命令行执行过程中，需要指定图形界限的左上角点和右下角点。

使用以上任意一种方法启动【图形界限】命令后，命令行提示如下。

命令: 'limits↙

//调用【图形界限】命令

重新设置模型空间界限:

指定左下角点或 [开(ON)/关(OFF)]
<0.0000,0.0000>: 0,0↙

//输入左下角点参数

指定右上角点 <420.0000,297.0000>:
190,260↙

//输入右上角点参数,按Enter键结束即可,
如图1-47所示

图1-47 图形界限显示效果

1.5.3 设置系统环境

AutoCAD 2014作为一个开放的绘图平台,用户可以很方便地在该程序中设置其系统绘图环境的参数选项。通过【选项】对话框可以设置绘图区域的背景、命令行字体、文件数量等属性。

在AutoCAD 2014中可以通过以下几种方法启动【选项】命令。

● 菜单栏:执行【工具】|【选项】命令。

● 命令行:在命令行中输入OPTIONS/OP命令。

● 应用程序按钮:单击【应用程序】按钮,打开【应用程序】菜单,单击【选项】按钮,如图1-48所示。

● 快捷菜单:在没有执行命令,也没有选择任何对象的情况下,在绘图区域中单击鼠标右键,弹出快捷菜单,然后选择【选项】命令,如图1-49所示。

图1-48 【应用程序】菜单

图1-49 快捷菜单

● 功能区:在【功能区】选项板的【视图】选项卡,单击【用户界面】面板中的【选项,"显示"选项卡】按钮█。

执行以上任一命令均可打开【选项】对话框,如图1-50所示。在【选项】对话框中包含多个选项卡,在各个选项卡中又包含多个选项,下面将介绍各自不同的含义。

图1-50 【选项】对话框

1. 【文件】选项卡

【文件】选项卡主要用于指定AutoCAD搜索支持文件、驱动程序、菜单文件和其他文件的目录等，该选项卡左侧的列表以树状结构显示了AutoCAD所使用的目录和文件，其各主要选项的含义如下。

- 支持文件搜索路径：指定文件夹，当程序在当前文件夹中找不到文字字体、自定义文件、插件、要插入的图形、线型以及填充图案时，可以在该文件夹中进行查找。
- 工作支持文件搜索路径：显示程序在其中搜索针对系统的支持文件的活动目录。该列表是只读的，显示【支持文件搜索路径】中有效路径，这些路径存于当前目录结构和网络映射中。
- 设备驱动程序文件搜索路径：指定视频显示、定点设备、打印机和绘图仪的设备驱动程序的搜索路径。
- 工程文件搜索路径：指定图形的工程名。工程名与该工程相关的外部参照文件的搜索路径相符。可以按关联文件夹创建任意数目的工程名，但每个图形只能有一个工程名（**PROJECTNAME** 系统变量）。
- 自定义文件：用于指定各类文件的名称和位置。
- 帮助和其他文件名：指定各类文件的名称和位置。
- 文本编辑器、词典和字体文件名：指定一些可选的设置。
- 打印文件、后台打印程序和前导部分名

称：指定与打印相关的设置。

- 打印机支持文件路径：指定打印机支持文件的搜索路径设置。将以指定的顺序搜索具有多个路径的设置。
- 自动保存文件位置：指定选择【打开和保存】选项卡中的【自动保存】选项时创建的文件的路径。
- 配色系统位置：指定在【选择颜色】对话框中指定颜色时使用的配色系统文件的路径。可以为每个指定的路径定义多个文件夹。该选项与用户配置文件一起保存。
- 数据源位置：指定数据库源文件的路径。对此设置所做的修改在关闭并重新启动程序之后生效。
- 样板设置：指定图形样板设置。
- 工具选项板文件位置：指定工具选项板支持文件的路径。
- 编写选项板文件位置：指定块编写选项板支持文件的路径。块编写选项板用于块编辑器，提供创建动态块的工具。
- 日志文件位置：指定选择【打开和保存】选项卡中的【维护日志文件】选项时创建的日志文件的路径（**LOGFILEPATH** 系统变量）。
- 动作录制器设置：指定用于存储所录制的动作宏的位置或用于回放的其他动作宏的位置。
- 打印和发布日志文件位置：指定日志文件的路径。选择【自动保存打印和发布日志】选项，将创建这些日志文件。
- 临时图形文件位置：指定存储临时文件的位置。本程序首先创建临时文件，然后在退出程序后将其删除。如果用户打算从写保护文件夹运行程序（例如正在网络上工作或正打开光盘上的文件），则指定临时文件的替换位置。所指定的文件夹必须是可读写的。
- 临时外部参照文件位置：创建用于存储按需加载的外部参照文件临时副本的路径。
- 纹理贴图搜索路径：指定从中搜索渲染纹理贴图的文件夹。
- 光域网文件搜索路径：指定要从中搜索光

域网文件的文件夹。

• i-drop相关文件位置：指定与i-drop内容相关联的数据文件的位置。如果未指定位置，将使用当前图形文件的位置。

• DGN映射设置位置：指定存储DGN映射设置的【dgnsetups.ini】文件的位置。此位置必须存在且具有对DGN命令的读/写权限才能正确使用。

2. 【显示】选项卡

【显示】选项卡用于设置AutoCAD的窗口元素显示情况、显示精度、显示性能、元素布局以及十字光标大小等，如图1-51所示，其各主要选项的含义如下。

图1-51 【显示】选项卡

• 【配色方案】下拉列表：以深色或亮色控制元素（如状态栏、标题栏、功能栏和应用程序菜单边框）的颜色设置。

• 【颜色】按钮：单击该按钮，弹出【图形窗口颜色】对话框，如图1-52所示，在该对话框中可以指定主应用程序窗口中元素的颜色。

图1-52 【图形窗口颜色】对话框

• 【字体】按钮：单击该按钮，弹出【命令行窗口字体】对话框，如图1-53所示，在该对话框中可以指定命令窗口文字字体。

图1-53 【命令行窗口字体】

• 【布局元素】选项组：该选项组可以控制现有布局和新布局的选项。布局是一个图纸空间环境，用户可在其中设置图形进行打印。

• 【显示精度】选项组：该选项组可以控制对象的显示质量。如果设置较高的值提高显示质量，则性能将受到显著影响。

• 【十字光标大小】选项组：通过拖动该选项组中的滑块，可以调整十字光标的大小。

3. 【打开和保存】选项卡

【打开和保存】选项卡用于设置是否自动保存以及自动保存的时间间隔、是否维护日志，以及是否加载外部参照等，如图1-54所示，其各主要选项的含义如下。

图1-54 【打开和保存】选项卡

• 【另存为】下拉列表：该列表框显示使用SAVE、SAVEAS、QSAVE、SHAREWITHSEEK和WBLOCK命令保存文件时所用的有效文件格式。

• 【缩略图预览设置】按钮：单击该按

钮，弹出【缩略图预览设置】对话框，在该对话框中控制保存图形时是否更新缩略图预览。

● 【自动保存】复选框：勾选该复选框，可以以指定的时间间隔自动保存图形。

● 【文件打开】选项组：在该选项组中，可以控制与最近使用过的文件及打开的文件相关的设置。

4. 【打印和发布】选项卡

【打印和发布】选项卡主要用于设置AutoCAD打印和发布的相关选项。在该选项卡中，用户可以进行默认的输出设备和控制打印质量等设置，如图1-55所示，其各主要选项的含义如下。

图1-55 【打印和发布】选项卡

● 【新图形的默认打印设置】选项组：可以控制新图形在AutoCAD R14或更早的版本中创建的，同时没有用AutoCAD 2000或更高版本格式保存的图形的默认打印设置。

● 【打印到文件】选项组：可以为打印到文件操作指定默认位置。

● 【后台处理选项】选项组：在该选项组中，可以用于控制为打印和发布打印还是关闭后台打印。

● 【打印和发布日志文件】选项组：在该选项组中，可以控制用于将打印和发布日志文件另存为逗号分隔值（CSV）文件（可以在电子表格程序中查看）的选项。

● 【自动发布】选项组：在该选项组中，可以用于指定图形是自动发布为DWF、DWFx或PDF文件，还可以控制用于自动发布图形对象的选项。

5. 【系统】选项卡

【系统】选项卡主要用于设置AutoCAD系统。在该选项卡中，可以进行当前三维图形的显示效果、模型选项卡和布局选项卡中的显示列表如何更新等设置，如图1-56所示，其各主要选项的含义如下。

图1-56 【系统】选项卡

● 【三维性能】选项组：可以控制与三维图形显示系统的配置相关的设置。

● 【当前定点设备】选项组：可以控制与定点设备相关的选项。

● 【布局重生成选项】选项组：指定【模型】选项卡和【布局】选项卡中的显示列表的更新方式。

● 【数据库连接选项】选项组：控制与数据库连接信息相关的选项。

● 【常规选项】选项组：其中的隐藏消息设置，控制是否显示先前隐藏的消息。

● 【信息中心】选项组：用于控制应用程序窗口右上角的气泡式通知的内容、频率一级持续时间。

6. 【用户系统配置】选项卡

【用户系统配置】选项卡主要用于设置AutoCAD中优化性能的选项。在该选项卡中，用户可以进行指定鼠标右键的操作模式、指定插入单位等设置，如图1-57所示，其各主要选项的含义如下。

图1-57 【用户系统配置】选项卡

图1-58 【绘图】选项卡

- 【双击进行编辑】复选框：勾选该复选框，可以控制绘图区中的双击编辑操作。
- 【绘图区域中使用快捷菜单】复选框：勾选该复选框，可以控制【默认】、【编辑】和【命令】模式的快捷菜单在绘图区中是否可用。
- 【插入比例】选项组：在该选项组中，可以控制在图形对象中插入块和图形时使用的默认比例。
- 【显示字段的背景】复选框：当勾选该复选框时，可以控制字段显示时是否带有灰色背景；取消勾选该复选框，则字段将以与文字相同的背景显示。
- 【坐标数据输入的优先级】选项组：在该选项组中，可以控制在命令行中输入的坐标是否替代运行的对象捕捉。
- 【关联标注】选项组：在该选项组中，可以控制是创建关联标注对象还是创建传统的非关联标注对象。
- 【超链接】选项组：在该选项组中，可以控制与超链接的显示特性相关的设置。

7. 【绘图】选项卡

【绘图】选项卡用于设置AutoCAD中的一些基本编辑选项。在该选项卡中，用户可以进行是否打开自动捕捉标记、改变自动捕捉标记大小等设置，如图1-58所示，其各主要选项的含义如下。

- 【标记】复选框：勾选该复选框，可以控制自动捕捉标记的显示。该标记是当鼠标光标移到捕捉点上时显示的几何符号。
- 【磁吸】复选框：勾选该复选框，可以打开或关闭自动捕捉磁吸。磁吸是指鼠标光标自动移动并锁定到最近的捕捉点上。
- 【自动捕捉标记大小】选项组：在该选项组中，可以设定自动捕捉标记的显示尺寸。
- 【对象捕捉选项】选项组：可以设置执行对象的捕捉模式。
- 【自动】单选项：选中该单选项，移动靶框至对象捕捉上，自动显示追踪矢量。
- 【靶框大小】选项组：可以以像素为单位设置对象捕捉靶框的显示尺寸。

8. 【三维建模】选项卡

【三维建模】选项卡用于对三维绘图模式下的三维十字光标、UCS图标、动态输入、三维对象和三维导航等选项进行设置，如图1-59所示，其各主要选项的含义如下。

图1-59 【三维建模】选项卡

- 【三维十字光标】选项组：控制三维操作中十字光标指针的显示样式的设置。

- 【在视口中显示工具】选项组：控制ViewCube、UCS图标和视口控件的显示。

- 【三维对象】选项组：控制三维实体、曲面和网格的显示的设置。

- 【三维导航】选项组：设定漫游、飞行和动画选项以显示三维模型。

- 【动态输入】选项组：控制坐标项的动态输入字段的显示。

9. 【选择集】选项卡

【选择集】选项卡用于设置对象选择的方法。用户可以在该选项卡中进行拾取框大小、夹点的大小等设置，如图1-60所示，其各主要选项的含义如下。

图1-60 【选择集】选项卡

- 【拾取框大小】选项组：在选项组中可以以像素为单位设置选择目标对象的高度。

- 【选择集预览】选项组：在该选项组中，当拾取框光标滚动过对象时，以高亮显示对象。

- 【选择集模式】选项组：在该选项组中，可以控制与对象选择方法相关的设置。

- 【夹点尺寸】选项组：在该选项组中，拖动右侧的滑块，可以调整绘图区中的夹点大小。

- 【显示夹点】复选框：勾选该复选框，可以控制夹点在选定对象上的显示。

10. 【配置】选项卡

【配置】选项卡主要用于控制配置的使用，

配置是由用户定义。用户可以将配置以文件的形式保存起来并随时调用，如图1-61所示。

图1-61 【配置】选项卡

11. 【联机】选项卡

【联机】选项卡设置用于使用Autodesk 360联机工作的选项，并提供对存储在云账户中的设计文档的访问，如图1-62所示。

图1-62 【联机】选项卡

1.5.4 课堂实例——自定义绘图环境

案例位置	无
视频位置	视频>第1章>1.5.4 课堂实例——自定义绘图环境.mp4
难易指数	★★☆☆☆
学习目标	学习【图形界限】命令、【草图设置】命令和【图形单位】命令的使用

01 选择样板：单击【快速访问】工具栏中的【新建】按钮，打开【选择样板】对话框，选择所需要的样板文件，如图1-63所示。

图1-63 【选择样板】对话框

02　进入界面：单击【打开】按钮，进入绘图界面，如图1-64所示。

图1-64 进入绘图界面

03　设置图形界限：在命令行中输入LIMITS【图形界限】命令并按Enter键，设置A4图纸的图形界限，命令行提示如下。

命令: limits↙

//调用【图形界限】命令

重新设置模型空间界限:

指定左下角点或 [开（ON）/关（OFF）]

<0.0000,0.0000>: 0,0↙

//输入左下角点参数

指定右上角点 <420.0000,297.0000>:

297,420↙

//输入右上角点参数，按Enter键结束即可

04　设置参数：在命令行中输入DS【草图设置】命令并按Enter键，打开【草图设置】对话框，在【捕捉和栅格】选项卡中取消【显示超出界限的栅格】复选框的勾选，如图1-65所示。

图1-65 【草图设置】对话框

05　设置参数：在命令行中输入UN【图形单位】命令并Enter键，打开【图形单位】对话框，修改【长度】选项组中的【精度】为【0.00】，【角度】选项组中的【类型】为【百分度】，【精度】为【0.0g】，如图1-66所示。

图1-66 【图形单位】对话框

06　保存样板：完成绘图环境的设置后，单击【快速访问】工具栏中的【保存】按钮，将文件保存为DWT样板文件。

1.6　本章小结

室内、机械、建筑以及电气等图形设计都可以在AutoCAD软件中绘制出来。在进行图纸绘制前，首先应该了解正确使用AutoCAD的操作方法，然后通过工作空间、工作界面的认识以及绘图环境的设置对AutoCAD软件有一个全面的了解。

1.7 课后习题

本节通过具体的实例练习AutoCAD 2014入门操作，方便以后绘图和设计。

1.7.1 自定义快速访问工具栏

案例位置	无
视频位置	视频＞第1章＞1.7.1 自定义快速访问工具栏.mp4
难易指数	★★☆☆☆
学习目标	学习【自定义用户界面】命令的使用

自定义快速访问工具栏的操作流程如图1-67、图1-68、图1-69和图1-70所示。

图 1-67 打开【自定义用户界面】对话框

图 1-68 展开【快速访问】工具栏

图 1-69 选择【工具栏】Ｉ【查询】Ｉ【面域/质量特性】选项

图 1-70 添加命令按钮

1.7.2　绘制第1个AutoCAD图形

案例位置　素材＞第1章＞1.7.2 绘制第1个AutoCAD图形.dwg
视频位置　视频＞第1章＞1.7.2 绘制第1个AutoCAD图形.mp4
难易指数　★☆☆☆☆
学习目标　学习【直线】命令的使用

绘制图1-71所示的AutoCAD图形，主要是练习【直线】命令。

图1-71　AutoCAD图形

绘制图形的命令行提示如下。

命令: line↙

//调用【直线】命令

指定第1个点: <正交 开>

//任意指定一点，开启【正交】模式

指定下一点或 [放弃(U)]: 500↙

//输入第2点参数值

指定下一点或 [放弃(U)]: 700↙

//输入第3点参数值

指定下一点或 [闭合(C)/放弃(U)]: 500↙

//输入第4点参数值

指定下一点或 [闭合(C)/放弃(U)]: 700↙

//输入第5点参数值，按Enter键结束

第2章

AutoCAD 2014的基本操作

使用AutoCAD 2014绘制图形时，熟练地掌握AutoCAD命令、图形文件、视图以及坐标系的基本操作方法，不仅可以大幅度地提高绘图效率，还有助于用户提高AutoCAD 2014的应用水平。

学习目标

了解AutoCAD命令的调用方法
掌握AutoCAD命令的基本操作方法
掌握AutoCAD 2014文件的操作方法
掌握AutoCAD 2014视图的操作方法
掌握坐标系的使用方法

2.1 AutoCAD命令的调用方法

命令是AutoCAD绘制和编辑图形的核心。在AutoCAD 2014中，菜单命令、工具按钮、命令和系统变量大多是相互对应的。用户可以通过在命令行中输入相应命令，或者单击相应的工具按钮，或者单击某一相应菜单命令等操作来执行该命令。

2.1.1 功能区调用

【草图与注释】、【三维基础】和【三维建模】工作空间都是以功能区作为调用命令的主要方式。相比其他调用命令的方法，在功能区调用命令更加直观。例如，在【功能区】选项板中，单击【绘图】面板中的【圆心】按钮，如图2-1所示，即可通过功能区调用【椭圆】命令绘制椭圆对象，如图2-2所示。

图2-1　【功能区】选项板

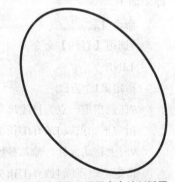

图2-2　通过功能区调用命令绘制椭圆

2.1.2 菜单栏调用

菜单栏调用是AutoCAD 2014提供的功能最全、最强大的命令调用方法。AutoCAD中的绝大多数常用命令都分门别类地放置在菜单栏所对应

的各个菜单中。AutoCAD的3个绘图工作空间在默认情况下没有菜单栏，需要用户单击【快速访问】工具栏中的下拉按钮，在展开的下拉菜单中选择【显示菜单栏】命令即可调出菜单栏，如图2-3所示。

图2-3　下拉菜单

调出菜单栏后，用户可以通过选择所需菜单中的命令来进行命令的调用。例如，单击【绘图】|【矩形】命令，如图2-4所示，即可通过菜单栏调用【矩形】命令绘制矩形对象，如图2-5所示。

图2-4　【绘图】菜单

图2-5　通过菜单栏调用命令绘制矩形

41

2.1.3 工具栏调用

与菜单栏一样，工具栏不显示于3个工作空间。需要通过【工具】|【工具栏】|【AutoCAD】菜单命令调出。单击工具栏中的按钮即可执行相应的命令。例如，单击【绘图】工具栏中的【圆】按钮，如图2-6所示，即可通过【绘图】工具栏调用【圆】命令绘制圆对象，如图2-7所示。

图2-6 【绘图】工具栏

图2-7 通过工具栏调用命令绘制圆

2.1.4 命令行调用

使用命令行输入命令是AutoCAD的一大特色功能，同时也是最快捷的绘图方式。这就要求用户熟记各种绘图命令，一般对AutoCAD比较熟悉的用户都用此方式绘制图形，因为这样可以大大提高绘图的速度和效率。

AutoCAD绝大多数命令都有其相应的简写方式。如【直线】命令LINE的简写方式是L，绘制矩形命令RECTANGLE的简写方式是REC。对于常用的命令，用简写方式输入将大大减少键盘输入的工作量，提高工作效率。另外，AutoCAD对命令或参数输入不区分大小写，因此操作者不必考虑输入的大小写。

例如，在命令行中输入C【圆】命令并按Enter键，即可绘制圆，命令行提示如下。

命令:C✓
//调用【圆】命令
CIRCLE
指定圆的圆心或 [三点(3P)/两点(2P)/切点、切点、半径(T)]:
//任意指定一点为圆心
指定圆的半径或 [直径(D)] <1521.0095>: 500✓
//输入半径参数值，按Enter键即可

技巧与提示

在AutoCAD 2014中增强了命令行输入的功能。除了可以使用键盘输入命令选项外，还可以直接单击选择命令选项，而不再需要键盘的输入，避免了鼠标和键盘反复切换，可以提高绘图的效率。

2.1.5 课堂实例——调用命令绘制单人沙发

案例位置　素材>第2章>2.1.5 课堂实例——调用命令绘制单人沙发.dwg
视频位置　视频>第2章>2.1.5 课堂实例——调用命令绘制单人沙发.mp4
难易指数　★★☆☆☆
学习目标　学习命令行、功能区、菜单栏调用命令的方式

01 开启正交。新建空白文件，按F8快捷键，开启【正交】模式。

02 绘制直线。在命令行中输入L【直线】命令并按Enter键，绘制直线，如图2-8所示，命令行提示如下。

命令:L✓
//调用【直线】命令
LINE
指定第1个点:
//任意指定一点为直线起点
指定下一点或 [放弃(U)]: 762✓
//向上移动鼠标，输入参数值
指定下一点或 [放弃(U)]: 737✓
//向右移动鼠标，输入参数值
指定下一点或 [闭合(C)/放弃(U)]:
//按Enter键结束即可

03 单击按钮。在【功能区】选项板的【默认】选项卡中，单击【修改】面板中的【偏移】按钮，如图2-9所示。

图2-8 绘制直线

图2-9 【修改】面板

04 偏移图形。将新绘制的水平直线和垂直直线依次进行偏移操作，如图2-10所示。

图2-10 偏移图形

05 选择命令。单击【快速访问】工具栏中的下拉按钮，在展开的下拉菜单中选择【显示菜单栏】命令，显示菜单栏。

06 单击菜单。单击【修改】|【修剪】菜单命令，如图2-11所示。

07 修剪图形。修剪多余的图形，最终效果如图2-12所示。

图2-11 【修改】菜单

图2-12 最终效果

2.2 AutoCAD命令的基本操作

在绘图过程中灵活运用一些技巧，可以提高工作效率，下面就介绍AutoCAD 2014执行命令的一些基本操作技巧。

2.2.1 命令行输入方法

AutoCAD的每一个命令行存在一个命令提示符【：】。提示符前面是提示信息，提示用户下面将要进行什么操作。提示符后面是用户根据提示输入的命令或者参数。

提示符前面的【命令】表示当前计算机处在等待命令输入状态，用户可以输入任何一条AutoCAD命令。提示符后面是用户输入的绘制【圆】命令CIRCLE的简写方式C。用户输入完毕后，必须按Enter键以示确认，【✓】表示回车符号。

在执行命令过程中，系统经常会提示用户进行下一步的操作，其命令行提示的各种特殊符号的含义如下。

● 在命令行"[ ]"符号中有以"/"符号隔开的内容：表示该命令中可执行的各个选项。如果要选择某个选项，只需要输入圆括号中的字母即可，该字母既可以是大写形式的，也可以小写形式。例如，在执行【圆】命令过程中输入【3P】，就可以3点方式绘制圆。

● 某些命令提示的后面有一个尖括号"< >"：其中的值是当前系统默认值或是上次操作时使用的值。如果在这类提示下，直接按Enter键，则采用系统默认值或者上次操作使用的值并执行命令。

● 动态输入：使用该功能可以在鼠标光标附近看到相关的操作信息，而无须再看命令提示行中的提示信息了。

技巧与提示

AutoCAD通常以上一次执行该命令输入的参数值作为本次操作的默认值。所以对于一些重复操作的命令，合理地利用默认值输入，可以大大减少输入工作量。

2.2.2 放弃当前命令

如果用户在绘制图形过程中，执行某个命令后需要取消执行该命令，可以使用【放弃】命令取消已执行的命令。

在AutoCAD 2014中可以通过以下几种方法启动【放弃】命令。

● 菜单栏：执行【编辑】|【放弃】命令，如图2-13所示。

编辑(E) 视图(V) 插入(I) 格式(O)	
↶ 放弃(U) 命令组	Ctrl+Z
↷ 重做(R)	Ctrl+Y
✂ 剪切(T)	Ctrl+X
📋 复制(C)	Ctrl+C
📋 带基点复制(B)	Ctrl+Shift+C
📋 复制链接(L)	
📋 粘贴(P)	Ctrl+V
📋 粘贴为块(K)	Ctrl+Shift+V
📋 粘贴为超链接(H)	
📋 粘贴到原坐标(D)	
📋 选择性粘贴(S)...	
🗑 删除(E)	Del
▦ 全部选择(L)	Ctrl+A
OLE 链接(O)...	
🔍 查找(F)...	

图2-13 【编辑】菜单

● 命令行：在命令行中输入UNDO/U命令。

● 快捷键：Ctrl+Z组合键。

● 【快速访问】工具栏：单击【快速访问】工具栏中的【放弃】按钮，如图2-14所示。

图2-14 【快速访问】工具栏

2.2.3 退出命令

在进行绘图操作过程中，如果执行完一个命令后不需要继续执行该命令时，可以退出正在执行的命令。

在AutoCAD 2014中可以通过以下几种方法启动【退出】命令。

● 快捷键：按Esc键。

● Enter键：按Enter键，但有时候按Enter键会重复执行上次命令。

● 鼠标右键：在绘图区空白处按鼠标右键，在弹出的右键快捷菜单中选择【确认】选项，如图2-15所示。

图2-15 快捷菜单

2.2.4 重复执行命令

重复执行命令是AutoCAD中的一种人性化设计。因为在绘图过程中，有时需要重复执行命令，每次都单击命令或者输入快捷键是比较麻烦的，所以可以使用重复执行上次命令来实现命令的重复使用。

在AutoCAD 2014中可以通过以下几种方法启动【重复】命令。

● 命令行：在命令行中输入MULTIPLE/MUL命令。

● 快捷键：按Enter键或按空格键重复使用上一个命令。

● 快捷菜单：在命令行中单击鼠标右键，在系统弹出的快捷菜单中选择【最近使用命令】，可重复调用上一个使用的命令。或是在绘图区空白处单击鼠标右键，系统弹出右键快捷菜单，在快捷菜单中第一个选项就是上步骤调用的命令，如图2-16所示。

图2-16 快捷菜单

2.2.5 课堂实例——调用命令绘制端面带孔圆螺母

案例位置	素材＞第2章＞2.2.5 课堂实例——调用命令绘制端面带孔圆螺母.dwg
视频位置	视频＞第2章＞2.2.5 课堂实例——调用命令绘制端面带孔圆螺母.mp4
难易指数	★★☆☆☆
学习目标	学习重复命令与退出命令的使用

01 新建图层。新建空白文件。调用LA【图层】命令，打开【图层特性管理器】选项板，依次创建【中心线】、【细实线】和【粗实线】图层，如图2-17所示。

图2-17 【图层特性管理器】选项板

02 绘制直线。将【中心线】图层置为当前。在命令行中输入L【直线】命令并按Enter键，绘制水平直线，命令行提示如下。

命令：L✓

//调用【直线】命令

　LINE

指定第1个点：

//任意指定一点为直线起点

指定下一点或 [放弃(U)]: 25✓

//向右拖曳鼠标，输入参数值

指定下一点或 [放弃(U)]:

//按Enter键结束即可

03 绘制直线。按空格键再次调用L【直线】命令，绘制垂直直线，并调整其位置，如图2-18所示，命令行提示如下。

图2-18 绘制直线

命令：L✓

//按空格键重复调用【直线】命令

　LINE

指定第1个点：

//任意指定一点为直线起点

指定下一点或 [放弃(U)]: 25✓

//向上拖曳鼠标，输入参数值

指定下一点或 [放弃(U)]:

//按Enter键结束即可

04 偏移图形。调用O【偏移】命令，将水平直线向上和向下分别偏移8，如图2-19所示。

05 绘制圆。将【粗实线】图层置为当前。在命令行中输入C【圆】命令并按Enter键，绘制圆，如图2-20所示，命令行提示如下。

命令: C ↙

//调用【圆】命令

CIRCLE

指定圆的圆心或 [三点(3P)/两点(2P)/切点、切点、半径(T)]:

//指定中间交点为圆心

指定圆的半径或 [直径(D)]: 11↙

//输入半径值,按Enter键结束即可

图2-19 偏移图形

图2-20 绘制圆

06 绘制圆。按Space键再次调用C【圆】命令,依次绘制其他的圆对象,如图2-21所示。

图2-21 绘制其他圆

07 修改图形。调用TR【修剪】命令,修剪多余的直线和圆,并将修剪后的圆修改至【细实线】图层,最终效果如图2-22所示。

图2-22 最终效果

2.3 AutoCAD 2014文件的操作

使用AutoCAD 2014创建图形时,图形文件管理是软件使用过程中需要掌握的基本操作。本节主要讲解新建、打开、保存、查找、输出以及加密图形文件的操作方法。

2.3.1 新建文件

在启动AutoCAD 2014后,系统将会自动新建一个名称为Drawing1.dwg的图形文件,该图形文件默认以【acadiso.dwt】为模板,用户也可以根据需要新建图形文件。

在AutoCAD 2014中可以通过以下几种方法启动【新建】命令。

- 菜单栏:执行【文件】|【新建】命令,如图2-23所示。

图2-23 【文件】菜单

● 命令行：在命令行中输入NEW/QNEW命令。

● 快捷键：Ctrl+N组合键。

● 【快速访问】工具栏：单击【快速访问】工具栏中的【新建】按钮 。

● 应用程序按钮：单击【应用程序】按钮 ，在下拉菜单中选择【新建】命令，如图2-24所示。

图2-24　【应用程序】菜单

执行以上任一操作后，系统均会弹出【选择样板】对话框，如图2-25所示；用户可以根据绘图需要，通过该对话框选择不同的绘图样板。选中某绘图样板后，对话框右上角会出现选中样板内容预览。确定选择后单击【打开】按钮，即可按样板文件创建一个新的图形文件。在【选择样板】对话框中单击【打开】右侧的下拉按钮，在弹出的下拉列表框中可以选择模板文件的新建方式，如图2-26所示。

图2-25　【选择样板】对话框

图2-26　【打开】下拉列表框

【打开】下拉列表框中的各选项的含义如下。

● 打开：以默认的形式选择的图形样板文件，对其进行新建操作。

● 无样板打开—英制：不选择图形样板，直接新建文件，单位为英制。

● 无样板打开—公制：不选择图形样板，直接新建文件，单位为公制。

2.3.2　打开文件

使用AutoCAD 2014进行图形编辑时，常需要对图形文件进行改动或再设计，这就需要打开原来已有的图形文件。

在AutoCAD 2014中可以通过以下几种方法启动【打开】命令。

● 菜单栏：执行【文件】|【打开】命令，如图2-27所示。

图2-27　【文件】菜单

● 命令行：在命令行中输入OPEN命令。

● 快捷键：Ctrl+O组合键。

● 【快速访问】工具栏：单击【快速访问】工具栏中的【打开】按钮 。

● 应用程序按钮：单击【应用程序】按钮 ，在下拉菜单中选择【打开】命令，如图2-28所示。

执行以上任一操作后，系统均会弹出【选择文件】对话框，用户可以选择所需文件，单击【打开】按钮即可。

图2-28 【应用程序】菜单

2.3.3 课堂实例——打开吧台图形

案例位置	素材＞第2章＞2.3.3 课堂实例——打开吧台图形.dwg
视频位置	视频＞第2章＞2.3.3 课堂实例——打开吧台图形.mp4
难易指数	★★☆☆☆
学习目标	学习【打开】命令的使用

01 单击按钮。单击【快速访问】工具栏中的【打开】按钮，如图2-29所示。

图2-29 【快速访问】工具栏

02 选择文件。打开【选择文件】对话框，选择"2.3.3 课堂实例——打开吧台图形.dwg"素材文件，如图2-30所示。

图2-30 【选择文件】对话框

03 打开文件。单击【打开】按钮即可打开选择的图形文件，如图2-31所示。

图2-31 打开图形文件效果

2.3.4 保存文件

使用【保存】功能不仅可以将新绘制的或修改好的图形文件保存到计算机中，以便再次使用，还可以在绘制图形过程中随时对图形进行保存，以避免发生意外情况而导致文件丢失或不完整。

1. 保存新文件

当用户新建一个图形文件并对其进行创建和编辑后，可以使用【保存】功能以当前的文件名或新建文件名保存图形文件。

在AutoCAD 2014中可以通过以下几种方法启动【保存】命令。

- 菜单栏：执行【文件】|【保存】命令。
- 命令行：在命令行中输入SAVE命令。
- 快捷键：Ctrl+S组合键。
- 【快速访问】工具栏：单击【快速访问】工具栏中的【保存】按钮。
- 应用程序按钮：单击【应用程序】按钮，在下拉菜单中选择【保存】命令，如图2-32所示。

图2-32 【应用程序】菜单

在第一次保存新创建的图形文件时，系统将打开【图形另存为】对话框，如图2-33所示。默认情况下，文件以AutoCAD 2013图形（DWG）格式保存，但用户也可以在【文件类型】下拉列表中选择其他格式。

图2-33　【图形另存为】对话框

技巧与提示

对于已保存的文件，再次执行【保存】命令后将不再弹出【图形另存为】对话框，而是直接将所做的编辑操作保存到已经保存过的文件中。

2. 另存为文件

一方面想要保存源文件初始状态，另一方面又想对源文件进行修改时，就可以调用【另存为】命令，重新保存一份文件。

在AutoCAD 2014中可以通过以下几种方法启动【另存为】命令。

- 菜单栏：执行【文件】|【另存为】命令。
- 命令行：在命令行中输入SAVEAS命令。
- 快捷键：Ctrl+Shift+S组合键。
- 【快速访问】工具栏：单击【快速访问】工具栏中的【另存为】按钮。
- 应用程序按钮：单击【应用程序】按钮，在下拉菜单中选择【另存为】命令，如图2-34所示。

图2-34　【应用程序】菜单

技巧与提示

如果另存为的文件与原文件保存在同一文件夹中，则不能使用相同的文件名称。

3. 定时保存文件

定时保存图形文件可以免去随时手动保存的麻烦。设置了定时保存后，系统会在一定的时间间隔内自动保存当前编辑的文件内容。在【选项】对话框中，单击【打开和保存】选项卡，勾选【自动保存】复选框，并在【保存间隔分钟数】数值框中设置保存文件的间隔时间，如图2-35所示。单击【确定】按钮，这样系统就会在指定的时间内自动保存图形文件。

图2-35　【打开和保存】选项卡

2.3.5　输出文件

使用【输出】命令可以将AutoCAD文件输出为其他格式的文件，以适合在其他程序软件中的编辑需要。

在AutoCAD 2014中可以通过以下几种方法启动【输出】命令。

- 菜单栏：执行【文件】|【输出】命令。
- 命令行：在命令行中输入EXPORT命令。
- 功能区：在【输出】选项卡中，单击【输出】面板中的【输出】按钮，选择需要的输出格式，如图2-36所示。

图2-36 【输出】面板

- 应用程序按钮：单击【应用程序】按钮，在下拉菜单中选择【输出】命令，如图2-37所示。

图2-37 【应用程序】菜单

2.3.6 课堂实例——输出开口垫圈图形

案例位置	素材＞第2章＞2.3.6 课堂实例——输出开口垫圈图形.dwg
视频位置	视频＞第2章＞2.3.6 课堂实例——输出开口垫圈图形.mp4
难易指数	★★☆☆☆
学习目标	学习【输出】命令的使用

(01) 打开文件。单击【快速访问】工具栏中的【打开】按钮，打开本书配套光盘中的"第2章/2.3.6 课堂实例——输出开口垫圈图形.dwg"素材文件，如图2-38所示。

(02) 打开对话框。在命令行输入EXPORT命令，并按Enter键结束，打开【输出数据】对话框，如图2-39所示。

图2-38 素材文件

图2-39 【输出数据】对话框

(03) 输出文件。在对话框中设置【文件类型】为【三维DWF（*dwf）】选项，设置输出路径和文件名，单击【保存】按钮，打开【查看三维DWF】对话框，如图2-40所示。单击【否】按钮，完成图形文件的输出操作。

图2-40 【查看三维DWF】对话框

2.3.7 课堂实例——加密文件

案例位置	无
视频位置	视频＞第2章＞2.3.7 课堂实例——加密文件.mp4
难易指数	★★☆☆☆
学习目标	学习文件的加密操作

(01) 选择选项。按快捷键Ctrl+Shift+S，打开【图形另存为】对话框，单击对话框右上角的【工具(L)】按钮，在弹出的下拉菜单中选择【安全选项】选

项，如图2-41所示。

图2-41　【图形另存为】对话框

02 输入密码。打开【安全选项】对话框，在其中的文本框中输入打开图形的密码，单击【确定】按钮，如图2-42所示。

图2-42　【安全选项】对话框

03 确认密码。系统将打开【确认密码】对话框，提示用户再次确认上一步设置的密码，此时要输入与上一步完全相同的密码，如图2-43所示。

图2-43　【确认密码】对话框

04 保存文件。密码设置完成后，系统返回【图形另存为】对话框，设置保存路径和文件名称，单击【保存】按钮即可保存并加密文件。

技巧与提示

图形文件绘制完成后，可以对其设置密码，使其成为机密文件，这样可以防止未授权人私自打开文件，保护设计成果。设置密码后的文件在打开时需要输入正确的密码，否则就不能打开。

2.3.8　课堂实例——转换保存文件格式

案例位置　素材＞第2章＞2.3.8 课堂实例——转换保存文件格式.dwg
视频位置　视频＞第2章＞2.3.8 课堂实例——转换保存文件格式.mp4
难易指数　★☆☆☆☆
学习目标　学习另存为图形、修改文件类型等方法的应用

01 打开文件。单击【快速访问】工具栏中的【打开】按钮，打开本书配套光盘中的"第2章/2.3.8 课堂实例——转换保存文件格式"素材文件，如图2-44所示。

图2-44　素材文件

02 选择选项。按快捷键Ctrl+Shift+S，打开【图形另存为】对话框，在【文件类型】下拉列表中选择【AutoCAD 2013 DXF（*.dxf）】文件类型，如图2-45所示。

图2-45　【文件类型】下拉列表框

03 保存文件。修改文件名称和保存路径，单击【保存】按钮即可转换保存文件格式。

2.4　AutoCAD 2014视图的操作

AutoCAD的图形显示控制功能在工程设计和绘图领域中应用得十分广泛。用户可以使用多种方法来观察绘图窗口中绘制的图形，以便灵活观察图

形的整体效果或局部细节。

2.4.1 缩放视图

通过【缩放】功能可以放大或缩小图形的屏幕显示尺寸，而图形的真实尺寸保持不变。

在AutoCAD 2014中可以通过以下几种方法启动【缩放】命令。

● 菜单栏：执行【视图】|【缩放】命令，如图2-46所示。

图2-46 【视图】菜单

● 命令行：在命令行中输入ZOOM/Z命令。

● 功能区：在【视图】选项卡中，单击【二维导航】面板中的视图缩放工具按钮，如图2-47所示。

● 导航栏：单击导航栏中的视图缩放工具按钮，如图2-48所示。

图2-47 【二维导航】面板　　图2-48 导航栏

在命令行中输入Z【缩放】命令并按Enter键，调用【缩放】命令，命令行的提示如下。

命令: Z ZOOM↙
//调用【缩放】命令
指定窗口的角点，输入比例因子 (nX 或 nXP)，或者
[全部(A)/中心(C)/动态(D)/范围(E)/上一个(P)/比例(S)/窗口(W)/对象(O)] <实时>:

在【缩放】命令行中各选项的含义如下。

● 全部：可以显示整个图形中的所有图像。在平面视图中，它以图形界限或当前图形范围为显示边界，图2-49为全部缩放的前后对比效果图。

图2-49 全部缩放的前后对比效果图

● 中心：可以使图形以某一中心位置按照指定的缩放比例因子进行缩放，例如在图2-50中，捕捉左侧中间圆的圆心位置为缩放中心，输入【比例或高度】参数为250，对图形进行中心缩放操作。

图2-50　中心缩放的前后对比效果图

- 动态：当进入动态缩放模式时，在绘图区中将会显示一个带有×标记的矩形方框，图2-51为动态缩放的前后对比效果图。

图2-51　动态缩放的前后对比效果图

- 范围：可以在绘图区最大化显示图形对象。它与全部缩放不同，范围缩放使用的显示边界只是图形范围而不是图形界限，图2-52为范围缩放的前后对比效果图。

图2-52　范围缩放的前后对比效果图

- 上一个：可以通过恢复上一步视图功能，快速返回到最初的视图，图2-53为上一个缩放的前后对比效果图。

图2-53　上一个缩放的前后对比效果图

- 比例：可以按照指定的缩放比例缩放视图，比例缩放有3种输入方法：直接输入数值，表示相对于图形界限进行缩放；在数值后加X，表示相对于当前视图进行缩放；在数值后加XP，表示相对于图纸空间单位进行缩放。图2-54为缩放比例为3的前后对比效果图。

图2-54 比例缩放的前后对比效果图

● 窗口：可以放大某一指定区域，图2-55为窗口缩放的前后对比效果图。

图2-55 窗口缩放的前后对比效果图

● 对象：可以将选择的图形对象最大限度地显示在屏幕上，图2-56为将左侧的中间小圆和多边形进行对象缩放的前后对比效果图。

图2-56 对象缩放的前后对比效果图

● 实时：可以使用实时缩放功能，对图形进行缩放操作，执行"缩放"命令后直接按Enter键即可使用该选项。在屏幕上会出现一个形状的光标，按住鼠标左键不放向上或向下移动，则可实现图形的放大或缩小。图2-57为实时缩放的前后对比效果图。

图2-57 实时缩放的前后对比效果图

图2-57 实时缩放的前后对比效果图（续）

2.4.2 平移视图

平移功能通常又称为【摇镜】。使用【平移】视图命令可以移动视图显示的区域，以便更好地查看其他部分的图形，但并不会改变图形中对象的位置和显示比例，图2-58为平移图形的前后对比效果图。

图2-58 平移图形的前后对比效果图

在AutoCAD 2014中可以通过以下几种方法启动【平移】命令。

- 菜单栏：执行【视图】|【平移】命令。
- 命令行：在命令行中输入PAN/P命令。
- 功能区：在【视图】选项卡中，单击【二维导航】面板中的【平移】按钮🖑平移。
- 导航栏：单击导航栏中的【平移】按钮🖑。
- 鼠标滚轮方式：按住鼠标滚轮并拖曳，可以快速进行视图平移。

在AutoCAD 2014中的【平移】方式主要有实时平移和定点平移两种，下面将分别进行介绍。

- 实时平移：相当于一个镜头对准视图，当移动镜头时，视口中的图形也跟着移动。在实际操作中，按住鼠标滚轮并拖曳，也可以平移视图，在【Esc】键退出平移状态。
- 定点平移：是指通过指定基点和位移值来平移视图。视图的移动方向和十字光标的偏移方向一致。

2.4.3 课堂实例——查看夹线体装配图

案例位置	素材＞第2章＞2.4.3 课堂实例——查看夹线体装配图.dwg
视频位置	视频＞第2章＞2.4.3 课堂实例——查看夹线体装配图.mp4
难易指数	★★☆☆☆
学习目标	学习【缩放】命令、【平移】命令的使用

01 打开文件。单击【快速访问】工具栏中的【打开】按钮📂，打开本书配套光盘中的"第2章/2.4.3 课堂实例——查看夹线体装配图"素材文件，如图2-59所示。

图2-59 素材文件

02 缩放图形。在命令行中输入Z【缩放】命令并按Enter键，将整个图形进行窗口缩放操作，如图2-60所示，其命令行提示如下。

```
命令: Z↙                                        //调用【缩放】命令
ZOOM
指定窗口的角点，输入比例因子 (nX 或 nXP)，或者
[全部(A)/中心(C)/动态(D)/范围(E)/上一个(P)/比例(S)/窗口(W)/对象(O)] <实时>: W↙
                                               //输入【窗口（W）】选项
指定第1个角点:                                   //捕捉图框左上角点
指定对角点:                                      //捕捉图框右下角点，按Enter键结束
```

图2-60 窗口缩放图形

03 选择图形。按Enter键重复调用Z【缩放】命令，根据命令行提示选择合适的图形，如图2-61所示。

图2-61 选择图形

04 对象缩放。按Enter键结束选择，即可对象缩放图形，如图2-62所示。

图2-62 对象缩放图形

05 单击按钮。在【视图】选项卡中，单击【二维导航】面板中的【平移】按钮，如图2-63所示。

图2-63 【二维导航】面板

06 平移图形。将图形进行平移操作，如图2-64所示。

图2-64 平移图形效果

2.4.4 命名视图

使用【命名视图】命令可以为绘图区中的任意视图指定名称，并在以后的操作过程中将其恢复。用户在创建命名视图时，可以设置视图的中点、位置、缩放比例、透视设置等。

在AutoCAD 2014中可以通过以下几种方法启动【命名】命令。

● 菜单栏：执行【视图】|【命名视图】

命令。

● 命令行：在命令行中输入VIEW/V命令。

● 功能区：在【视图】选项卡中，单击【视图】面板中的【视图管理器】按钮 📷。

执行以上任一命令均可打开【视图管理器】对话框，如图2-65所示，在该对话框中可以进行视图的命名和保存。

图2-65　【视图管理器】对话框

在【视图管理器】对话框中各选项的含义如下。

● 【视图】下拉列表：可以显示可用视图的列表。可以展开每个节点（当前节点除外）以显示该节点的视图。

● 【当前】选项：选择该选项，可以显示当前视图，及其【查看】和【剪裁】特性。

● 【模型视图】选项：选择该选项，可以显示命名视图和相机视图列表，并列出选定视图的【基本】、【查看】和【剪裁】特性。

● 【布局视图】选项：选择该选项，可以在定义视图的布局上显示视口列表，并列出选定视图的【基本】和【查看】特性。

● 【预设视图】选项：选择该选项，可以显示正交视图和等轴测视图列表，并列出选定视图的【基本】特性。

● 【置为当前】按钮：单击该按钮，可以恢复选定的视图。

● 【新建】按钮：单击该按钮可以打开【新建视图/快照特性】对话框，用于创建视图，如图2-66所示。

图2-66　平移图形效果

● 【更新图层】按钮：单击该按钮可以更新与选定的视图一起保存的图层信息，使其与当前模型空间和布局视口中的图层可见性匹配。

● 【编辑边界】按钮：单击该按钮可以显示选定的视图，绘图区域的其他部分以较浅的颜色显示，从而显示命名视图的边界。

● 【删除】按钮：单击该按钮可以删除所选定的视图。

2.4.5　重画视图

使用【重画】命令，系统将在显示内存更新后的屏幕显示，不仅可以清除临时标记，还可以更新用户当前的视口。

在AutoCAD 2014中可以通过以下几种方法启动【重画】命令。

● 菜单栏：执行【视图】|【重画】命令。

● 命令行：在命令行中输入REDRAWALL/RADRAW/RA命令。

2.4.6　重生成视图

使用【重生成】命令，可以重新生成屏幕，系统将自动从磁盘调用当前图形的数据。它比【重画】命令慢，因为更新屏幕的时间比【重画】命令用的时间长。如果一直使用某个命令修改编辑图形，但是该图形还没有发生什么变化，就可以使用【重生成】命令更新屏幕显示。

在AutoCAD 2014中可以通过以下几种方法启动【重生成】命令。

- 菜单栏：执行【视图】|【重生成】命令。
- 命令行：在命令行中输入REGEN/RE命令。

在命令行中输入RE（重生成）命令并按Enter键即可重生成图形，效果如图2-67所示。

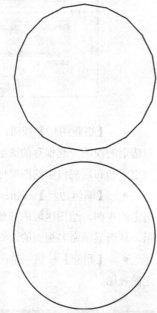

图2-67 重生成图形的前后对比效果

2.4.7 新建视口

为了便于编辑图形，常常需要对图形的局部进行放大，以显示其细节。当需要观察图形的整体效果时，仅使用单一的绘图视口已无法满足需要，此时可使用AutoCAD 2014的【视口】功能，将绘图窗口划分为若干视口。新建视口是指把绘图窗口分为多个矩形区域，从而创建多个不同的绘图区域，其中每一个区域都可用来查看图形的不同部分。视口具有以下5个特点。

- 每个视口都可以平移和缩放，设置捕捉、栅格和用户坐标系等，且每个视口都可以有独立的坐标系统。
- 在命令执行期间，可以切换视口以便在不

同的视口中绘图。

- 可以命名视口中的配置，以便在模型空间中恢复视口或者应用到布局。
- 只有在当前视口中鼠标指针才显示为【+】字形状，鼠标指针移除当前视口后变成箭头形状。
- 当在视口中工作时，可全局控制所有视口图层的可见性。如果在某一个视口中关闭了某一个图层，系统将关闭所有视口中的相应图层。

在AutoCAD 2014中可以通过以下几种方法启动【新建视口】命令。

- 菜单栏：执行【视图】|【视口】|【新建视口】命令。
- 命令行：在命令行输入VPORTS命令。
- 功能区：在【视图】选项卡中，单击【视口模型】面板中的【命名】按钮 命名。

执行以上任一命令均可打开【视口】对话框。选择【新建视口】选项卡，如图2-68所示，该对话框列出了一个标准视口配置列表，可以用来创建层叠视口，还可以对视图的布局、数量和类型进行设置，最后单击【确定】按钮即可使视口设置生效，图2-69所示为所创建的4个视口效果。

图2-68 【新建视口】选项卡

图2-69 四个视口效果

在【新建视口】选项卡中各选项的含义如下。

- 【新名称】文本框：可以为新模型空间视口配置指定名称。

- 【标准视口】列表框：列出并设定标准视口配置。

- 【预览】选项组：显示选定视口配置的预览图像，以及在配置中被分配到每个单独视口的默认视图。

- 【应用于】列表框：可以将模型空间视口配置应用到整个显示窗口或当前视口。

- 【设置】列表框：可以指定二维或三维设置。

- 【修改视图】列表框：可以用从列表中选择的视图替换选定视口中的视图。

- 【视图样式】列表框：可以将视觉样式应用到视口。

2.4.8 命名视口

命名视口的主要作用是用于给新建的视口命名，在菜单栏中单击【视图】|【视口】|【命名视口】命令，将打开【视口】对话框，选择【命名视口】选项卡，如图2-70所示，该选项卡主要用来显示保存在图形文件中的视口配置。

图2-70 【命名视口】选项卡

在【命名视口】选项卡中，各选项的含义如下。

- 【当前名称】选项组：用于显示当前视口配置的名称。

- 【命名视口】列表框：用来显示保存的视口配置。

- 【预览】选项组：用来预览选择的视口配置。

2.5 坐标系的使用

在绘图过程中，经常需要使用某个坐标系作为参照来拾取点的位置，以精确定位某个对象。AutoCAD提供的坐标系可以用来准确设置并绘制图形。

2.5.1 认识坐标系

坐标系对于精确绘图起着至关重要的作用。熟练地掌握了坐标系，用户便可以准确地设计并绘制图形。在AutoCAD 2014中，坐标系包含有世界坐标系和用户坐标系两种，下面将分别进行介绍。

1. 世界坐标系

默认的坐标系是世界坐标系，简称WCS，是固定不变的坐标系。运行AutoCAD 2014时由系统自动建立的，其原点位置和坐标轴方向固定的一种整体坐标系。WCS包括X轴和Y轴（在3D空间下还有Z轴），其坐标轴的交汇处有一个【口】字形标记，如图2-71所示。

图2-71 世界坐标系

2. 用户坐标系

在AutoCAD中，用户坐标系是一种可以移动的自定义坐标系，用户不仅可以更改该坐标的位置，还可以改变其方向，在绘制图形对象时非常有用。

为了更好地辅助绘图，经常需要修改坐标系的原点和方向，这时世界坐标系将变为用户坐标系，即UCS。UCS的原点以及X轴、Y轴、Z轴方向都可以移动及旋转，甚至可以依赖于图形中某个特定的对象。尽管用户坐标系中3个轴之间仍然互相垂直，但是在方向及位置上却更灵活。另外，UCS

没有【口】形标记，如图2-72所示。

图2-72 用户坐标系

在AutoCAD 2014中可以通过以下几种方法启动【坐标系】命令。

- 菜单栏：执行【工具】|【新建UCS】命令，如图2-73所示。
- 命令行：在命令行输入UCS命令。
- 功能区：在【视图】选项卡中，单击【坐标】面板中的【UCS】按钮，如图2-74所示。

图2-73 【新建UCS】菜单

图2-74 【坐标】面板

在命令行中输入UCS【坐标系】命令并按Enter键，调用【坐标系】命令，命令行的提示如下。

命令: ucs✓   //调用【坐标系】命令
当前 UCS 名称: *没有名称*
指定 UCS 的原点或 [面(F)/命名(NA)/对象(OB)/上一个(P)/视图(V)/世界(W)/X/Y/Z/Z 轴(ZA)] <世界>:

在【坐标系】命令行中各选项的含义如下。

原点：通过移动当前UCS的原点，保持其X、Y和Z轴方向不变，从而定义新的坐标系原点，使用该选项可以在任何高度建立坐标系。

- 面（F）：将UCS与实体对象选定面对齐。
- 对象（OB）：根据选择的对象创建UCS。
- 上一个（P）：退回到上一个坐标系，最多可以返回至前10个坐标系。

视图（V）：使新坐标系的XY平面与当前视图方向垂直，Z轴与XY平面垂直，而原点保持不点。

- 世界（W）：将当前坐标系设置为WCS世界坐标系。

X/Y/Z：将坐标系分别绕X、Y、Z轴旋转一定的角度生成新的坐标系，可以指定两个点或输入一个角度值来确定所需的角度。

Z轴（ZA）：在不改变原坐标系Z轴方向的前提下，通过确定新坐标系原点和Z轴正方向上的任意一点来新建UCS。

2.5.2 坐标的表示方法

在指定坐标点时，既可以使用直角坐标，也可以使用极坐标。在AutoCAD中，一个点的坐标有绝对直角坐标、绝对极坐标、相对直角坐标和相对极坐标4种方法表示。

1. 绝对直角坐标

绝对坐标以原点（0，0）或（0，0，0）为基点定位所有的点。AutoCAD默认的坐标原点位于绘图窗口左下角。在绝对坐标系中，X轴、Y轴和Z轴在原点（0，0，0）处相交。绘图窗口的任意一点都可以使用（x、y、z）来表示，也可以通过输入X、Y、Z坐标值（中间用逗号隔开）来定义点的位置，如图2-75所示。

图2-75　绝对直角坐标

2.　相对直角坐标

相对坐标是指相对于当前点的坐标，在其X、Y轴上的位移，它与坐标系的原点无关。输入格式与绝对坐标相同，但要在输入是坐标值前加上【@】符号。一般情况下，绘图中常常把上一操作点看作是特定点，后续绘图操作都是相对于上一操作点而进行的。如果上一操作点的坐标是（40，45），通过键盘输入下一点的相对坐标（@10，20），则等于确定了该点的绝对坐标为（50，65），如图2-76所示。

图2-76　相对直角坐标

3.　绝对极坐标

绝对坐标和相对坐标实际上都是二维线性坐标，一个点在二维平面上都可以用（x，y）来表示其位置。极坐标则是通过相对于极点的距离和角度来进行定位的。在默认情况下，AutoCAD以逆时针方向来测量角度。水平向右为0°（或360°），垂直向上为90°，水平向左为180°，垂直向下为

270°。当然，用户也可以自行设置角度方向。

绝对极坐标是以原点作为极点。用户可以输入一个长度距离，后面加一个【<】符号，再加上一个角度即表示绝对极坐标，绝对极坐标规定X轴正方向为0°，Y轴正方向为90°。例如，10<60表示该点相对于原点的极径为10，而该点的连线与0°方向（通常为X轴正方向）之间的夹角为60°，如图2-77所示。

图2-77　绝对极坐标

4.　相对极坐标

相对极坐标用相对于某一特定点的极径和偏移角度来表示。相对极坐标是以上一操作点作为极点，而不是以原点作为极点，这也是相对极坐标同绝对极坐标之间的区别。用（@1<a）来表示相对极坐标，其中@表示相对，1表示极径，a表示角度。例如，@50<45表示相对于上一操作点的极径为50、角度为45°的点，如图2-78所示。

图2-78　相对极坐标

2.5.3　课堂实例——使用坐标绘制平键轮廓

案例位置	素材＞第2章＞2.5.3 课堂实例——使用坐标绘制平键轮廓.dwg
视频位置	视频＞第2章＞2.5.3 课堂实例——使用坐标绘制平键轮廓.mp4
难易指数	★★☆☆☆
学习目标	学习绝对直角坐标、相对直径坐标的使用

01 绘制直线。新建空白文件。在命令行中输入L【直线】命令并按Enter键，绘制水平直线，其命令行提示如下。

> 命令：L↙
> //调用【直线】命令
> LINE
> 指定第1个点：0,0↙
> //输入绝对直角坐标值
> 指定下一点或 [放弃(U)]：@54,0↙
> //输入相对直角坐标值，按Enter键结束

02 偏移图形。在命令行中输入O【偏移】命令，将新绘制的直线向上依次偏移2、12、2，如图2-79所示。

图2-79 偏移图形

03 绘制圆。调用C【圆】命令，以【两点】方式绘制圆对象，如图2-80所示。

图2-80 绘制圆

04 修剪图形。调用TR【修剪】命令，修剪多余的图形，得到的最终效果如图2-81所示。

图2-81 最终效果

2.6　本章小结

通过本章讲解的AutoCAD命令、图形文件、视图以及坐标系的内容，可以更加深入地应用AutoCAD 2014软件绘制图形，并掌握了AutoCAD的常用基本操作方法。

2.7　课后习题

本节通过具体的实例练习AutoCAD 2014命令、文件、视图、坐标系以及坐标的调用，方便以后绘图和设计。

2.7.1 绘制简单机械零件

案例位置	素材＞第2章＞2.7.1 绘制简单机械零件.dwg
视频位置	视频＞第2章＞2.7.1 绘制简单机械零件.mp4
难易指数	★★☆☆☆
学习目标	学习【直线】、【偏移】、【修剪】和【删除】等命令的使用

绘制的简单机械零件如图2-82所示。

图2-82 简单机械零件

简单机械零件的绘制流程如图2-83、图2-84、图2-85和图2-86所示。

图 2-83 绘制闭合直线

图 2-84 偏移图形

图 2-85 修剪并删除图形

图 2-88 设置文件名并选择【安全选项】选项

图 2-86 修改图形的线型、颜色和长度

2.7.2 新建并加密保存文件

案例位置	素材＞第2章＞2.7.2 新建并加密保存文件.dwg
视频位置	视频＞第2章＞2.7.2 新建并加密保存文件.mp4
难易指数	★★☆☆☆
学习目标	学习新建文件、加密文件和保存文件的使用方法

图 2-89 输入文件密码

新建并加密保存文件的操作流程如图2-87、图2-88、图2-89和图2-90所示。

图 2-90 确认文件密码

图 2-87 新建图形文件

第3章

简单二维图形绘制

二维平面绘图是使用最多、用途最广的基础操作，其中基本的图层元素包括点、直线、圆、圆弧、多边形、矩形等，应用相应的命令即可绘制这些图形，并进行相应编辑和修改操作以得到所需要的图形。本章将主要介绍常用基本绘图命令的使用技巧。

学习目标

掌握点图形的绘制方法

掌握直线图形的绘制方法

掌握圆图形的绘制方法

掌握多边形图形的绘制方法

3.1　点图形的绘制

点不仅是组成图形最基本的元素，还经常用来标识某些特殊的部分，如绘制直线时需要确定端点、绘制圆或圆弧时需要确定相应的圆心等。

3.1.1　点样式

默认情况下，点是没有长度和大小的，在绘图区仅显示为一个小圆点，因此很难看见。在AutoCAD中，可以为点设置相应的点样式，即点显示的模式，以便清楚地知道点的位置。

在AutoCAD 2014中可以通过以下几种方法启动【点样式】命令。

● 菜单栏：执行【格式】|【点样式】命令。

● 命令行：在命令行中输入DDPTYPE命令。

● 功能区：在【默认】选项卡中，单击【实用工具】面板上的【点样式】按钮。

执行以上任一命令均可打开【点样式】对话框，如图3-1所示，在该对话框中可以选择点的显示样式并更改点大小，图3-2所示为第2行4列的点样式效果。

图3-1　【点样式】对话框

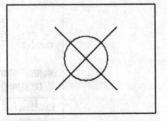

图3-2　点样式效果

在【点样式】对话框中各选项的含义如下。

● 【点大小】文本框：输入相应参数用于设置点的显示大小。

● 【相对于屏幕设置大小】单选项：主要用于按屏幕尺寸百分比设置点的显示大小。当进行改变显示比例时，点的显示大小并不随之改变。

● 【按绝对单位设置大小】单选项：使用实际单位设置点的显示大小。当改变显示比例时，点的显示大小也随之改变。

3.1.2　单点

使用【单点】命令可以绘制单点图形，绘制单点就是执行一次命令后只能指定一个点。

在AutoCAD 2014中可以通过以下几种方法启动【单点】命令。

● 菜单栏：执行【绘图】|【点】|【单点】命令。

● 命令行：在命令行中输入POINT/PO命令。

在命令执行的过程中，需要确定点的位置。

使用以上任意一种方法启动【单点】命令后，命令行提示如下。

```
命令: POINT↙
//调用【单点】命令
当前点模式: PDMODE=35  PDSIZE=0.0000
指定点:
//指定点位置即可
```

3.1.3　多点

绘制多点就是指输入【多点】命令后可以一次指定多个点，而不需要再输入命令，直到按【Esc】键退出即可结束多点的输入状态。

在AutoCAD 2014中可以通过以下几种方法启动【多点】命令。

● 菜单栏：执行【绘图】|【点】|【多点】命令。

● 功能区：在【默认】选项卡中，单击【绘图】面板中的【多点】按钮。

使用以上任意一种方法均可以启动【多点】

命令，图3-3所示为绘制的多点效果。

图3-3 多点效果

3.1.4 定数等分点

【定数等分】命令就是在指定的图形对象上绘制指定数目的点。其使用的对象可以是直线、圆、圆弧、多段线和样条曲线等。

在AutoCAD 2014中可以通过以下几种方法启动【定数等分】命令。

- 菜单栏：执行【绘图】|【点】|【定数等分】命令。

- 命令行：在命令行中输入DIVIDE/DIV命令。

- 功能区：在【默认】选项卡中，单击【绘图】面板中的【定数等分】按钮。

在命令执行的过程中，需要确定定数等分对象和定数等分点。

使用以上任意一种方法启动【定数等分】命令后，命令行提示如下。

> 命令: _divide↙
> //调用【定数等分】命令
> 选择要定数等分的对象:
> //选择定数等分对象
> 输入线段数目或 [块(B)]:
> //输入定数等分数目

在命令行中各选项的含义如下。

- 线段数目：输入线段数目参数。

- 块（B）：以图块（BLOCK）方式定数等分对象。

3.1.5 课堂实例——完善床头柜

案例位置	素材＞第3章＞3.1.5 课堂实例——完善床头柜.dwg
视频位置	视频＞第3章＞3.1.5 课堂实例——完善床头柜.mp4
难易指数	★★☆☆☆
学习目标	学习【点样式】命令、【定数等分】命令的使用

01 打开文件。单击【快速访问】工具栏中的【打开】按钮，打开本书配套光盘中的"第3章/3.1.5 课堂实例——完善床头柜.dwg"素材文件，如图3-4所示。

图3-4 素材图形

02 设置点样式。在命令行中输入DDPTYPE【点样式】命令并按Enter键，打开【点样式】对话框，选择合适的点样式，如图3-5所示。

图3-5 【点样式】对话框

③ 绘制等分点1。在命令行中输入DIV【定数等分】命令并按Enter键，绘制定数等分点，如图3-6所示，其命令行提示如下。

> 命令: _divide↙
> //调用【定数等分】命令
> 选择要定数等分的对象:
> //选择从左数第2条垂直直线
> 输入线段数目或 [块(B)]: 3↙
> //输入定数等分数目

图3-6 绘制定数等分点1

④ 绘制等分点2。按Enter键重复调用DIV【定数等分】命令，将【线段数目】修改为3，绘制另一侧垂直直线的定数等分点，如图3-7所示。

图3-7 绘制定数等分点2

⑤ 绘制直线。在命令行中输入L【直线】命令并按Enter键，结合【节点捕捉】功能，连接直线，如图3-8所示。

⑥ 删除图形。调用E【删除】命令，删除定数等分点对象，得到最终效果如图3-9所示。

图3-8 连接直线

图3-9 最终效果

3.1.6 定距等分点

【定距等分】命令用于将一个对象以指定的间距放置点或块。

在AutoCAD 2014中可以通过以下几种方法启动【定距等分】命令。

- 菜单栏：执行【绘图】|【点】|【定距等分】命令。

- 命令行：在命令行中输入MEASURE/ME命令。

- 功能区：在【默认】选项卡中，单击【绘图】面板中的【定距等分】按钮☒。

在命令执行的过程中，需要确定定距等分对象和定数等分点。

使用以上任意一种方法启动【定数等分】命令后，命令行提示如下。

> 命令: _measure↙
> //调用【定距等分】命令
> 选择要定距等分的对象: ↙
> //选择定距等分对象
> 指定线段长度或 [块(B)]: ↙
> //输入线段长度参数

技巧与提示

定距等分拾取对象时，光标靠近对象哪一端，就从哪一端开始等分，而且等分点不仅可以等分普通线段，还可以等分圆、矩形、多边形等复杂的封闭图形对象。

3.1.7 课堂实例——绘制三人沙发平面图

案例位置 素材＞第3章＞3.1.7 课堂实例——绘制三人沙发平面图.dwg
视频位置 视频＞第3章＞3.1.7 课堂实例——绘制三人沙发平面图.mp4
难易指数 ★★☆☆☆
学习目标 学习【点样式】命令、【定数等分】命令、【定距等分】命令的使用

01 绘制直线。新建空白文件，按F8快捷键，开启【正交】模式；调用L【直线】命令，绘制一条长度为2286的水平直线。

02 偏移图形。调用O【偏移】命令，将新绘制的水平直线向上进行偏移操作，如图3-10所示。

图3-10 偏移图形

03 选择点样式。在命令行中输入DDPTYPE【点样式】命令并按Enter键，打开【点样式】对话框，选择合适的点样式，如图3-11所示。

图3-11 【点样式】对话框

04 定数等分图形。调用DIV【定数等分】命令，将最上方的水平直线进行3等分操作，如图3-12所示。

05 定距等分图形。调用ME【定距等分】命令，修改【线段长度】为762，将最下方的水平直线进

行定距等分操作，如图3-13所示。

图3-12 定数等分对象

图3-13 定距等分对象

06 绘制直线。调用L【直线】命令，结合【节点捕捉】和【端点捕捉】功能，连接直线，如图3-14所示。

图3-14 连接直线

07 删除图形。调用E【删除】命令，删除定距等分点和定数等分点对象，如图3-15所示。

图3-15 删除图形

08 绘制图形。调用L【直线】命令，结合【端点捕捉】和【正交】功能，绘制直线，如图3-16所示。

图3-16 绘制直线

09 调整位置。调用M【移动】命令，调整新绘制直线的位置，得到最终效果，如图3-17所示。

图3-17 最终效果

3.2 直线图形的绘制

利用直线形命令可以创建各种直线形对象，直线对象是所有图形的基础。在AutoCAD 2014中，直线形对象主要包括直线、构造线和射线等，不同的直线形对象都具有不同的特性，用户可以根据实际的需要进行选择。

3.2.1 直线

直线是各种绘图中最常用、最简单的图形对象，它可以是一条线段，也可以是一系列线段，但是每条线段都是独立的直线对象。直线的绘制是通过确定直线的起始点来完成的，可以连续绘制首尾相连的一系列直线，上一条直线的终点将自动成为下一条直线的起点。

在AutoCAD 2014中可以通过以下几种方法启动【直线】命令。

- 菜单栏：执行【绘图】|【直线】命令。
- 命令行：在命令行中输入LINE/L命令。
- 功能区：在【默认】选项卡中，单击【绘图】面板中的【直线】按钮☑。

在命令执行的过程中，需要确定直线的第1点和第2点。

如图3-18所示，捕捉图形的左上角点为直线第1点，捕捉图形的右上角点为直线的第2点，完成直线的绘制操作。执行【直线】命令后的命令行提示如下。

图3-18 绘制直线的前后对比效果

命令: L↙
//调用【直线】命令
 LINE
指定第1个点:
//捕捉左上角点
指定下一点或 [放弃(U)]:
//捕捉右下角点
指定下一点或 [放弃(U)]:
//按Enter键结束，完成直线绘制

3.2.2 射线

射线是一条只有起点没有终点的直线，即射线是一种一端固定而另一端无限延伸的直线。射线一般也作为辅助线应用。

在AutoCAD 2014中可以通过以下几种方法启动【射线】命令。

- 菜单栏：执行【绘图】|【射线】命令。
- 命令行：在命令行中输入RAY命令。
- 功能区：在【默认】选项卡中，单击【绘图】面板中的【射线】按钮☑。

在命令执行的过程中，需要确定射线的起点和通过点。

使用以上任意一种方法启动【射线】命令后的命令行提示如下。

命令: ray↙

//调用【射线】命令

指定起点:

//捕捉起点

指定通过点:

//捕捉通过点

技巧与提示

指定射线的起点后，可以根据【指定通过点】的提示指定多个通过点，绘制经过相同起点的多条射线，直到按Esc键或Enter键退出为止。

3.2.3 构造线

构造线是一条没有起点和终点的两端无限延长的直线，主要用来绘制辅助线和修剪边界。

在AutoCAD 2014中可以通过以下几种方法启动【构造线】命令。

- 菜单栏：执行【绘图】|【构造线】命令。
- 命令行：在命令行中输入**XLINE/XL**命令。
- 功能区：在【默认】选项卡中，单击【绘图】面板中的【构造线】按钮☑。

在命令执行的过程中，需要确定构造线的指定点。

使用以上任意一种方法启动【构造线】命令后，命令行提示如下。

命令: xline↙

//调用【构造线】命令

指定点或 [水平(H)/垂直(V)/角度(A)/二等分(B)/偏移(O)]:

在命令行中各选项的含义如下。

- 水平（H）：绘制一条通过指定点且平行于X轴的构造线。
- 垂直（V）：绘制一条通过指定点且平行于Y轴的构造线。
- 角度（A）：以指定的角度或参照某条已存在的直线，以一定角度绘制一条构造线，如图3-19所示。
- 二等分（B）：绘制角平分线。使用该选项绘制的构造线将平分指定的两条相交线之间的夹

角，如图3-20所示。

图3-19 角度绘制的构造线

图3-20 二等分绘制的构造线

- 偏移（O）：通过另一条直线对象绘制与此平行的构造线，绘制此平行构造线时可以指定偏移的距离与方向，也可以指定通过的点。

3.2.4 课堂实例——绘制标题栏

案例位置　素材＞第3章＞3.2.4 课堂实例——绘制标题栏.dwg
视频位置　视频＞第3章＞3.2.4 课堂实例——绘制标题栏.mp4
难易指数　★☆☆☆☆
学习目标　学习【直线】命令、【偏移】命令、【修剪】命令的使用

01 绘制直线。新建空白文件。在命令行中输入L【直线】命令，绘制封闭直线，如图3-21所示，其命令行提示如下。

命令: l↙

//调用【直线】命令

LINE

指定第1个点:

//任意指定一点为直线起点

指定下一点或 [放弃(U)]: 130↙

//向右拖曳鼠标，输入参数值

指定下一点或 [放弃(U)]: 40↙

//向下拖曳鼠标，输入参数值

指定下一点或 [闭合(C)/放弃(U)]: 130↙

//向左拖曳鼠标，输入参数值

指定下一点或 [闭合(C)/放弃(U)]: c↙

//输入【闭合（C）】选项即可

图3-21　绘制封闭直线

02　偏移图形。调用O【偏移】命令，将最上方的水平直线向下进行偏移操作，如图3-22所示。

图3-22　偏移图形

03　偏移图形。调用O【偏移】命令，将最左侧的垂直直线向右进行偏移操作，如图3-23所示。

| 12 | 28 | 25 | 12 | 18 | 12 |

图3-23　偏移图形

04　修剪图形。调用TR【修剪】命令，修剪多余的图形，得到的最终效果如图3-24所示。

图3-24　最终效果

在【直线】命令行中各选项的含义如下。

● 放弃（U）：在命令提示行中输入U，将撤销上一步的绘制线段操作而不退出直线命令。

● 闭合（C）：在绘制了一条以上线段后，命令行会出现这样的提示选项。此时输入C，可将最后确定的端点与第1条线段的起点相连，从而形成一个封闭的图形。

3.3　圆图形的绘制

在AutoCAD 2014中，圆、圆弧、椭圆和圆环都属于曲线对象，其绘制方法相对线形对象要复杂一些，但方法也比较多。

3.3.1　圆

使用【圆】命令可以绘制圆图形，圆图形是简单的二维图形之一，圆的绘制在AutoCAD中非常频繁，可以用来表示柱、孔等特征。

在AutoCAD 2014中可以通过以下几种方法启动【圆】命令。

● 菜单栏：执行【绘图】|【圆】命令，如图3-25所示。

图3-25　【圆】菜单

图3-26　【绘图】面板

● 命令行：在命令行中输入CIRCLE/C命令。

● 功能区：在【默认】选项卡中，单击【绘图】面板中的【圆】按钮，如图3-26所示。

在AutoCAD 2014菜单栏的【圆】命令中提供了6种绘制圆的子命令，各子命令的具体含义如下。

● 圆心、半径（R）：指定圆心位置和半径绘制圆，如图3-27所示。

● 圆心、直径（D）：指定圆心位置和直径绘制圆，如图3-28所示。

图3-27 【圆心、半径】方式绘制圆

图3-28 【圆心、直径】方式绘制圆

● 两点（2）：指定两个点位置，并以两点间的距离来绘制圆，如图3-29所示。

图3-29 【两点】方式绘制圆

● 三点（3）：指定3个点绘制圆，系统会提示指定第1点、第2点和第3点，如图3-30所示。

图3-30 【三点】方式绘制圆

● 相切、相切、半径（T）：以指定的值为半径，绘制一个与两个对象相切的圆。在绘制时，需要先指定与圆相切的两个对象，然后指定圆的半径，如图3-31所示。

图3-31 【相切、相切、半径】方式绘制圆

● 相切、相切、相切（A）：依次指定与圆相切的3个对象来绘制圆，如图3-32所示。

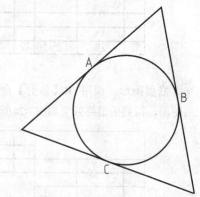

图3-32 【相切、相切、相切】方式绘制圆

使用以上任意一种方法启动【圆】命令后，命令行提示如下。

命令: CIRCLE↙

//调用【圆】命令

指定圆的圆心或 [三点(3P)/两点(2P)/切点、切点、半径(T)]:

在命令行中，各选项的含义如下。

● 三点（3P）：通过三点的方式绘制圆，系统会提示指定第1点、第2点和第3点。

● 两点（2P）：通过两点方式绘制圆，系统会提示指定圆半径的起点和端点。

● 切点、起点、半径（T）：通过与两个其他对象的切点和半径绘制圆。

技巧与提示

如果在命令行提示要求输入半径或直径时所输入的值无效时，可以移动十字光标至合适的位置单击，系统将自动把圆心和十字光标确定的点之间的距离作为圆的半径，绘制出圆。

3.3.2 课堂实例——绘制六角螺母

案例位置	素材＞第3章＞3.3.2 课堂实例——绘制六角螺母.dwg
视频位置	视频＞第3章＞3.3.2 课堂实例——绘制六角螺母.mp4
难易指数	★★☆☆☆
学习目标	学习【直线】命令、【多边形】命令、【圆】命令、【修剪】命令的使用

01 新建图层。新建空白文件。调用LA【图层】命令，打开【图层特性管理器】选项板，依次创建【中心线】、【细实线】和【粗实线】图层，如图3-33所示。

图3-33 【图层特性管理器】选项板

02 绘制直线。将【中心线】图层置为当前。调用L【直线】命令，绘制两条长度均为44，且相互垂直的直线，如图3-34所示。

图3-34 绘制直线

03 绘制多边形。将【粗实线】图层置为当前。调用POL【多边形】命令，结合【中点捕捉】功能，绘制一个【半径】为18并内接于圆的六边形，如图3-35所示。

图3-35 绘制六边形

04 单击按钮。在【默认】选项卡中，单击【绘图】面板中的【相切、相切、相切】按钮，如图3-36所示。

图3-36 【绘图】面板

05 绘制圆。结合【切点捕捉】功能，依次捕捉相应的切点，绘制圆，如图3-37所示，其命令行提示如下。

命令: circle↙

//调用【圆】命令

指定圆的圆心或 [三点(3P)/两点(2P)/切点、切点、半径(T)]: t↙

//输入【切点、切点、切点（T）】选项

指定圆上的第1个点: _tan 到

//指定第1个切点

指定圆上的第2个点: _tan 到

//指定第2个切点

指定圆上的第3个点: _tan 到

//指定第3个切点，完成圆的绘制

06 绘制圆。单击【绘图】面板中的【圆心、半径】按钮◎，绘制一个半径为9的圆，如图3-38所示，其命令行提示如下。

> 命令: CIRCLE✓
> //调用【圆】命令
> 指定圆的圆心或 [三点(3P)/两点(2P)/切点、切点、半径(T)]:
> //捕捉圆心点
> 指定圆的半径或 [直径(D)]: 9✓
> //输入圆半径参数，完成圆绘制

07 绘制圆。将【细实线】图层置为当前。在【默认】选项卡中，单击【绘图】面板中的【圆心、直径】按钮◎，绘制一个直径为22的圆，如图3-39所示，其命令行提示如下。

> 命令: circle✓
> //调用【圆】命令
> 指定圆的圆心或 [三点(3P)/两点(2P)/切点、切点、半径(T)]:
> //捕捉圆心点
> 指定圆的半径或 [直径(D)] <9.0000>: d✓
> //输入【直径（D）】选项
> 指定圆的直径 <18.0000>: 22✓
> //输入圆直径参数，完成圆绘制

08 修剪图形。调用TR【修剪】命令，修剪多余的图形，得到最终效果如图3-40所示。

图3-37 绘制圆   图3-38 绘制圆

图3-39 绘制圆   图3-40 最终效果

3.3.3 圆弧

弧是圆的一部分，也是一种简单图形。绘制圆弧和绘制圆相比，控制起来要困难一些。除了设定圆心和半径之外，对于圆弧还需要设定起始角和终止角才能完全定义。

在AutoCAD 2014中可以通过以下几种方法启动【圆弧】命令。

● 菜单栏：执行【绘图】|【圆弧】命令，如图3-41所示。

图3-41 【圆弧】菜单

● 命令行：在命令行中输入ARC/A命令。

● 功能区：在【默认】选项卡中，单击【绘图】面板中的【圆弧】按钮，如图3-42所示。

图3-42 【绘图】面板

在AutoCAD 2014菜单栏的【圆弧】命令中提供了11种绘制圆弧的子命令，各子命令的具体含义如下。

● 三点（P）：需要指定圆弧的起点、通过的第2个点和端点绘制圆弧，如图3-43所示。

图3-43　【三点】方式绘制圆弧

● 起点、圆心、端点（S）：通过指定圆弧的起点、圆心、端点绘制圆弧，如图3-44所示。

图3-44　【起点、圆心、端点】方式绘制圆弧

● 起点、圆心、角度（T）：通过指定圆弧的起点、圆心、弦长绘制圆弧，如图3-45所示。

● 起点、圆心、长度（A）：通过指定圆弧的起点、端点和圆弧半径绘制圆弧，如图3-46所示。

图3-45　【起点、圆心、角度】方式绘制圆弧

图3-46　【起点、圆心、长度】方式绘制圆弧

● 起点、端点、角度（N）：通过指定圆弧的圆心、起点、包含角绘制圆弧，如图3-47所示。

图3-47　【起点、端点、角度】方式绘制圆弧

● 起点、端点、方向（D）：通过指定圆弧的起点、端点和圆弧的起点切向绘制圆弧，如图3-48所示。

图3-48　【起点、端点、方向】方式绘制圆弧

● 起点、端点、半径（R）：通过指定圆弧的起点、端点和圆弧半径绘制圆弧，如图3-49所示。

图3-49　【起点、端点、半径】方式绘制圆弧

● 圆心、起点、端点（C）：通过圆弧的圆心、起点和端点绘制圆弧，如图3-50所示。

图3-50　【圆心、起点、端点】方式绘制圆弧

● 圆心、起点、角度（E）：通过圆弧的圆心、起点、圆心角绘制圆弧，如图3-51所示。

图3-51 【圆心、起点、角度】方式绘制圆弧

● 圆心、起点、长度（L）：通过圆弧的圆心、起点、弦长绘制圆弧，如图3-52所示。

图3-52 【圆心、起点、长度】方式绘制圆弧

● 继续：以上一段圆弧的终点为起点接着绘制圆弧。

图3-53 绘制圆弧的前后对比效果

如图3-53所示，捕捉图形的A点为圆弧的起点，捕捉B点为圆弧的端点，输入【半径】参数为1031.69，完成圆弧的绘制操作。执行【圆弧】命令后，命令行提示如下。

命令: arc✓
//调用【圆弧】命令
圆弧创建方向:逆时针(按住Ctrl键可切换方向)。
指定圆弧的起点或 [圆心(C)]:
//捕捉A点为起点
指定圆弧的第2个点或 [圆心(C)/端点(E)]: _e✓
//选择【端点（E）】选项
指定圆弧的端点:
//捕捉B点为端点
指定圆弧的圆心或[角度(A)/方向(D)/半径(R)]: _r✓
//选择【半径（R）】选项
指定圆弧的半径: 1031.69✓
//输入圆弧半径，完成圆弧绘制

在命令行中各选项的含义如下。

● 圆心（C）：用于指定圆弧所在圆的圆心。
● 端点（E）：用于指定圆弧端点。
● 角度（A）：用于指定圆弧的角度。
● 方向（D）：用于指定圆弧的方向。
● 半径（R）：用于指定圆弧的半径。

3.3.4 课堂实例——绘制单扇门

案例位置	素材＞第3章＞3.3.4 课堂实例——绘制单扇门.dwg
视频位置	视频＞第3章＞3.3.4 课堂实例——绘制单扇门.mp4
难易指数	★☆☆☆☆
学习目标	学习【直线】命令、【圆弧】命令等的使用

01 绘制直线。新建空白文件。调用L【直线】命令，绘制两条垂直的直线，如图3-54所示。

图3-54 绘制直线

02 偏移图形。调用O【偏移】命令，将新绘制的直线分别进行偏移操作，如图3-55所示。

图3-57 最终效果

图3-55 偏移图形

03 修剪图形。调用TR【修剪】命令,修剪多余的图形,如图3-56所示。

3.3.5 圆环

圆环是填充环或实体填充圆,即带有宽度的闭合多段线。它是由半径或直径不同的两个同心圆组成的组合图形,默认情况下圆环的两个圆形中间的面积填充为实心,如图3-58所示。

(a)内外径不等　　(b)内径为0　　(c)内外径相等

图3-58 填充的圆环

图3-56 修剪图形

04 绘制圆弧。在命令行中输入A【圆弧】命令并按Enter键,绘制圆弧,得到最终效果如图3-57所示,其命令行提示如下。

在AutoCAD 2014中可以通过以下几种方法启动【圆环】命令。

* 菜单栏:执行【绘图】|【圆环】命令。
* 命令行:在命令行中输入DONUT/DO命令。
* 功能区:在【默认】选项卡中,单击【绘图】面板中的【圆环】按钮◎。

在命令执行过程中,需要确定两个同心圆的直径,然后再确定圆环的圆心位置。

使用以上任意一种方法启动【圆环】命令后,命令行提示如下。

> 命令: ARC✓
> //调用【圆弧】命令
> 圆弧创建方向: 逆时针(按住 Ctrl 键可切换方向)。
> 指定圆弧的起点或 [圆心(C)]: c✓
> //输入【圆弧(C)】选项
> 指定圆弧的圆心:
> //捕捉左下角点为圆心
> 指定圆弧的起点:
> //捕捉右下角点为起点
> 指定圆弧的端点或 [角度(A)/弦长(L)]:
> //捕捉左上角点为起点,完成圆弧绘制

> 命令: _donut✓
> //调用【圆环】命令
> 指定圆环的内径 <0.5000>:
> //输入圆环内径参数
> 指定圆环的外径 <1.0000>:
> //输入圆环外径参数
> 指定圆环的中心点或 <退出>:
> //指定圆环的中心点,完成圆环绘制

3.3.6 椭圆与椭圆弧

椭圆也是工程制图中常见的一种平面图形，它是由距离两个定点的长度之和为定值的点组成的。而椭圆弧是椭圆的一部分，它类似于椭圆，不同的是它的起点和终点没有闭合。下面将对椭圆和椭圆弧分别进行介绍。

1. 绘制椭圆

在AutoCAD 2014中可以通过以下几种方法启动【椭圆】命令。

- 菜单栏：执行【绘图】|【椭圆】命令。
- 命令行：在命令行中输入ELLIPSE/EL命令。
- 功能区：在【默认】选项卡中，单击【绘图】面板中的【椭圆】按钮 ⬭。

在命令执行过程中，需要确定椭圆圆心、长轴和短轴的半径值。

图3-59 绘制椭圆的前后对比效果

如图3-59所示，捕捉图形的中间的位置为圆心点，指定【长轴】参数为518、【短轴】参数为381，完成椭圆的绘制操作。执行【椭圆】命令后，命令行提示如下。

命令: ELLIPSE↙
//调用【椭圆】命令
指定椭圆的轴端点或[圆弧(A)/中心点(C)]: c↙
//选择【中心点（C）】选项
指定椭圆的中心点:
//指定图形中间位置为圆心点
指定轴的端点: 518↙
//输入第1个轴端点位置
指定另一条半轴长度或 [旋转(R)]: 381↙
//输入第2个轴端点位置，完成椭圆绘制

在命令行中各选项的含义如下。

- 圆弧（A）：绘制一段椭圆弧，第1条轴的角度决定了椭圆弧的角度，第1条轴即可定义椭圆弧的长轴，也可以定义椭圆弧的短轴。
- 中心点（C）：通过指定椭圆的中心点绘制椭圆。
- 旋转（R）：通过绕第1条轴旋转，定义椭圆的长轴和短轴比例。

> **技巧与提示**
> 在几何学中，一个椭圆由两个轴定义，其中较长的轴称为长轴，较短的轴称为短轴。用户在绘制椭圆时，系统会根据它们的相对长度自动确定椭圆的长轴和短轴。

2. 绘制椭圆弧

在AutoCAD 2014中可以通过以下几种方法启动【椭圆弧】命令。

- 菜单栏：执行【绘图】|【椭圆弧】命令。
- 功能区：在【默认】选项卡中，单击【绘图】面板中的【椭圆弧】按钮 ⬭。

在命令执行过程中，需要确定椭圆弧所在椭圆的两条轴及椭圆弧的起点和终点的角度。

使用以上任意一种方法启动【椭圆弧】命令后，命令行提示如下。

命令: ellipse↙
//调用【椭圆】命令
指定椭圆的轴端点或 [圆弧(A)/中心点(C)]: _a↙
//选择【圆弧（A）】选项
指定椭圆弧的轴端点或 [中心点(C)]: c↙
//选择【中心点（C）】选项
指定椭圆弧的中心点:
//指定椭圆弧中心点
指定轴的端点:
//指定轴端点
指定另一条半轴长度或 [旋转(R)]:
//输入另一条半轴的参数
指定起点角度或 [参数(P)]:
//指定起点角度
指定端点角度或 [参数(P)/包含角度(I)]:
//指定端点角度，完成椭圆弧绘制

3.3.7 课堂实例——绘制地面拼花

案例位置	素材＞第3章＞3.3.7 课堂实例——绘制地面拼花.dwg
视频位置	视频＞第3章＞3.3.7 课堂实例——绘制地面拼花.mp4
难易指数	★★☆☆☆
学习目标	学习【椭圆】等命令的使用

01 绘制椭圆。新建空白文件。在命令行中输入EL【椭圆】命令并按Enter键，绘制椭圆，如图3-60所示，其命令行提示如下。

命令: ELLIPSE✓
//调用【椭圆】命令
指定椭圆的轴端点或 [圆弧(A)/中心点(C)]: c✓
//输入【中心点（C）】选项
指定椭圆的中心点:
//指定椭圆弧中心点
指定轴的端点: 133✓
//输入第1个轴端点位置
指定另一条半轴长度或 [旋转(R)]: 66✓
//输入第2个轴端点位置，完成椭圆的绘制

02 绘制椭圆。重新调用EL【椭圆】命令，依次绘制其他的椭圆对象，如图3-61所示，其命令行提示如下。

命令: ELLIPSE✓
//调用【椭圆】命令
指定椭圆的轴端点或 [圆弧(A)/中心点(C)]: c✓
//输入【中心点（C）】选项
指定椭圆的中心点:
//捕捉圆心点
指定轴的端点: 330✓
//输入第1个轴端点位置
指定另一条半轴长度或 [旋转(R)]: 165✓
//输入第2个轴端点位置，完成椭圆2的绘制
命令: ELLIPSE✓
//重复调用【椭圆】命令
指定椭圆的轴端点或 [圆弧(A)/中心点(C)]: c✓
//输入【中心点（C）】选项
指定椭圆的中心点:
//捕捉圆心点
指定轴的端点: 803✓
//输入第1个轴端点位置

指定另一条半轴长度或 [旋转(R)]: 401✓
//输入第2个轴端点位置，完成椭圆3的绘制
命令: ELLIPSE✓
//重复调用【椭圆】命令
指定椭圆的轴端点或 [圆弧(A)/中心点(C)]: c✓
//输入【中心点（C）】选项
指定椭圆的中心点:
//捕捉圆心点
指定轴的端点: 903✓
//输入第1个轴端点位置
指定另一条半轴长度或 [旋转(R)]: 451✓
//输入第2个轴端点位置，完成椭圆4的绘制
命令: ELLIPSE✓
//重复调用【椭圆】命令
指定椭圆的轴端点或 [圆弧(A)/中心点(C)]: c✓
//输入【中心点（C）】选项
指定椭圆的中心点:
//捕捉圆心点
指定轴的端点: 1001✓
//输入第1个轴端点位置
指定另一条半轴长度或 [旋转(R)]: 501✓
//输入第2个轴端点位置，完成椭圆5的绘制

03 绘制直线。调用L【直线】命令，结合【对象捕捉】和【63°极轴追踪】功能，连接直线，如图3-62所示。

图3-60 绘制椭圆　　图3-61 绘制椭圆　　图3-62 连接直线

04 旋转复制图形。调用RO【旋转】命令，将上下两条垂直直线进行5°和-5°的旋转复制操作，如图3-63所示。

05 旋转复制图形。调用RO【旋转】命令，将左右两条水平直线进行20°和-20°的旋转复制操

作，如图3-64所示。

06 旋转复制图形。调用RO【旋转】命令，将右上方的倾斜直线进行7°和-9°的旋转复制操作，如图3-65所示。

图3-63 旋转复制图形　　图3-64 旋转复制图形

图3-65 旋转复制图形

07 镜像图形。调用MI【镜像】命令，选择合适的图形，将其进行镜像操作，如图3-66所示。

08 修改图形。调用TR【修剪】命令，修剪多余的图形；调用E【删除】命令，删除多余的图形，如图3-67所示。

09 旋转复制图形。调用RO【旋转】命令，将上下两条垂直直线进行20°和-20°的旋转复制操作，如图3-68所示。

图3-66 镜像图形　　　　图3-67 修剪图形

图3-68 旋转复制图形

10 旋转复制图形。调用RO【旋转】命令，将左右两条水平直线进行53°和-53°的旋转复制操作，如图3-69所示。

11 修改图形。调用EX【延伸】命令，延伸相应的图形；调用L【直线】命令，结合【对象捕捉】功能，连接直线，如图3-70所示。

12 完善图形。调用TR【修剪】命令，修剪多余的图形；调用E【删除】命令，删除多余的图形，得到最终效果如图3-71所示。

图3-69 旋转复制图形　　图3-70 绘制直线

图3-71 最终效果

3.4 多边形图形的绘制

多边形图形包括矩形和正多边形，也是在绘图过程中使用较多的一类图形。

3.4.1 矩形

使用【矩形】命令，不仅可以绘制一般的二维矩形，还能够绘制具有一定宽度、高度和厚度等特性的矩形，并且能够直接生成圆角或倒角的矩形。

在AutoCAD 2014中可以通过以下几种方法启动【矩形】命令。

- 菜单栏：执行【绘图】|【矩形】命令。
- 命令行：在命令行中输入RECTANG/REC命令。
- 功能区：在【默认】选项卡中，单击【绘图】面板中的【矩形】按钮▢。

在命令执行过程中，需要确定矩形的角点和对角点。

如图3-72所示，捕捉左上方合适的点为矩形的第一角点，捕捉右下方合适的点为矩形的对角点，完成矩形的绘制操作。执行【矩形】命令后的命令行提示如下。

命令: REC↙
//调用【矩形】命令
RECTANG
指定第1个角点或 [倒角(C)/标高(E)/圆角(F)/厚度(T)/宽度(W)]: 4227.4,1200.5↙
//输入第1角点坐标值
指定另一个角点或 [面积(A)/尺寸(D)/旋转(R)]: @322.6,-326.8↙
//输入对角点坐标值，完成矩形的绘制

图3-72 绘制矩形的前后对比效果

在【矩形】命令行中各选项的含义如下。

- 倒角（C）：设置矩形的倒角距离，以后执行【矩形】命令时此值将成为当前倒角距离，如图3-73所示。

图3-73 倒角矩形

- 标高（E）：用来指定矩形的高度。
- 圆角（F）：需要设置圆角矩形时选择该选项可以指定矩形的圆角半径，如图3-74所示。

图3-74 圆角矩形

- 厚度（T）：用来设置矩形的厚度，如图3-75所示。

图3-75 有厚度的矩形

- 宽度（W）：为要绘制的矩形指定多段线的宽度，如图3-76所示。

图3-76 有宽度的矩形

81

- 面积（A）：通过确定矩形面积大小的方式绘制矩形。

- 尺寸（D）：通过输入矩形的长和宽确定矩形的大小。

- 旋转（R）：通过指定的旋转角度绘制矩形。

3.4.2 课堂实例——绘制单扇门立面图

案例位置　素材＞第3章＞3.4.2 课堂实例——绘制单扇门立面图.dwg
视频位置　视频＞第3章＞3.4.2 课堂实例——绘制单扇门立面图.mp4
难易指数　★★☆☆☆
学习目标　学习【矩形】等命令的使用

01 绘制矩形。新建空白文件。在命令行中输入REC【矩形】命令，绘制矩形，如图3-77所示，其命令行提示如下。

命令: REC↙
//调用【矩形】命令
 RECTANG
指定第1个角点或 [倒角(C)/标高(E)/圆角(F)/厚度(T)/宽度(W)]:
//任意指定一点为矩形第1点
指定另一个角点或 [面积(A)/尺寸(D)/旋转(R)]: @1000,-2100↙
//输入对角点坐标值，完成矩形的绘制

02 修改图形。调用X【分解】命令，分解矩形；调用O【偏移】命令，选择合适的直线将其进行偏移操作，如图3-78所示。

03 修剪图形。调用TR【修剪】命令，修剪多余的图形，如图3-79所示。

图3-77 绘制矩形　图3-78 偏移图形　图3-79 修剪图形

04 绘制矩形。在命令行中输入REC【矩形】命

令，绘制矩形，如图3-80所示，其命令行提示如下。

命令: REC↙
//调用【矩形】命令
RECTANG
指定第1个角点或 [倒角(C)/标高(E)/圆角(F)/厚度(T)/宽度(W)]: from↙
//输入【捕捉自】命令
 基点:
//捕捉图形的左上角点
 <偏移>: @225,-254↙
//输入偏移参数值
指定另一个角点或 [面积(A)/尺寸(D)/旋转(R)]: @550,-770↙
//输入对角点坐标值，完成矩形的绘制

05 绘制矩形。重新调用REC【矩形】命令，绘制矩形，如图3-81所示。

命令: REC↙
//调用【矩形】命令
RECTANG
指定第1个角点或 [倒角(C)/标高(E)/圆角(F)/厚度(T)/宽度(W)]: from↙
//输入【捕捉自】命令
 基点:
//捕捉新绘制矩形的左下角点
 <偏移>: @0,-80↙
//输入偏移参数值
指定另一个角点或 [面积(A)/尺寸(D)/旋转(R)]: @550,-100↙
//输入对角点坐标值，完成矩形的绘制

06 镜像图形。调用MI【镜像】命令，将步骤4中绘制的矩形进行镜像操作，得到的最终效果如图3-82所示。

图3-80 绘制矩形　图3-81 绘制矩形　图3-82 最终效果

注意
在绘制圆角或倒角矩形时，如果矩形的长度和宽度太小而无法使用当前设置创建矩形时，绘制出来的矩形将不进行圆角或倒角。

3.4.3 多边形

多边形是具有3～1024条边且边长相等的封闭多段线。在默认情况下，多边形的边数是4。

在AutoCAD 2014中可以通过以下几种方法启动【多边形】命令。

● 菜单栏：执行【绘图】|【多边形】命令。

● 命令行：在命令行中输入POLYGON/POL命令。

● 功能区：在【默认】选项卡中，单击【绘图】面板中的【多边形】按钮◯。

在命令执行过程中，需要确定多边形的边数、位置和大小。

如图3-83所示，修改【边数】为6，指定中点为直线的交点，绘制一个外切于圆的多边形。执行【多边形】命令后，命令行提示如下。

命令: POL✔
//调用【多边形】命令
 POLYGON
输入侧面数 <4>: 6✔
//输入边数
指定正多边形的中心点或 [边(E)]:
//捕捉直线的交点
输入选项 [内接于圆(I)/外切于圆(C)] <I>: c
//选择【外切于圆（C）】选项
指定圆的半径:
//指定多边形的半径，完成多边形绘制

图3-83　绘制多边形的前后对比效果

在命令行中各选项的含义如下。

● 边（E）：通过指定多边形边的方式来绘制正多边形。该方式将通过边的数量和长度确定正多边形，如图3-84所示。

● 内接于圆（I）：主要通过输入正多边形的边数、外接圆的圆心和半径来绘制，如图3-85所示。

● 外切于圆（C）：主要通过输入正多边形的边数、内切圆的圆心位置和内切圆的半径来绘制，如图3-86所示。

图3-84　【边长】方式绘制图形

图3-85　【内接于圆】方式绘制图形

图3-86　【外切于圆】方式绘制图形

3.4.4 课堂实例——绘制螺母

案例位置　素材＞第3章＞3.4.4 课堂实例——绘制螺母.dwg
视频位置　视频＞第3章＞3.4.4 课堂实例——绘制螺母.mp4
难易指数　★★☆☆☆
学习目标　学习【圆】命令、【多边形】等命令的使用

01 绘制圆。新建空白文件。在命令行中输入C【圆】命令，分别绘制半径为61和36的圆，如图3-87所示。

02 绘制多边形。在命令行中输入POL【多边形】命令并按Enter键，绘制一个多边形，如图3-88所示，其命令行提示如下。

> 命令: POL↙
> //调用【多边形】命令
> POLYGON
> 输入侧面数 <4>: 6↙
> //输入边数
> 指定正多边形的中心点或 [边(E)]:
> //捕捉圆心点
> 输入选项 [内接于圆(I)/外切于圆(C)] <I>: c
> //输入【外切于圆（C）】选项
> 指定圆的半径:
> //指定多边形的半径，完成多边形绘制

图3-87 绘制圆

图3-88 绘制多边形

03 绘制直线。调用L【直线】命令，结合【对象捕捉】功能，绘制直线，如图3-89所示。

04 偏移图形。调用O【偏移】命令，将新绘制的直线向两侧分别偏移5，如图3-90所示。

图3-89 绘制直线　　　　**图3-90 偏移图形**

05 删除图形。调用E【删除】命令，删除多余的直线，如图3-91所示。

06 修剪图形。调用TR【修剪】命令，修剪多余的图形，如图3-92所示。

图3-91 删除图形　　　**图3-92 修剪图形**

3.5　本章小结

任何简单的二维图形都是由点、直线、圆和多边形图形组成的。在绘制简单的图形时，首先应掌握正确的方法绘制点对象，然后根据点对象绘制出直线、圆和多边形等对象。

3.6　课后习题

本节通过具体的实例练习点、直线、圆、圆弧、椭圆、矩形以及多边形等绘图命令的调用，方便以后绘图和设计。

3.6.1　绘制推力球轴承

案例位置　素材＞第3章＞3.6.1绘制推力球轴承.dwg
视频位置　视频＞第3章＞3.6.1绘制推力球轴承.mp4
难易指数　★★☆☆☆
学习目标　学习【矩形】、【圆】、【复制】等命令的使用

绘制的推力球轴承如图3-93所示。

图3-93 推力球轴承

推力球轴承的绘制流程如图3-94、图3-95、图

3-96、图3-97、图3-98、图3-99、图3-100和图3-101所示。

图 3-94 新建图层

图 3-95 绘制并复制圆角矩形

图 3-96 连接直线

图 3-97 偏移直线

图 3-98 绘制两个圆

图 3-99 修剪并删除图形

图 3-100 创建图案填充

图 3-101 绘制中心线对象

3.6.2 绘制双人床

案例位置	素材＞第3章＞3.6.2 绘制双人床.dwg
视频位置	视频＞第3章＞3.6.2 绘制双人床.mp4
难易指数	★★☆☆☆
学习目标	学习【矩形】、【移动】、【复制】、【镜像】等命令的使用

绘制的双人床如图3-102所示。

图3-102 双人床

双人床的绘制流程如图3-103、图3-104、图3-105、图3-106、图3-107、图3-108、图3-109和图3-110所示。

图 3-103 绘制矩形　　　　图 3-104 分解并偏移矩形

图 3-105 绘制并偏移矩形　　　图 3-106 镜像矩形

图 3-107 绘制并偏移矩形　　　图 3-108 绘制并旋转直线

图 3-109 绘制圆弧　　　图 3-110 修剪并删除图形

第4章

复杂二维图形绘制

在AutoCAD 2014中，除了可以绘制点、直线、圆和多边形等简单的二维图形外，还可以绘制多段线、样条曲线、多线、面域以及图案填充等复杂的二维图形，更可以通过这些复杂图形的绘制来帮助用户构建专业、精准的图形。

学习目标

掌握多段线的绘制方法

掌握样条曲线的绘制方法

掌握多线的绘制方法

掌握面域的绘制方法

熟悉图案填充的绘制方法

4.1 多段线的绘制

多段线是由直线或圆弧等多条线段构成的特殊线段，这些线段所构成的图形是一个整体，可以对其进行统一编辑。

4.1.1 多段线

多段线与单一的直线相比，多段线占有一定的优势，提供了单个直线所不具备的编辑功能，用户可根据需要分别编辑每条线段，设置各线段的宽度，使线段的始末端点具有不同的线宽等。

在AutoCAD 2014中可以通过以下几种方法启动【多段线】命令。

- 菜单栏：执行【绘图】|【多段线】命令。
- 命令行：在命令行中输入PLINE/PL命令。
- 功能区：在【默认】选项卡中，单击【绘图】面板【多段线】按钮 。

在命令执行过程中，需要确定的多段线的起点、通过点和终点等。

如图4-1所示，捕捉图形的左上角点为多段线起点，依次输入长度参数、圆弧参数等，完成多段线的绘制操作。执行【直线】命令后，命令行提示如下。

```
命令: PL↙                                                    //调用【多段线】命令
 PLINE
指定起点:                                                     //捕捉左上角点为起点
当前线宽为 0.0000
指定下一个点或 [圆弧(A)/半宽(H)/长度(L)/放弃(U)/宽度(W)]: 115↙
                                                             //向左拖曳鼠标，输入长度参数
指定下一点或 [圆弧(A)/闭合(C)/半宽(H)/长度(L)/放弃(U)/宽度(W)]: 365↙
                                                             //向下拖曳鼠标，输入长度参数
指定下一点或 [圆弧(A)/闭合(C)/半宽(H)/长度(L)/放弃(U)/宽度(W)]: a↙
                                                             //输入【圆弧（A）】选项
指定圆弧的端点或
[角度(A)/圆心(CE)/闭合(CL)/方向(D)/半宽(H)/直线(L)/半径(R)/第2个点(S)/放弃(U)/宽度(W)]: s↙  //输
入【第二点（S）】选项
指定圆弧上的第2个点: @70.3,-169.7↙                            //输入第二点坐标值
指定圆弧的端点: @169.7,-70.3↙                                 //输入端点坐标值
指定圆弧的端点或
[角度(A)/圆心(CE)/闭合(CL)/方向(D)/半宽(H)/直线(L)/半径(R)/第2个点(S)/放弃(U)/宽度(W)]: l↙  //输
入【直线（L）】选项
指定下一点或 [圆弧(A)/闭合(C)/半宽(H)/长度(L)/放弃(U)/宽度(W)]: 240↙
                                                             //向右拖曳鼠标，输入长度参数
指定下一点或 [圆弧(A)/闭合(C)/半宽(H)/长度(L)/放弃(U)/宽度(W)]: a↙
                                                             //选择【圆弧（A）】选项
指定圆弧的端点或
[角度(A)/圆心(CE)/闭合(CL)/方向(D)/半宽(H)/直线(L)/半径(R)/第2个点(S)/放弃(U)/宽度(W)]: s↙  //输
入【第2点（S）】选项
指定圆弧上的第2个点: @169.7,70.3↙                             //输入第2点坐标值
```

指定圆弧的端点: @70.3,169.7↙　　　　　　　//输入端点坐标值

指定圆弧的端点或

[角度(A)/圆心(CE)/闭合(CL)/方向(D)/半宽(H)/直线(L)/半径(R)/第2个点(S)/放弃(U)/宽度(W)]: l↙ //输入【直线（L）】选项

指定下一点或 [圆弧(A)/闭合(C)/半宽(H)/长度(L)/放弃(U)/宽度(W)]: 365↙

//向上拖曳鼠标，输入长度参数

指定下一点或 [圆弧(A)/闭合(C)/半宽(H)/长度(L)/放弃(U)/宽度(W)]: 115↙

//向上拖曳鼠标，输入长度参数，完成多段线绘制

图4-1　绘制多段线的前后对比效果

在【多段线】命令行中各选项的含义如下。

● 圆弧（A）：当选择该选项之后，将由绘制直线改为绘制圆弧。

● 半宽（H）：选择该选项将确定圆弧的起始半宽或终止半宽。

● 长度（L）：执行这项将可以指定线段的长度。

● 放弃（U）：当选择该选项，将取消最后一条绘制直线或圆弧，完成多段线的绘制。

● 宽度（W）：选择该选项，将可以确定所绘制的多段线宽度。

● 闭合（C）：选择该选项，完成多段线绘制，使已绘制的多段线成为闭合的多段线。

● 角度（A）：用于指定圆弧段的从起点开始的包含角。

● 圆心（CE）：用于指定多段线圆弧的圆心。

● 方向（D）：用于指定圆弧段的切线。

● 半径（R）：用于指定圆弧段的半径。

● 第2个点（S）：用于指定三点圆弧的第2点和端点。

4.1.2　课堂实例——绘制悬臂支座

案例位置　素材＞第4章＞4.1.2课堂实例——绘制悬臂支座.dwg
视频位置　视频＞第4章＞4.1.2课堂实例——绘制悬臂支座.mp4
难易指数　★★☆☆☆
学习目标　学习【多段线】等命令的使用

01 新建图层。新建空白文件，调用LA【图层】命令，打开【图层特性管理器】选项板，依次创建【中心线】、【细实线】和【粗实线】图层，如图4-2所示。

02 绘制多段线。将【粗实线】图层置为当前。开启【正交】模式。在命令行中输入PL【多段线】命令，绘制一条多段线，如图4-3所示，其命令行提示如下。

命令: PL↙　　　　　　　　　　　　　　//调用【多段线】命令

PLINE

指定起点:　　　　　　　　　　　　　　//任意指定一点为起点

当前线宽为 0.0000

指定下一个点或 [圆弧(A)/半宽(H)/长度(L)/放弃(U)/宽度(W)]: 35↙

//向右拖曳鼠标，输入长度参数

指定下一点或 [圆弧(A)/闭合(C)/半宽(H)/长度(L)/放弃(U)/宽度(W)]: 25↙

//向上拖曳鼠标，输入长度参数

指定下一点或 [圆弧(A)/闭合(C)/半宽(H)/长度(L)/放弃(U)/宽度(W)]: 70↙

//向右拖曳鼠标，输入长度参数

指定下一点或 [圆弧(A)/闭合(C)/半宽(H)/长度(L)/放弃(U)/宽度(W)]: 30↙

//向上拖曳鼠标，输入长度参数

指定下一点或 [圆弧(A)/闭合(C)/半宽(H)/长度(L)/放弃(U)/宽度(W)]: 20↙

//向左拖曳鼠标，输入长度参数

指定下一点或 [圆弧(A)/闭合(C)/半宽(H)/长度(L)/放弃(U)/宽度(W)]: 10↙

//向下拖曳鼠标，输入长度参数

指定下一点或 [圆弧(A)/闭合(C)/半宽(H)/长度(L)/放弃(U)/宽度(W)]: 10↙

//向左拖曳鼠标，输入长度参数

指定下一点或 [圆弧(A)/闭合(C)/半宽(H)/长度(L)/放弃(U)/宽度(W)]: 10↙

//向上拖曳鼠标，输入长度参数

指定下一点或 [圆弧(A)/闭合(C)/半宽(H)/长度(L)/放弃(U)/宽度(W)]: 20↙

//向左拖曳鼠标，输入长度参数

指定下一点或 [圆弧(A)/闭合(C)/半宽(H)/长度(L)/放弃(U)/宽度(W)]: 20↙

//向下拖曳鼠标，输入长度参数

指定下一点或 [圆弧(A)/闭合(C)/半宽(H)/长度(L)/放弃(U)/宽度(W)]: 30↙

//向左拖曳鼠标，输入长度参数

指定下一点或 [圆弧(A)/闭合(C)/半宽(H)/长度(L)/放弃(U)/宽度(W)]: 25↙

//向下拖曳鼠标，输入长度参数

指定下一点或 [圆弧(A)/闭合(C)/半宽(H)/长度(L)/放弃(U)/宽度(W)]: 25↙

//向左拖曳鼠标，输入长度参数

指定下一点或 [圆弧(A)/闭合(C)/半宽(H)/长度(L)/放弃(U)/宽度(W)]: c↙

//输入【闭合（C）】选项，完成多段线绘制

图4-2 【图层特性管理器】选项板

图4-3 绘制多段线

03 修改图形。调用X【分解】命令，分解新绘制的多段线；调用O【偏移】命令，将分解后右上方的垂直直线向左进行偏移操作，如图4-4所示。

图4-4 分解并偏移图形

04 修改图形。选择合适的图形分别修改至【细实线】和【中心线】图层，并调整中心线的长度，如图4-5所示。

图4-5 修改图形

⑤ 绘制直线。调用L【直线】命令，结合【对象捕捉】功能，连接直线，如图4-6所示。

图4-6 连接直线

⑥ 绘制直线。调用L【直线】和M【移动】命令，结合【对象捕捉】和【45°极轴追踪】功能，绘制倾斜直线，得到最终效果，如图4-7所示。

图4-7 最终效果

4.2 样条曲线的绘制

在AutoCAD 2014中，通过编辑多段线可以生成平滑多段线，与样条曲线相类似，但与之相比，真正的样条曲线具有以下3个方面的优点。

● 平滑拟合：当对曲线路径上的一系列点进行平滑拟合后，可以创建样条曲线。在绘制二维图形或三维图形时，使用该方法创建的曲线边界要比多段线精确。

● 编辑样条曲线：使用SPLINEDIT命令或夹点可以很方便地编辑样条曲线，并保留样条曲线定义。如果使用PEDIT命令编辑就会丢失这些定义。

成为平滑多段线。

● 占用空间和内存小：带有样条曲线的图形比带有平滑多段线的图形占用的空间和内存小。

4.2.1 样条曲线

样条曲线是一种能够自由编辑的曲线，在曲线周围将显示控制点，可以通过调整曲线上的起点、控制点、终点以及偏差变量来控制曲线。

在AutoCAD 2014中可以通过以下几种方法启动【样条曲线】命令。

● 菜单栏：执行【绘图】|【样条曲线】|【拟合】或【控制点】命令。

● 命令行：在命令行中输入SPLINE/SPL命令。

● 功能区：在【默认】选项卡中，单击【绘图】面板上的【样条曲线拟合】按钮和【样条曲线控制点】按钮。

在命令执行过程中，需要确定样条曲线的起点、通过点和终点等。

如图4-8所示，依次捕捉样条曲线的各个端点，完成样条曲线的绘制操作。执行【样条曲线】命令后，命令行提示如下。

```
命令: SPLINE↙
//调用【样条曲线】命令
当前设置: 方式=拟合　节点=弦
指定第一个点或 [方式(M)/节点(K)/对象(O)]:
//指定A点为第1点
输入下一个点或 [起点切向(T)/公差(L)]:
//指定B点为第2点
输入下一个点或 [端点相切(T)/公差(L)/放弃
(U)]:
//指定C点为第3点
输入下一个点或 [端点相切(T)/公差(L)/放弃
(U)/闭合(C)]:
//指定D点为第4点
输入下一个点或 [端点相切(T)/公差(L)/放弃
(U)/闭合(C)]:
//指定E点为第5点，完成样条曲线绘制
```

图4-8 绘制样条曲线的前后对比效果

在【样条曲线】命令行中各选项的含义如下。

- 方式（M）：控制样条曲线的创建方式，是使用拟合的方式还是控制点的方式绘制样条曲线。

- 节点（K）：控制样条曲线节点参数化的运算方式，以确定样条曲线中连续拟合点之间的零部件曲线如何过度。

- 对象（O）：用于将多段线转换为等价的样条曲线。

- 起点切向（T）：指定样条曲线起始点处切线方向。

- 公差（L）：指定样条曲线可以偏离指定拟合点的距离。

- 端点相切（T）：指定在样条曲线终点的相切条件。

4.2.2 课堂实例——绘制计算机主机

案例位置	素材>第4章>4.2.2 课堂实例——绘制计算机主机.dwg
视频位置	视频>第4章>4.2.2 课堂实例——绘制计算机主机.mp4
难易指数	★★☆☆☆
学习目标	学习【样条曲线】等命令的使用

① 绘制矩形。新建空白文件。调用REC【矩形】命令，绘制一个矩形，如图4-9所示。

② 绘制矩形。调用REC【矩形】和M【移动】命令，结合【对象捕捉】功能，绘制矩形，如图4-10所示。

③ 复制图形。调用CO【复制】命令，将新绘制的矩形进行复制操作，如图4-11所示。

图4-9 绘制矩形　图4-10 绘制矩形　图4-11 复制矩形

④ 绘制矩形。调用REC【矩形】和M【移动】命令，结合【对象捕捉】功能，绘制矩形，如图4-12所示。

⑤ 复制图形。调用CO【复制】命令，将新绘制的矩形进行复制操作，如图4-13所示。

⑥ 绘制矩形。调用REC【矩形】和M【移动】命令，结合【对象捕捉】功能，绘制矩形，如图4-14所示。

图4-12 绘制矩形　　图4-13 复制矩形　　图4-14 绘制矩形

⑦ 复制图形。调用CO【复制】命令，将新绘制的矩形进行复制操作，如图4-15所示。

⑧ 绘制样条曲线。输入SPL【样条曲线】命令并按Enter键，绘制样条曲线，得到最终效果，如图4-16所示，其命令行提示如下。

命令: SPL↙

//调用【样条曲线】命令

 SPLINE

当前设置: 方式=拟合　节点=弦

指定第一个点或 [方式(M)/节点(K)/对象(O)]:

//指定第1点

输入下一个点或 [起点切向(T)/公差(L)]:

//指定第2点

输入下一个点或 [端点相切(T)/公差(L)/放弃
(U)]:

//指定第3点

输入下一个点或 [端点相切(T)/公差(L)/放弃
(U)/闭合(C)]:

//指定第4点

输入下一个点或 [端点相切(T)/公差(L)/放弃
(U)/闭合(C)]:

//指定第5点

输入下一个点或 [端点相切(T)/公差(L)/放弃
(U)/闭合(C)]:

//指定第6点，完成样条曲线绘制

图4-15　绘制矩形　　　　图4-16　最终效果

4.3　多线的绘制

在AutoCAD 2014中，多线是一种由多条平行线组成的组合对象，平行线之间的间距和数目是可以设置的。

4.3.1　绘制多线

多线包含1～16条称为元素的平行线，多线中的平行线可以具有不同的颜色和线型。多线可作为一个单一的实体来进行编辑。

在AutoCAD 2014中可以通过以下几种方法启动【多线】命令。

- 菜单栏: 执行【绘图】|【多线】命令。
- 命令行: 在命令行中输入MLINE/ML命令。

在命令执行过程中，需要确定多线的起点、中点、比例以及对正方式等。

如图4-17所示，运用【中点捕捉】功能，分别捕捉最内侧矩形的各个中点，绘制【比例】为39.5、【对正方式】为【无】的多线。执行【多线】命令后，命令行提示如下。

图4-17　绘制多线的前后对比效果

命令: ML↙

//调用【多线】命令

 MLINE

当前设置: 对正 = 无，比例 = 29.50，样式 =
STANDARD

指定起点或 [对正(J)/比例(S)/样式(ST)]: s↙

//选择【比例（S）】选项

输入多线比例 <29.50>: 39.5↙

//输入比例参数

当前设置: 对正 = 无，比例 = 39.50，样式 =
STANDARD

指定起点或 [对正(J)/比例(S)/样式(ST)]: j↙

//选择【对正（J）】选项

输入对正类型 [上(T)/无(Z)/下(B)] <无>: z↙

//选择【无（Z）】选项

当前设置: 对正 = 无，比例 = 39.50，样式 = STANDARD

指定起点或 [对正(J)/比例(S)/样式(ST)]:

//捕捉左侧内部矩形的上中点

指定下一点:

//捕捉左侧内部矩形的下中点，完成多线的绘制

在【多线】命令行中各选项的含义如下。

- 对正（J）：指定多线对正的方法，包括【上】、【无】和【下】3种类型，如图4-18所示。

【上(T)】对正方式　【无(Z)】对正方式　【下(B)】对正方式

图4-18 各类对正方式的操作结果

- 比例（S）：指定多线宽度相对于多线定义宽度比例因子，该比例不影响多线的线型比例。
- 样式（T）：确定绘制多线时采用的样式，默认样式为STANDARD。

4.3.2 多线样式

多线样式包括多线元素的特性、背景颜色和多段线的封口。用户可以将创建的多线样式保存在当前图形中，也可以将多线样式保存到独立的多线样式库文件中。

在AutoCAD 2014中可以通过以下几种方法启动【多线样式】命令。

- 菜单栏：执行【格式】|【多线样式】命令。
- 命令行：在命令行中输入MLSTYLE命令。

执行以上任一命令均可打开【多线样式】对话框，如图4-19所示，在该对话框中可以对多线样式进行创建和编辑操作，各选项的含义如下。

图4-19 【多线样式】对话框

- 【当前多线样式】选项组：显示当前多线样式的名称，该样式在后续创建的多线中用到。
- 【样式】列表框：显示已加载到图形中的多线样式列表。
- 【说明】选项组：用于显示选定多线样式的说明。
- 【预览】选项组：显示选定多线样式名称和图像。
- 【置为当前】按钮：单击该按钮，设置用于后续创建的多线的当前多线样式。
- 【新建】按钮：单击该按钮，将显示出【创建新的多线样式】对话框，从中可以创建新的多线样式。
- 【修改】按钮：单击该按钮，将显示【修改多线样式】对话框，从中可以修改选定的多线样式。
- 【重命名】按钮：单击该按钮，重命名当前选定多线样式。不能重命名STANDARD多线样式。
- 【删除】按钮：单击该按钮，可以从【样式】列表中删除当前选定的多线样式。
- 【加载】按钮：单击该按钮，将显示【加载多线样式】对话框，从中可以从指定的MLN文件加载多线样式。
- 【保存】按钮：单击该按钮，可以将多线样式保存或复制到多线库（MLN）文件。

4.3.3　课堂实例——创建【墙体】多线样式

案例位置	无
视频位置	视频＞第4章＞4.3.3课堂实例——创建【墙体】多线样式.mp4
难易指数	★★☆☆☆
学习目标	学习【多线样式】命令的使用

01 打开对话框。新建文件。在命令行输入MLSTYLE【多线样式】命令并按Entrer键，打开【多线样式】对话框，如图4-20所示。

图4-20　【多线样式】对话框

02 新建多线样式。在对话框中单击【新建】按钮，打开【创建新的多线样式】对话框，在【新样式名】文本框中输入【墙体】，如图4-21所示。

图4-21　【创建新的多线样式】对话框

03 设置封口。单击【继续】按钮，打开【新建多线样式：墙体】对话框。在【直线】选项组中勾选【起点】和【端点】复选框，如图4-22所示。

04 修改线型样式1。在【图元】列表框中单击选择120的线型样式，在【偏移】文本框中输入120，如图4-23所示。

图4-22　【新建多线样式：墙体】对话框

图4-23　修改参数

05 修改线型样式2。在【图元】列表框中单击选择-120的线型样式，在【偏移】文本框中输入-120，如图4-24所示。

06 置为当前多线样式。单击【确定】按钮，返回【多线样式】对话框，选择新建的【墙体】样式，再单击【置为当前】按钮将其置为当前，如图4-25所示。

07 单击【确定】按钮完成多线样式【墙体】的设置。

在【新建多线样式】对话框中各选项的含义如下。

● 封口：设置多线的平行线之间两端封口的样式，如图4-26所示。

● 填充：设置封闭多线内的填充颜色，选择【无】，即为透明。

● 显示连接：显示或隐藏每条多线线段顶点处的连接。

● 图元：构成多线的元素。

● 偏移：设置多线元素从中线的偏移值，值为正表示向上偏移，值为负表示向下偏移。

● 颜色：设置组成多线元素的直线线条颜色。

● 线型：设置组成多线元素的直线线条线型。

图4-24 修改参数

图4-25 置为当前多线样式

图4-26 多线封口样式

4.3.4 编辑多线

使用【编辑多线】命令，可以对多线进行编辑处理。

在AutoCAD 2014中可以通过以下几种方法启动【编辑多线】命令。

● 菜单栏：执行【修改】|【对象】|【多线】命令。

● 命令行：在命令行中输入MLEDIT命令。

● 绘图区：双击要编辑的多线对象。

执行以上任一命令均可打开【多线编辑工具】对话框，可以对多线进行编辑操作，如图4-28所示，各选项的含义如下。

● 十字闭合：在两条多线之间创建闭合的十字交点。

● 十字打开：在两条多线之间创建打开的十字交点。

● 十字合并：在两条多线之间创建合并的十字交点。

● T形闭合：在两条多线之间创建闭合的T形交点。

● T形打开：在两条多线之间创建打开的T形交点。

● T形合并：在两条多线之间创建合并的T形交点。

● 角点结合：在多线之间创建角点结合。

● 添加顶点：向多线上添加一个顶点。

● 删除顶点：从多线上删除一个顶点。

● 单个剪切：通过拾取点剪切所选定的多线元素。

● 全部剪切：创建穿过整条多线对象的可见打断。

● 全部接合：将被剪切多线线段对象重新接合起来。

4.3.5 课堂实例——编辑窗格的多线

案例位置	素材＞第4章＞4.3.5 课堂实例——编辑窗格的多线.dwg
视频位置	视频＞第4章＞4.3.5 课堂实例——编辑窗格的多线.mp4
难易指数	★☆☆☆☆
学习目标	学习【编辑多线】等命令的使用

01 打开文件。单击【快速访问】工具栏中的【打开】按钮，打开本书配套光盘中的"第4章/4.3.5 课堂实例——编辑窗格的多线.dwg"素材文件，如图4-27所示。

02 打开对话框。在命令行中输入MLEDIT【编辑多线】命令并按Enter键，打开【多线编辑工具】对话框，如图4-28所示。

图4-27 打开文件

图4-28 【多线编辑工具】对话框

03 编辑多线1。单击对话框中的【十字打开】按钮，将绘图区十字连接的多线进行编辑操作，效果如图4-29所示。

图4-29 编辑多线1

04 编辑多线2。单击对话框中的【T形打开】按钮，将绘图区相应的多线进行编辑操作，得到的最终的图形效果如图4-30所示。

图4-30 最终效果

4.3.6 课堂实例——绘制装饰窗格

案例位置 素材＞第4章＞4.3.6 课堂实例——绘制装饰窗格.dwg
视频位置 视频＞第4章＞4.3.6 课堂实例——绘制装饰窗格.mp4
难易指数 ★★☆☆☆
学习目标 学习【多线】命令、【编辑多线】命令的使用

01 绘制多线。新建空白文件。在命令行输入ML【多线】命令并按Enter键，绘制闭合多线，如图4-31所示，其命令行提示如下。

令: ML✓
//调用【多线】命令
　MLINE
当前设置: 对正 = 上，比例 = 20.00，样式 = STANDARD
指定起点或 [对正(J)/比例(S)/样式(ST)]: s✓
//输入【比例（S）】选项
输入多线比例 <20.00>: 22✓
//输入比例参数
当前设置: 对正 = 上，比例 = 22.00，样式 = STANDARD
指定起点或 [对正(J)/比例(S)/样式(ST)]: j✓
//输入【对正（J）】选项
输入对正类型 [上(T)/无(Z)/下(B)] <上>: b✓
//输入【下（B）】选项
当前设置: 对正 = 下，比例 = 22.00，样式 = STANDARD
指定起点或 [对正(J)/比例(S)/样式(ST)]: ✓
//任意捕捉一点为起点
指定下一点: 1000✓
//向下拖曳鼠标，输入长度参数
指定下一点或 [放弃(U)]: 1000✓
//向右拖曳鼠标，输入长度参数
指定下一点或 [闭合(C)/放弃(U)]: 1000✓
//向上拖曳鼠标，输入长度参数
指定下一点或 [闭合(C)/放弃(U)]: c✓
//输入【闭合（C）】选项，完成多线绘制

02 绘制多线。调用ML【多线】命令，修改【对正】为【无】，结合【对象捕捉】功能绘制多线，如图4-32所示。

图4-31 绘制多线

图4-32 绘制多线

03 复制多线。调用CO【复制】命令,将新绘制的多线依次进行复制操作,如图4-33所示。

图4-33 复制多线

04 在命令行中输入MLEDIT【编辑多线】命令并按Enter键,打开【多线编辑工具】对话框,单击【角点结合】按钮，编辑多线对象,如图4-34所示。

图4-34 编辑多线

05 编辑多线1。重新调用MLEDIT【编辑多线】命令,打开【多线编辑工具】对话框,单击【十字打开】按钮，编辑多线对象,如图4-35所示。

图4-35 编辑多线

06 编辑多线2。重新调用MLEDIT【编辑多线】命令,打开【多线编辑工具】对话框,单击【T形打开】按钮，编辑多线对象,如图4-36所示。

图4-36 编辑多线

07 绘制直线。调用L【直线】命令,结合【中点捕捉】功能连接直线,如图4-37所示。

图4-37 连接直线

08 绘制多线。调用ML【多线】命令,修改【比例】为22、【对正】为【无】,结合【中点捕捉】功能绘制多线,如图4-38所示。

图4-38　绘制多线

⑨ 完善图形。调用X【分解】命令，将内部合适的多线进行分解操作；调用TR【修剪】命令，修剪多余的图形；调用E【删除】命令，删除多余的图形，得到的最终效果如图4-39所示。

图4-39　最终效果

4.4　面域的绘制

面域是用闭合的形状或环来创建二维平面。可以是直线、多段线、圆、椭圆和样条曲线等的组合。组成的对象必须闭合或通过与其他对象首尾相接而形成闭合的区域。

4.4.1　创建面域

面域有两种创建方式：面域工具和边界工具，下面将分别进行介绍。

1. 面域工具创建

面域的边界是由端点相连的曲线组成，在默认状态下进行面域转换时，可以使用面域创建的对象取代原来的对象，并删除原来的边对象。

在AutoCAD 2014中可以通过以下几种方法启动【面域】命令。

- 菜单栏：执行【绘图】|【面域】命令。
- 命令行：在命令行中输入REGION/REG命令。
- 功能区：在【默认】选项卡中，单击【绘图】面板中的【面域】按钮◎。

在命令执行过程中，需要确定连接在一起的至少4条边以上的图形。

如图4-40所示，选择内部的圆弧和直线对象，按Enter键结束选择即可完成面域的创建操作。执行【面域】命令后，命令行提示如下。

命令: REGION✓

//调用【面域】命令

选择对象: 指定对角点: 找到 4 个

//选择内部圆弧和矩形

选择对象:

//按Enter键结束选择，即可创建面域

已提取 1 个环。

已创建 1 个面域。

图4-40　创建面域的前后对比效果

2. 边界工具创建

使用【边界】命令创建面域时，不需要考虑对象是共用一个断点还是出现了自相交。

在AutoCAD 2014中可以通过以下几种方法启动【边界】命令。

- 菜单栏：执行【绘图】|【边界】命令。
- 命令行：在命令行中输入BOUNDARY/BO命令。
- 功能区：在【默认】选项卡中，单击【绘

图】面板中的【边界】按钮▣。

执行以上任一命令均可打开【边界创建】对话框，如图4-41所示，在该对话框中各选项的含义如下。

图4-41 【边界创建】对话框

● 拾取点：根据围绕指定点构成封闭区域的现有对象来确定边界。

● 孤岛检测：控制boundary是否检测内部闭合边界，该边界称为孤岛。

● 对象类型：控制新边界对象的类型。

● 边界集：定义通过指定点定义边界时，boundary要分析的对象集。

4.4.2 布尔运算面域

创建面域后，可以对面域进行布尔运算，生成新的面域。在AutoCAD 2014中绘制图形时使用布尔运算，可以提高绘图效率，尤其是在绘制比较复杂的图形时。

1. 并集运算面域

使用【并集】命令后，可以将两个面域执行并集操作，将其合并为一个面域。

在AutoCAD 2014中可以通过以下几种方法启动【并集】命令。

● 菜单栏：执行【修改】|【实体编辑】|【并集】命令。

● 命令行：在命令行中输入UNION/ UNI命令。

在命令执行过程中，需要选择两个以上的面域。

如图4-42所示，选择多段线和圆对象，按Enter键结束选择即可完成面域的并集运算操作。执行【并集】命令后，命令行提示如下。

命令: UNI ✓
//调用【并集】命令
UNION
选择对象: 指定对角点: 找到 1 个
//选择两个面域对象
选择对象: 找到 1 个，总计 2 个
//按Enter键结束选择，完成并集运算操作

图4-42 并集运算面域的前后对比效果

技巧与提示
对面域求并集后，如果所选面域并未相交，可以将所选面域合并为一个单独的面域。

2. 差集运算面域

使用【差集】命令可以将两个面域进行差集计算，以得到两个面域相减后的区域。

在AutoCAD 2014中可以通过以下几种方法启动【并集】命令。

● 菜单栏：执行【修改】|【实体编辑】|【差集】命令。

● 命令行：在命令行中输入SUBTRACT/ SU命令。

在命令执行过程中，需要先选择大面域，然后选择需要减去的面域。

如图4-43所示，首先选择扳手面域对象，然后选择多边形面域对象，按Enter键结束，完成【差集】操作。执行【并集】命令后，命令行提示如下。

命令: SUBTRACT↙

//调用【差集】命令

选择要从中减去的实体、曲面和面域

选择对象: 找到 1 个↙

//选择扳手面域

选择对象: 选择要减去的实体、曲面和面域

选择对象: 找到 1 个↙

//选择多边形面域，按Enter键结束即可

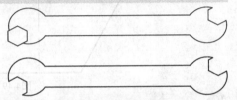

图4-43　差集运算面域的前后对比效果

3. 交集运算面域

利用【交集运算】命令可以通过各面域对象的公共部分，创建出新的面域对象。用户在交集运算面域时，需要选择相交的面域对象，如果面域不相交，将删除选择的所有面域。

在AutoCAD 2014中可以通过以下几种方法启动【交集】命令。

● 菜单栏：执行【修改】|【实体编辑】|【交集】命令。

● 命令行：在命令行中输入INTERSECT/ IN 命令。

在命令执行过程中，需要选择两个相交的面域。

如图4-44所示，选择多段线和圆对象，按Enter键结束选择即可完成面域的交集运算操作。执行【交集】命令后，命令行提示如下。

命令: INTERSECT↙

//调用【交集】命令

选择对象: 指定对角点: 找到 1 个

//选择两个面域对象

选择对象: 指定对角点: 找到 1 个, 总计 2 个

//按Enter键结束选择，完成交集运算操作

图4-44　交集运算面域的前后对比效果

4.4.3　课堂实例——绘制扇形零件

案例位置	素材＞第4章＞4.4.3 课堂实例——绘制扇形零件.dwg
视频位置	视频＞第4章＞4.4.3 课堂实例——绘制扇形零件.mp4
难易指数	★★★☆☆
学习目标	学习【交集】命令、【并集】命令等的使用

01 新建图层。新建空白文件。调用LA【图层】命令，打开【图层特性管理器】选项板，依次创建【粗实线】和【中心线】图层，如图4-45所示。

图4-45　【图层特性管理器】选项板

02 绘制多段线。将【粗实线】图层置为当前。调用PL【多段线】命令，结合【60°极轴追踪】功能，绘制封闭多段线，如图4-46所示。

图4-46 绘制多段线

03 绘制圆。调用C【圆】命令，结合【对象捕捉】功能，绘制一个半径为45的圆，如图4-47所示。

图4-47 绘制圆

04 绘制面域。在命令行中输入REG【面域】命令并按Enter键，创建两个面域，其命令行提示如下。

> 命令: _region↙
> //调用【面域】命令
> 选择对象: 指定对角点: 找到 2 个
> //选择多段线和圆
> 选择对象:
> //按Enter键结束选择，即可创建面域
> 已提取 2 个环。
> 已创建 2 个面域。

05 交集面域。在命令行中输入IN【交集】命令并按Enter键，交集运算面域，如图4-48所示，其命令行提示如下。

> 命令: IN INTERSECT↙
> //调用【交集】命令
> 选择对象: 指定对角点: 找到 2 个
> //选择两个面域对象
> 选择对象:
> //按Enter键结束选择，完成交集运算操作

图4-48 交集运算面域

06 绘制直线。将【中心线】图层置为当前。调用L【直线】命令，结合【对象捕捉】功能，绘制直线，如图4-49所示。

图4-49 绘制直线

07 偏移图形。调用O【偏移】命令，将新绘制的水平直线进行偏移操作，如图4-50所示。

图4-50 偏移图形

08 删除图形。调用E【删除】命令，删除中间的水平直线。

09 绘制圆。将【粗实线】图层置为当前。调用C【圆】命令，结合【交点捕捉】功能，绘制半径为4的圆，如图4-51所示。

10 绘制矩形。调用REC【矩形】命令，结合【对象捕捉】功能，绘制矩形，如图4-52所示。

图4-51 绘制圆

图4-52 绘制矩形

⑪ 创建面域。调用REG【面域】命令，将新绘制的圆和矩形创建为面域对象。

⑫ 并集面域。在命令行中输入UNI（并集）命令并按Enter键，并集运算对象，如图4-53所示，其命令行提示如下。

> 命令: UNI↙
> //调用【并集】命令
> UNION
> 选择对象: 指定对角点: 找到 3 个
> //选择3个面域对象，按Enter键结束选择即可

图4-53 并集运算面域

⑬ 绘制圆。调用C【圆】和M【移动】命令，结合【对象捕捉】功能，绘制半径分别为3和5的圆，如图4-54所示。

图4-54 绘制圆

⑭ 复制图形。调用CO【复制】命令，将新绘制的小圆对象进行复制操作，如图4-55所示。

图4-55 复制圆对象

⑮ 绘制直线。调用L【直线】和RO【旋转】命令，绘制一条直线，如图4-56所示。

图4-56 绘制直线

⑯ 偏移图形。调用O【偏移】命令，将新绘制的直线进行偏移操作，如图4-57所示。

图4-57 偏移图形

⑰ 修改图形。调用EX【延伸】命令，延伸偏移后的图形；调用TR【修剪】命令，修剪多余的图形，如图4-58所示。

图4-58 修剪图形

⑱ 完善图形。将【中心线】图层置为当前。将合适的图形的修改至【中心线】图层，调用L【直线】命令，绘制相应的中心线，并通过夹点调整已有中心线的长度，得到的最终效果如图4-59所示。

图4-59 最终效果

4.5 图案填充的绘制

在绘制图形时，常常需要标识某一区域的意义或用途，如表现建筑表面的装饰纹理、颜色及地板的材质等。在地图中也常用不同的颜色与图案来区分不同的行政区域等。

4.5.1 图案填充的概念

重复绘制某些图案以填充图形中的一个区域，从而表达该区域的特征，这种填充操作称为图案填充。图案填充的应用非常广泛，例如在机械工程图中，可以用图案填充表达一个剖面的区域，也可以使用不同的图案填充来表达不同的零件或者材料，如图4-60所示。

图4-60 图案填充效果

图案填充具有4个特点，下面将分别进行介绍。

1. 填充图案是一个整体对象

填充图案是由系统自动组成的一个内部块，所以在处理填充图案时，用户可以把它作为一个块实体来对待。这种块的定义和调用在系统内部自动完成，因此用户感觉与绘制一般的图形没有什么差别。

2. 边界定义

在绘制填充图案的时候，首先要确定待填充区域的边界，边界只能由直线、圆弧、圆和二维多段线等组成，并且必须在当前屏幕上全部可见。

3. 填充图案和边界的关系

填充图案和边界的关系可分为相关和无关两种。相关填充图案是指这种填充与边界相关，当边界修改后，填充图案也会自动更新，即重新填满新的边界；无关填充图案是指这种图案与边界无关，当边界修改后，填充图案不会自动更新，依然保持原状态。

4. 填充图案的可见性控制

用户可以使用FILL命令来控制填充图案的可

见与否，即填充后的图案可以显示出来，也可以不显示出来。在命令行中输入FILL命令并按Enter键，启动命令，其命令行提示如下。

命令: fill↙ ↙
//调用命令
输入模式 [开(ON)/关(OFF)] <开>:
//输入选项，ON表示显示填充图案，OFF表示不显示填充图案

注意
执行FILL命令后，需要立即执行【视图】|【重生成】命令，才能观察到填充图案显示或隐藏后的效果。

4.5.2 图案填充

使用【图案填充】命令可以对封闭区域进行图案填充。在指定图案填充边界时，可以在闭合区域中任选一点，由AutoCAD自动搜索闭合边界，或通过选择对象来定义边界。

在AutoCAD 2014中可以通过以下几种方法启动【图案填充】命令。

- 菜单栏：执行【绘图】|【图案填充】命令。
- 命令行：在命令行中输入HATCH/CH/H命令。
- 功能区：在【默认】选项卡中，单击【绘图】面板中的【图案填充】按钮 。

执行以上任一命令均可打开【图案填充创建】选项卡，如图4-61所示。该选项卡中各常用选项的含义如下。

图4-61　【图案填充创建】选项卡

- 【拾取点】按钮 ：单击该按钮，可以根据围绕指定点构成封闭区域的现有对象来确定边界。指定内部点时，可以随时在绘图区域中单击鼠标右键，以显示包含多个选项的快捷菜单。
- 【选择边界对象】按钮 ：单击该按钮，可以根据构成封闭区域的选定对象确定边界。
- 【删除边界对象】按钮 ：可以从边界定义中删除之前添加的任何对象。

- 【重新创建边界】按钮 ：可以围绕选定的图案填充或填充对象创建多段线或面域，并使其与图案填充对象相关联。
- 【图案】面板：显示所有预定义和自定义图案的预览图像。
- 【图案填充类型】列表框：指定是创建实体填充、渐变填充、预定义填充图案，还是创建用户定义的填充图案。
- 【图案填充颜色】列表框：替代实体填充和填充图案的当前颜色。
- 【背景色】列表框：指定填充图案背景的颜色。
- 【图案填充透明度】选项组：用于设定新图案填充或填充的透明度，替代当前对象的透明度。
- 【图案填充角度】选项组：指定图案填充或填充的角度。
- 【图案填充比例】数值框：放大或缩小预定义或自定义填充图案。
- 【设定原点】按钮 ：单击该按钮，可以直接指定新的图案填充原点。
- 【注释性】按钮 ：单击该按钮，可以指定图案填充为注释性。此特性会自动完成缩放注释过程，从而使注释能够以正确的大小在图纸上打印或显示。

执行【图案填充】命令后，命令行提示如下。

命令: H HATCH↙
//调用【图案填充】命令
拾取内部点或 [选择对象(S)/放弃(U)/设置(T)]:
在命令行中各选项的含义如下。

- 选择对象（S）：选择该选项，可以根据构成封闭区域的选定对象确定边界。
- 放弃（U）：选择该选项，可以放弃对已经选择对象的操作。
- 设置（T）：选择该选项，可以打开【图案填充和渐变色】对话框，如图4-62所示。

图4-62 【图案填充和渐变色】对话框

4.5.3 课堂实例——为定位套添加图案

案例位置	素材＞第4章＞4.5.3 课堂实例——为定位套添加图案.dwg
视频位置	视频＞第4章＞4.5.3 课堂实例——为定位套添加图案.mp4
难易指数	★☆☆☆☆
学习目标	学习【图案填充】等命令的使用

01 打开文件。单击【快速访问】工具栏中的【打开】按钮，打开本书配套光盘中的"第4章/4.5.3 课堂实例——为定位套添加图案.dwg"素材文件，如图4-63所示。

图4-63 素材文件

02 选择图案。在命令行中输入H【图案填充】命令并按Enter键，打开【图案填充创建】选项卡，

在【图案】面板中选择【ANSI31】图案，如图4-64所示。

图4-64 【图案】面板

03 完成创建。在绘图区中的所需位置拾取填充点，即可创建图案填充，得到的最终效果如图4-65所示。

图4-65 最终效果

4.5.4 编辑图案填充

对图形填充图案后，还可以对图案中的样例、比例、角度以及透明度等参数进行修改，得到新的图案填充效果。

在AutoCAD 2014中可以通过以下几种方法启动【编辑图案填充】命令。

● 菜单栏：执行【修改】|【对象】|【图案填充】命令。

● 命令行：在命令行中输入HATCHEDIT

命令。

● 功能区：在【默认】选项卡中，单击【修改】面板中的【编辑填充图案】按钮。

● 快捷菜单：选中要编辑的对象，单击鼠标右键，在弹出的右键快捷菜单中选择【图案填充编辑】选项。

执行以上任一命令，在选择了图案填充对象后均可打开【图案填充编辑】对话框，如图4-67所示，在该对话框中可以对图案填充对象的各个参数进行编辑。

4.5.5 课堂实例——编辑餐桌椅中图案

案例位置	素材＞第4章＞4.5.5 课堂实例——编辑餐桌椅中图案.dwg
视频位置	视频＞第4章＞4.5.5 课堂实例——编辑餐桌椅中图案.mp4
难易指数	★☆☆☆☆
学习目标	学习【编辑图案填充】等命令的使用

01 打开文件。单击【快速访问】工具栏中的【打开】按钮，打开本书配套光盘中的"第4章/4.5.5 课堂实例——编辑餐桌椅中图案.dwg"素材文件，如图4-66所示。

图4-66 素材文件

02 修改参数。在命令行中输入HATCHEDIT【编辑图案填充】命令并按Enter键，根据命令行提示，选择图案填充对象，打开【图案填充编辑】对话框，在【角度和比例】选项组中修改参数，如图4-67所示。

图4-67 【图案填充编辑】对话框

03 选择图案。在【图案】下拉列表框中选择【AR-RROOF】图案，如图4-68所示。

图4-68 选择图案

04 完成编辑。单击【确定】按钮，完成图案填充的编辑，得到最终效果如图4-69所示。

图4-69 最终效果

4.5.6 创建渐变色填充

使用【渐变色】命令后，可以通过渐变填充创建一种或两种颜色间的平滑转场。

在AutoCAD 2014中可以通过以下几种方法启动【渐变色】命令。

- 菜单栏：执行【绘图】|【渐变色】命令。
- 命令行：在命令行中输入GRADIENT/GD命令。
- 功能区：在【默认】选项卡中，单击【绘图】面板中的【渐变色】按钮▣。

执行以上任一命令均可打开【图案填充创建】选项卡，如图4-70所示，通过该选项卡可以设置渐变色颜色类型、填充样式以及方向，以获得绚丽多彩的渐变色填充效果。

图4-70 【图案填充创建】选项卡

在命令行中输入GD【渐变色】命令并按Enter键，打开【图案填充创建】选项卡，修改【渐变色1】为【青】，【渐变色2】为120，拾取填充点，即可完成渐变色的填充操作。效果如图4-71所示。

图4-71 创建渐变色填充的前后对比效果

4.5.7 课堂实例——室内装饰图案填充

案例位置	素材＞第4章＞4.5.7 课堂实例——室内装饰图案填充.dwg
视频位置	视频＞第4章＞4.5.7 课堂实例——室内装饰图案填充.mp4
难易指数	★★☆☆☆
学习目标	学习【多段线】等命令的使用

01 打开文件。单击【快速访问】工具栏中的【打开】按钮📂，打开本书配套光盘中的"第4章/4.5.7 课堂实例——室内装饰图案填充.dwg"素材文件，如图4-72所示。

图4-72 素材文件

02 修改参数。将【地面层】图层置为当前。调用H【图案填充】命令，打开【图案填充创建】选项卡，在【图案】面板中选择【ANGLE】图案，在【修改】面板中修改【填充图案比例】为50、【填充图案角度】为270，如图4-73所示。

图4-73 【图案填充创建】选项卡

03 填充300×300防滑地砖。拾取厨房和卫生间区域，填充图形，效果如图4-74所示。

图4-74 填充厨房和卫生间

04 填充600×600大理石。调用H【图案填充】命令，打开【图案填允创建】选项卡，在【图案】面板中选择【USER】图案，在【修改】面板中单击【交叉线】按钮囲双，修改【图案填充间距】为600，拾取客厅区域，填充图形，如图4-75所示。

图4-75 填充客厅

05 填充实木地板。调用H【图案填充】命令，打开【图案填充创建】选项卡，在【图案】面板中选择【DOLMIT】图案，在【修改】面板中修改【填充图案比例】为30，拾取卧室和书房区域，填充图形，如图4-76所示。

图4-76 填充卧室和书房

06 填充防腐木地板。调用H【图案填充】命令，打开【图案填充创建】选项卡，在【图案】面板中选择【LINE】图案，在【修改】面板中修改【填充图案比例】为60，拾取阳台区域，填充图形，得

到的最终效果如图4-77所示。

图4-77 最终效果

4.6 本章小结

除了掌握简单的二维绘图命令的技巧外，还需要掌握各种复杂的二维绘图命令的技巧，然后结合本章讲解的知识点，绘制出更加复杂的图形。

4.7 课后习题

本节通过具体的实例练习多段线、样条曲线、多线、面域和图案填充等绘图命令的调用，方便以后绘图和设计。

4.7.1 绘制钢琴

案例位置	素材＞第4章＞4.7.1 课堂实例——绘制钢琴.dwg
视频位置	视频＞第4章＞4.7.1 课堂实例——绘制钢琴.mp4
难易指数	★★☆☆☆
学习目标	学习【多段线】、【图案填充】、【分解】和【修剪】等命令的使用

绘制的钢琴如图4-78所示。

图4-78 钢琴

钢琴的绘制流程如图4-79、图4-80、图4-81和图4-82所示。

图 4-79 绘制多段线

图 4-80 分解、偏移并修剪图形

图 4-81 偏移并修剪图形

图 4-82 填充【SOLID】图案

4.7.2 绘制蹲座

案例位置	素材＞第4章＞4.7.2 课堂实例——绘制蹲座.dwg
视频位置	视频＞第4章＞4.7.2 课堂实例——绘制蹲座.mp4
难易指数	★★☆☆☆
学习目标	学习【多段线】、【图案填充】、【分解】和【修剪】等命令的使用

绘制的蹲座如图4-83所示。

图4-83 蹲座

蹲座的绘制流程如图4-84、图4-85、图4-86、图4-87、图4-88和图4-89所示。

图 4-84 新建图层并将【中心线】图层置为当前

图 4-85 绘制中心线

图 4-86 绘制并移动多段线

图 4-87 分解、偏移并修剪图形

图 4-88 绘制圆

图 4-89 填充图形、通过夹点调整中心线的长度

111

第5章

二维图形编辑

在AutoCAD 2014中提供了丰富的图形编辑命令，如复制、移动、旋转、镜像、偏移、阵列、拉伸及修剪等，使用这些命令可以修改已有图形或通过已有图形创建新的复杂图形。

学习目标

了解图形的选择操作方法
掌握图形的复制操作方法
掌握图形的移动操作方法
掌握图形的变形操作方法
掌握图形的修整操作方法
掌握图形的倒角与圆角操作方法
熟悉图形的夹点编辑方法

5.1 图形的选择操作

如果准备对图形对象进行编辑，首选需要选择图形对象。图形对象的选择方法包含有单个选择、多个选择、套索选择以及快速选择等。

5.1.1 单个选择

单个对象的选择一般使用的是点选方式，是最简单、最常用的一种选择方式。例如，在绘图区中直接用鼠标单击左上方的小圆对象，即可单个选择图形，如图5-1所示。分别在需要选择的圆图形对象上单击鼠标，则可以通过【点选】方式选择多个图形，如图5-2所示。

图5-1 选择单个对象

图5-2 同时选择多个对象

技巧与提示

按Shift键并再次单击已经选中的对象，可以将这些对象从当前选择集中删除。按【Esc】键，可以取消选择对当前全部选定对象的选择。

5.1.2 多个选择

在AutoCAD 2014中，有时需要选择多个对象进行编辑操作，而如果一个一个地单击完成多个对象选择操作，这将是一项很麻烦的编辑操作，不仅花费操作者的时间和精力，而且还影响工作效率，

那么能够同时选择多个对象就显得非常有必要了。多个选择图形的方式包含有窗口选择、窗交选择、栏选选择、圈交选择和圈围选择共5种，下面将分别进行介绍。

1. 窗口选择

使用【窗口】选择方式可以通过绘制一个矩形区域来选择对象。当指定了矩形窗口的两个对角点时，所有位于这个矩形窗口内的对象将被选中，不在该窗口内或只有部分在该窗口内的对象则不被选中，这种选择方式是从左上角往右下角拖拽矩形框。如图5-3所示为窗口选择图形效果。

图5-3 窗口选择图形效果

2. 窗交选择

使用交叉窗口选择对象，与用窗口选择对象的方法类似，全部位于窗口之内或与窗口边界相交的对象都将被选中。在定义交叉窗口的矩形窗口时，它是从右下角往左上角拖拽矩形框，以虚线方式显示矩形，以区别于窗口选择方法。图5-4所示为窗交选择图形效果。

图5-4 窗交选择图形效果

3. 栏选选择

使用【栏选】选择功能可以选择与选择栏相交的所有对象。栏选方法与圈交方法相似，只是栏选不闭合，并且栏选可以自交。在绘图区中拖曳鼠标，在命令行中将显示命令行提示，选择【栏选（F）】选项即可执行【栏选】命令，在需要选择的对象处绘制出栏选线，选取完对象按Enter键结束，即可完成对象的选取操作，如图5-5所示，其命令行提示如下。

> 命令: 指定对角点或 [栏选(F)/圈围(WP)/圈交(CP)]: f↙
> //选择【栏选（F）】选项
> 指定下一个栏选点或 [放弃(U)]:
> //指定栏选点
> ……
> 指定下一个栏选点或 [放弃(U)]:
> //指定栏选点，按Enter键结束即可

图5-5 栏选选择图形效果

4. 圈交选择

使用【圈交】选择功能可以通过选择多边形（通过在待选对象周围指定点来定义）内部或与之相交的所有对象。该多边形可以为任意形状，但不能与自身相交或相切，并且该多边形在任何时候都是闭合的。在绘图区中拖曳鼠标，在命令行中将显示命令行提示，选择【圈交（CP）】选项即可执行【圈交】命令，在需要选择的对象处绘制出多边形，选取完对象按Enter键结束，即可完成对象的选取操作，如图5-6所示。

图5-6 圈交选择图形效果

5. 圈围选择

使用【圈围】功能可以选择多边形（通过待选对象周围的点定义）中的所有对象，该方法的选择方式与窗口选择对象的方法类似。不同的是，圈围方法可以构造任意形状的多边形，完全包含在多边形区域内的对象才能被选中。在绘图区中拖曳鼠标，在命令行中将显示命令行提示，选择【圈围（WP）】选项即可执行【圈交】命令，在需要选择的对象处绘制出多边形，选取完对象按Enter键结束，即可完成对象的选取操作，如图5-7所示。

图5-7 圈围选择图形效果

5.1.3 快速选择

快速选择对象是AutoCAD中唯一以窗口作为对象选择界面的选择方式，通过该选择方式用户可以更直观地选择并编辑对象。

在AutoCAD 2014中可以通过以下几种方法启动【快速选择】命令。

- 菜单栏：执行【工具】|【快速选择】命令。
- 命令行：在命令行中输入QSELECT命令。

● 功能区：在【默认】选项卡中，单击【实用工具】面板的【快速选择】按钮。

执行以上任一命令均可打开【快速选择】对话框，如图5-8所示，在该对话框中可以设置相应的参数来选择对象，其命令行中各选项的含义如下。

图5-8 【快速选择】对话框

● 【应用到】下拉列表：选择过滤条件的应用范围，可应用于整个图形，也可以应用到当前选择集，但当前选择集是必须存在的。

● 【选择对象】按钮：单击该按钮将切换到绘图区域中，可以根据当前所指定的过滤条件来选择对象，选择完毕后，按Enter键结束选择，并返回到【快速选择】对话框中，同时【应用到】下拉列表中的选项切换为【当前选择】。

● 【对象类型】下拉列表：指定需要过滤的对象类型。

● 【特性】列表框：指定作为过滤条件的对象特性。

● 【运算符】下拉列表：控制过滤范围。

● 【值】下拉列表框：设置过滤器的特性值。

● 【包括在新选择集中】单选项：由所有符合过滤条件的图形对象创建新的选择集。

● 【排除在新选择集之外】单选钮：创建包含不符合过滤条件对象的新选择集。

● 【附加到当前选择集】复选框：仅在需要连续进行筛选时才选中该复选框，勾选该复选框后，筛选出的对象将添加到当前的选择集中；否则，筛选出的对象将成为当前选择集。

5.1.4 课堂实例——快速选择图形

案例位置	素材＞第5章＞5.1.4 课堂实例——快速选择图形.dwg
视频位置	视频＞第5章＞5.1.4 课堂实例——快速选择图形.mp4
难易指数	★☆☆☆☆
学习目标	学习【快速选择】命令的使用

01 打开文件。单击【快速访问】工具栏中的【打开】按钮，打开本书配套光盘中的"第5章/5.1.4 课堂实例——快速选择图形.dwg"素材文件，如图5-9所示。

图5-9 素材文件

02 打开对话框。在命令行中输入QSELECT【快速选择】命令并按Enter键，打开【快速选择】对话框，在【特性】列表框中选择【图层】选项，在【值】列表中选择【文字】选项，如图5-10所示。

03 快速选择。单击【确定】按钮即可快速选择图形，如图5-11所示。

图5-10 【快速选择】对话框

图5-11 快速选择图形

04 修改图形。在【图层】面板的【图层】下拉列表中选择【轴线】图层，如图5-12所示，即可修改选定图形的图层，得到的最终效果如图5-13所示。

图5-12 【图层】下拉列表

图5-13 最终效果

5.2 图形的复制操作

AutoCAD 2014提供了复制图形对象的命令，可以让用户轻松地对图形对象进行不同方向的复制操作。

5.2.1 复制

使用【复制】命令可以一次复制出一个或多个相同的对象，使复制更加方便、快捷。

在AutoCAD 2014中可以通过以下几种方法启动【复制】命令。

- 菜单栏：执行【修改】|【复制】命令。
- 命令行：在命令行中输入COPY/CO命令。
- 功能区：在【默认】选项卡中，单击【修改】面板上的【复制】按钮 。

在命令执行过程中，需要确定复制对象、基点起点和基点终点。

如图5-14所示，选择左上方的壁画对象，将其进行复制操作，其复制的间距为783。执行【复制】命令后，命令行提示如下。

命令：COPY↙

//调用【复制】命令

选择对象：

//选择左上方壁画对象

指定基点或 [位移(D)/模式(O)] <位移>：

//指定复制基点

指定第2个点或 [阵列(A)] <使用第一个点作为位移>：783↙

//指定目标点

指定第2个点或 [阵列(A)/退出(E)/放弃(U)] <退出>：1566↙

//指定目标点

指定第2个点或 [阵列(A)/退出(E)/放弃(U)] <退出>：

//按Enter键结束操作

图5-14 复制图形的前后对比效果

图5-14 复制图形的前后对比效果（续）

在【复制】命令行中各选项的含义如下。

● 位移（D）：使用坐标指定相对距离和方向。指定的两点定义一个矢量，指示复制对象的放置离原位置有多远以及按哪个方向放置。

● 模式（O）：控制命令是否自动重复。

● 阵列（A）：快速复制对象以呈现出指定数目和角度的效果。

5.2.2 镜像

使用【镜像】命令可以生成与所选对象相对称的图形。在镜像对象时需要指出镜像线，镜像线是任意方向的，所选对象将根据镜像线进行对称，并且可以选择删除或保留源对象。

在AutoCAD 2014中可以通过以下几种方法启动【镜像】命令。

● 菜单栏：执行【修改】|【镜像】命令。

● 命令行：在命令行中输入MIRROR/MI命令。

● 功能区：在【默认】选项卡中，单击【修改】面板中的【镜像】按钮▲。

在命令执行过程中，需要确定镜像复制的对象和对称轴。对称轴可以是任意方向的，所选对象将根据该轴线进行对称复制，并且可以选择删除或保留源对象。在实际工程中许多物体都设计成对称形式，如果绘制了这些图例的一半，就可以通过镜像命令迅速得到另一半。

如图5-15所示，用框选选择垂直中心线左侧的图形，指定垂直中心线为镜像线，将其进行镜像操作。执行【镜像】命令后，命令行提示如下。

命令: MIRROR↙

//调用【镜像】命令

选择对象: 指定对角点: 找到8个

//选择左侧的图形

选择对象: 指定镜像线的第一点: 指定镜像线的第二点:

//指定垂直中心线的上下端点

要删除源对象吗？[是(Y)/否(N)] <N>:

//按Enter键结束即可

图5-15 镜像图形的前后对比效果

5.2.3 偏移

使用【偏移】命令可以对指定的线进行平行偏移复制，对指定的圆或圆弧等对象进行同心偏移复制操作。

在AutoCAD 2014中可以通过以下几种方法启动【偏移】命令。

● 菜单栏：执行【修改】|【偏移】命令。

● 命令行：在命令行中输入OFFSET/O命令。

● 功能区：在【默认】选项卡中，单击【修改】面板中的【偏移】按钮▲。

在命令执行过程中，需要确定偏移源对象、偏移距离和偏移方向。

如图5-16所示，选择从左数的第2条垂直直线为偏移对象，分别指定从上数第2条的短直线的左右端点为通过点，将其进行偏移操作。执行【偏移】命令后，命令行提示如下。

命令: OFFSET↙	//调用【偏移】命令
当前设置: 删除源=否 图层=源 OFFSETGAPTYPE=0	
指定偏移距离或 [通过(T)/删除(E)/图层(L)] <通过>: t↙	//输入【通过（T）】选项
选择要偏移的对象，或 [退出(E)/放弃(U)] <退出>:	//选择L垂直直线
指定通过点或 [退出(E)/多个(M)/放弃(U)] <退出>:	//指定A通过点
选择要偏移的对象，或 [退出(E)/放弃(U)] <退出>:	//选择偏移对象
指定通过点或 [退出(E)/多个(M)/放弃(U)] <退出>:	//指定B通过点
选择要偏移的对象，或 [退出(E)/放弃(U)] <退出>:	//选择偏移对象
指定通过点或 [退出(E)/多个(M)/放弃(U)] <退出>:	//指定C通过点
选择要偏移的对象，或 [退出(E)/放弃(U)] <退出>:	//选择偏移对象
指定通过点或 [退出(E)/多个(M)/放弃(U)] <退出>:	//指定D通过点
选择要偏移的对象，或 [退出(E)/放弃(U)] <退出>:	//选择偏移对象
指定通过点或 [退出(E)/多个(M)/放弃(U)] <退出>:	//指定E通过点，按Enter键结束即可

图5-16 偏移图形的前后对比效果

其中各选项的含义如下。

- 偏移距离：指定偏移距离的具体数值。
- 通过（T）：指定通过点的方式进行偏移处理。
- 删除（E）：偏移源对象后将其删除。
- 图层（L）：确定将偏移对象创建在当前图层上还是源对象所在的图层上。
- 多个（M）：选择该选项，可以使用当前偏移距离重复进行偏移操作

5.2.4 阵列

尽管【复制】命令和【镜像】命令可以一次复制多个图形，但是要复制出呈规则分布的实体目标仍不是特别方便。AutoCAD提供的【阵列】功能，便于用户快速准确地复制出呈规则分布的图形。阵列图形是以指定的点为阵列中心，在周围或指定的方向上复制指定数量的图形对象。阵列分为矩形阵列、路径阵列和环形阵列3种方式，下面将分别进行介绍。

1. 矩形阵列

矩形阵列图形常用于指定在水平方向和垂直方向上阵列图形对象，即指对图形对象进行阵列复制后，图形呈矩形分布。

在AutoCAD 2014中可以通过以下几种方法启动【矩形阵列】命令。

- 菜单栏：执行【修改】|【阵列】|【矩形阵列】命令。
- 命令行：在命令行中输入ARRAY/AR或

ARRAYRECT命令。

● 功能区：在【默认】选项卡中，单击【修改】面板中的【矩形阵列】按钮⊞。

在命令执行过程中，需要设置的参数有阵列的源对象、行和列的数目、行距和列距。行和列的数目决定了需要复制的图形对象有多少个。

如图5-17所示，选择左上方的同心圆为矩形阵列对象，分别修改列数、行数、列间距以及行间距的参数，将图形进行矩形阵列操作。执行【矩形阵列】命令后，系统弹出【阵列创建】选项卡，如图5-18所示，其命令行提示如下。

命令: arrayrect↙
//调用【矩形阵列】命令
选择对象: 指定对角点: 找到 2 个
//选择同心圆对象
选择对象:
类型 = 矩形 关联 = 是
选择夹点以编辑阵列或 [关联(AS)/基点(B)/计数(COU)/间距(S)/列数(COL)/行数(R)/层数(L)/退出(X)] <退出>: col↙
//输入【列数（COL）】选项
输入列数数或 [表达式(E)] <4>: 2↙
//输入列数参数值
指定 列数 之间的距离或 [总计(T)/表达式(E)] <205.3743>: 329↙
//输入列间距参数值
选择夹点以编辑阵列或 [关联(AS)/基点(B)/计数(COU)/间距(S)/列数(COL)/行数(R)/层数(L)/退出(X)] <退出>: r↙
//输入【行数（R）】选项
输入行数数或 [表达式(E)] <3>: 2↙
//输入行数参数值
指定 行数 之间的距离或 [总计(T)/表达式(E)] <205.3743>: -180↙
//输入行间距参数值
指定 行数 之间的标高增量或 [表达式(E)] <0>:↙
//输入行数标高参数值，按Enter键结束即可

在【矩形阵列】命令行中各选项的含义如下。

● 关联（AS）：指定阵列中的对象是关联的还是独立的。

● 基点（B）：定义阵列基点和基点夹点的位置。

● 计数（COU）：指定行数和列数并使用户在移动光标时可以动态观察结果（一种比"行和列"选项更快捷的方法）。

● 间距（S）：指定行间距和列间距并使用户在移动光标时可以动态观察结果。

● 列数（COL）：编辑列数和列间距。

● 行数（R）：指定阵列中的行数、它们之间的距离以及行之间的增量标高。

● 层数（L）：指定三维阵列的层数和层间距。

● 表达式（E）：基于数学公式或方程式导出值。

图5-17 矩形阵列图形的前后对比效果

图5-18 【阵列创建】选项卡

2. 环形阵列

环形阵列可将图形以某一点为中心点进行环

119

形复制，阵列结果是项目将围绕指定的中心点或旋转轴以循环运动均匀分布。

在AutoCAD 2014中可以通过以下几种方法启动【环形阵列】命令。

● 菜单栏：执行【修改】|【阵列】|【环形阵列】命令。

● 命令行：在命令行中输入ARRAYPOLAR命令。

● 功能区：在【默认】选项卡中，单击【修改】面板中的【环形阵列】按钮。

在命令执行过程中，需要确定阵列的源对象、项目总数、中心点位置和填充角度。

如图5-19所示，选择左上方的灯具为环形阵列对象，捕捉圆心点为中心点位置，修改项目数，将图形进行环形阵列操作。执行【环形阵列】命令后，系统弹出【阵列创建】选项卡，如图5-20所示，其命令行提示如下。

命令：arraypolar↙

//调用【矩形阵列】命令

选择对象：指定对角点：找到8个，总计8↙

//选择左上方灯具图形

选择对象：

类型 = 极轴 关联 = 是

指定阵列的中心点或 [基点(B)/旋转轴(A)]:

//指定圆心点

选择夹点以编辑阵列或 [关联(AS)/基点(B)/项目(I)/项目间角度(A)/填充角度(F)/行(ROW)/层(L)/旋转项目(ROT)/退出(X)] <退出>: i↙

//输入【项目（I）】选项

输入阵列中的项目数或 [表达式(E)] <4>: 6↙

//输入项目参数值

选择夹点以编辑阵列或 [关联(AS)/基点(B)/项目(I)/项目间角度(A)/填充角度(F)/行(ROW)/层(L)/旋转项目(ROT)/退出(X)] <退出>:

//按Enter键结束，完成图形的环形阵列操作

图5-19 环形阵列图形的前后对比效果

图5-20 【阵列创建】选项卡

在【环形阵列】命令行中各选项的含义如下。

● 基点（B）：指定阵列的基点。基点与中心点不能相同。

● 旋转轴（A）：指定阵列的旋转轴。该选项在三维图形中应用。

● 项目间角度（A）：指定项目之间的角度。

● 填充角度（F）：指定图形的填充角度。

● 项目（I）：指阵列的项目数。

● 旋转项目（ROT）：控制在排列项目时是否旋转项目。

● 行（ROW）：编辑阵列中的行数和行间距，以及它们之间的增量标高。

3. 路径阵列

在路径阵列中，项目将均匀地沿路径或部分路径分布。其中路径可以是直线、多段线、三维多段线、样条曲线、螺旋、圆弧、圆或椭圆。

在AutoCAD 2014中可以通过以下几种方法启

动【路径阵列】命令。

- 菜单栏：执行【修改】|【阵列】|【路径阵列】命令。
- 命令行：在命令行中输入ARRAYPOLAR命令。
- 功能区：在【默认】选项卡中，单击【修改】面板中的【路径阵列】按钮🔳。

在命令执行过程中，需要确定阵列路径、阵列对象和阵列数量、方向等。

如图5-21所示，选择右上方的椅子为路径阵列对象，拾取右侧圆弧为阵列路径，修改项目数，将图形进行环形阵列操作。执行【环形阵列】命令后，系统弹出【阵列创建】选项卡，如图5-22所示，其命令行提示如下。

命令: arraypath↙

//调用【路径阵列】命令

选择对象: 指定对角点: 找到 41 个

//选择右上方的椅子图形

类型 = 路径 关联 = 是

选择路径曲线:

选择夹点以编辑阵列或 [关联(AS)/方法(M)/基点(B)/切向(T)/项目(I)/行(R)/层(L)/对齐项目(A)/Z 方向(Z)/退出(X)] <退出>: i↙

//输入【项目（I）】选项

指定沿路径的项目之间的距离或 [表达式(E)] <1354.7264>: 800↙

//输入距离参数，按Enter键结束

最大项目数 = 3

指定项目数或 [填写完整路径(F)/表达式(E)] <3>:

选择夹点以编辑阵列或 [关联(AS)/方法(M)/基点(B)/切向(T)/项目(I)/行(R)/层(L)/对齐项目(A)/Z 方向(Z)/退出(X)] <退出>:

图5-21 路径阵列图形的前后对比效果

图5-22 【阵列创建】选项卡

在【路径阵列】命令行中各选项的含义如下。

- 方法（M）：控制如何沿路径分布项目。
- 切向（T）：指定阵列中的项目如何相对于路径的起始方向对齐。
- 项目（I）：根据【方法】设置，指定项目数或项目之间的距离。
- 行（R）：指定阵列中的行数、它们之间的距离以及行之间的增量标高。
- 对齐项目（A）：指定是否对齐每个项目以与路径的方向相切。对齐相对于第一个项目的方向。
- Z方向（Z）：控制是否保持项目的原始z方向或沿三维路径自然倾斜项目。

5.2.5 课堂实例——绘制法兰盘零件图

案例位置	素材＞第5章＞5.2.5 课堂实例——绘制法兰盘零件图.dwg
视频位置	视频＞第5章＞5.2.5 课堂实例——绘制法兰盘零件图.mp4
难易指数	★★★★☆
学习目标	学习【旋转】、【复制】、【圆角】、【环形阵列】、【偏移】和【镜像】等命令的使用

01 新建图层。新建空白文件。调用LA【图层】命令，打开【图层特性管理器】选项板，依次创建

【中心线】、【剖面线】和【粗实线】图层，如图5-23所示。

图5-23 【图层特性管理器】选项板

02 绘制直线。将【中心线】图层置为当前。调用L【直线】命令，绘制两条长度均为120，且相互垂直的直线，如图5-24所示。

图5-24 绘制直线

03 旋转复制图形。调用RO【旋转】命令，将新绘制的水平中心线进行30°和-30°的旋转复制操作，如图5-25所示。

图5-25 旋转复制图形

04 绘制圆。将【粗实线】图层置为当前。调用C【圆】命令，结合【中点捕捉】功能，绘制多个圆，如图5-26所示。

图5-26 绘制多个圆

05 修改图层。将外侧的圆修改至【中心线】图层，如图5-27所示。

图5-27 修改图形

06 绘制圆。调用C【圆】命令，结合【象限点捕捉】功能，在最外侧大圆的上象限点上绘制多个圆，如图5-28所示。

图5-28 绘制多个圆

07 复制图形。调用CO【复制】命令，将新绘制的大圆对象进行复制操作，如图5-29所示。

08 圆角图形。调用F【圆角】命令，修改【圆角半径】为5，圆角图形，如图5-30所示。

图5-29 复制图形

图5-30 圆角图形

<input type="drawing">⑨</input> 修剪图形。调用TR【修剪】命令，修剪多余的图形，如图5-31所示。

图5-31 修剪图形

<input type="drawing">⑩</input> 环形阵列图形。调用ARRAYPOLAR【环形阵列】命令，将新绘制的小圆对象进行环形阵列操作，如图5-32所示。

图5-32 环形阵列图形

<input type="drawing">⑪</input> 偏移图形。调用O【偏移】命令，将水平和垂直直线进行偏移操作，如图5-33所示。

图5-33 偏移图形

<input type="drawing">⑫</input> 修改图形。调用TR【修剪】命令，修剪偏移后的图形，并将修剪后的图形修改至【粗实线】图层，效果如图5-34所示。

图5-34 修剪图形

<input type="drawing">⑬</input> 复制图形。调用CO【复制】命令，将水平中心线向左进行复制操作，如图5-35所示。

图5-35 复制图形

<input type="drawing">⑭</input> 绘制多段线。调用PL【多段线】和M【移动】命令，绘制多段线，如图5-36所示。

123

图5-36 绘制多段线

⑮ 偏移图形。调用O【偏移】命令，将水平中心线向上进行偏移操作，如图5-37所示。

图5-37 偏移图形

⑯ 修改图形。调用TR【修剪】命令，修剪多余的图形；将相应的水平直线修改至【粗实线】图层，并调整中心线的长度，如图5-38所示。

图5-38 修改图形

⑰ 镜像图形。调用MI【镜像】命令，选择合适的图形，将其进行镜像操作，如图5-39所示。

图5-39 镜像图形

⑱ 填充图形。将【剖面线】图层置为当前。调用H【图案填充】命令，选择【ANSI31】图案，填充图形，得到的最终的图形效果如图5-40所示。

图5-40 最终效果

5.3 图形的移动操作

在AutoCAD 2014中，使用【移动】和【旋转】命令可以改变图形的位置。在移动图形时，对象的位置发生改变，但大小不变。

5.3.1 移动

移动图形仅仅是改变图形的位置，用于将单个或多个对象从当前位置移至新位置，而不改变图形的大小、方向等属性。

在AutoCAD 2014中可以通过以下几种方法启动【移动】命令。

* 菜单栏：执行【修改】|【移动】命令。
* 命令行：在命令行中输入MOVE/M命令。
* 功能区：在【默认】选项卡中，单击【修改】面板中的【移动】按钮🕀。

在命令执行过程中，需要选择移动的对象和

移动基点，并将图形移动至相应的位置。

如图5-41所示，选择右侧的多段线为移动对象，捕捉选择图形的圆心为基点，捕捉左侧圆心点，对图形进行移动操作。执行【移动】命令后，命令行提示如下。

> 命令: MOVE↙
>
> //调用【移动】命令
>
> 选择对象: 指定对角点: 找到 1 个
>
> //选择多段线对象
>
> 选择对象:
>
> 指定基点或 [位移(D)] <位移>:
>
> //捕捉A点为基点
>
> 指定第2个点或 <使用第1个点作为位移>:
>
> //捕捉B点即可移动图形

图5-41 移动图形的前后对比效果

其中选项的含义如下。

● 位移（D）：输入坐标以表示矢量。输入的坐标值将指定相对距离和方向。

5.3.2 旋转

旋转图形对象可以把图形对象绕基点进行旋转，还可以进行多次旋转复制。

在AutoCAD 2014中可以通过以下几种方法启动【旋转】命令。

● 菜单栏：执行【修改】|【旋转】命令。

● 命令行：在命令行中输入ROTATE/RO命令。

● 功能区：在【默认】选项卡中，单击【修改】面板中的【旋转】按钮 。

在命令执行过程中，需要确定旋转对象、旋转基点和旋转角度。

如图5-42所示，选择整个图形为旋转对象，任意捕捉一点为旋转基点，修改【旋转角度】为-30，对图形进行旋转操作。执行【旋转】命令

后，命令行提示如下。

> 命令: rotate↙
>
> //调用【旋转】命令
>
> UCS 当前的正角方向：ANGDIR=逆时针 ANGBASE=0
>
> 选择对象: 指定对角点: 找到 27 个
>
> //选择整个图形
>
> 选择对象:
>
> 指定基点:
>
> //任意捕捉一点为基点
>
> 指定旋转角度，或 [复制(C)/参照(R)] <0>: -30↙
>
> //输入旋转角度，按Enter键结束即可

图5-42 旋转图形的前后对比效果

其中各选项的含义如下。

● 旋转角度：逆时针旋转的角度为正值，顺时针旋转的角度为负值。

● 复制（C）：创建要旋转的对象的副本，即保留源对象。

● 参照（R）：按参照角度和指定的新角度旋转对象。

5.3.3 课堂实例——布置卫生间平面图

案例位置　素材＞第5章＞5.3.3 课堂实例——布置卫生间平面图.dwg
视频位置　视频＞第5章＞5.3.3 课堂实例——布置卫生间平面图.mp4
难易指数　★☆☆☆☆
学习目标　学习【旋转】、【移动】命令的使用

01 打开文件。单击【快速访问】工具栏中的【打开】按钮 ，打开本书配套光盘中的"第5章/5.3.3 课堂实例——布置卫生间平面图.dwg"素材文件，

如图5-43所示。

图5-43 素材文件

02 旋转图形。调用RO【旋转】命令，将图中的洗衣机和马桶图形分别旋转-90°，如图5-44所示。

图5-44 旋转图形

03 移动图形。调用M【移动】命令，选择洗手台图形为移动对象，捕捉选择图形的左下方端点为基点，选择卫生间平面图内部墙体的左下角点为移动点，移动图形，如图5-45所示。

04 移动图形。重新调用M【移动】命令，将洗衣机和马桶图形进行移动操作，得到的最终效果如图5-46所示。

图5-45 移动图形

图5-46 最终效果

5.4 图形的变形操作

图形的变形操作主要是指对选择的图形对象进行缩放或拉伸，从而改变图形对象的大小和长度。

5.4.1 缩放

使用【缩放】命令可以将所选择的图形对象按照指定的比例进行放大或缩小处理。其缩放方式主要包括使用比例因子缩放对象以及使用参照距离缩放对象两种。

在AutoCAD 2014中可以通过以下几种方法启动【缩放】命令。

- 菜单栏：执行【修改】|【缩放】命令。
- 命令行：在命令行中输入SCALE/SC命令。
- 功能区：在【默认】选项卡中，单击【修改】面板中的【缩放】按钮 。

在命令执行过程中，需要确定缩放对象、缩放基点和比例因子。

如图5-47所示，选择同心圆为缩放对象，捕捉其圆心点为基点，修改【比例因子】为0.5，对图形进行缩放操作。执行【缩放】命令后，命令行提示如下。

命令: scale✓
//调用【缩放】命令
选择对象: 指定对角点: 找到 2 个
//选择同心圆
选择对象:
指定基点:
//指定圆心点
指定比例因子或 [复制(C)/参照(R)]: 0.5✓
//输入比例参数值，按Enter键结束即可

图5-47 缩放图形的前后对比效果

其中各选项的含义如下。

- 旋转角度：逆时针旋转的角度为正值，顺

时针旋转的角度为负值。

- 复制（C）：创建要旋转的对象的副本，即保留源对象。
- 参照（R）：按参照角度和指定的新角度旋转对象。

5.4.2 拉伸

【拉伸】命令用于拉伸或压缩图形，在拉伸图形过程中选定部分被移动，如果选定部分与原图形相连，那么拉伸后的图形仍然保持与原图形相连，对于拉伸被定义为块的对象首先需要将其打散。

在AutoCAD 2014中可以通过以下几种方法启动【拉伸】命令。

- 菜单栏：执行【修改】|【拉伸】命令。
- 命令行：在命令行中输入STRETCH/S命令。
- 功能区：在【默认】选项卡中，单击【修改】面板中的【拉伸】按钮 。

在命令执行过程中，需要确定拉伸对象、拉伸基点的起点和拉伸的位移。

如图5-48所示，选择右侧的桌腿和桌子部分，捕捉中点为基点，向右拖曳鼠标，输入第2点参数为300，对图形进行拉伸操作。执行【拉伸】命令后，命令行提示如下。

命令: stretch✓

//调用【拉伸】命令

以交叉窗口或交叉多边形选择要拉伸的对象

选择对象: 指定对角点: 找到 22 个

//选择右侧合适的对象

选择对象:

指定基点或 [位移(D)] <位移>:

//指定中点为基点

指定第2个点或 <使用第1个点作为位移>:

300✓

//输入第2点参数，按Enter键结束即可

选择矩形内的图形

图5-48 拉伸图形的前后对比效果

需要注意的是，在拉伸图形时需要遵循一些原则。

- 通过单击选择和窗口选择获得的拉伸对象将只能被平移，不能被拉伸。
- 通过交叉选择获得的拉伸对象，如果所有夹点都落入选择框内，图形将发生平移；如果只有部分夹点落入选择框，图形将沿拉伸位移拉伸；如果没有夹点落入选择窗口，图形将保持不变。

5.4.3 课堂实例——完善书房兼客房平面图

01 打开文件。单击【快速访问】工具栏中的【打开】按钮 ，打开本书配套光盘中的"第5章/5.4.3课堂实例——完善书房兼客房平面图.dwg"素材文件，如图5-49所示。

图5-49 素材文件

02 移动图形。调用M【移动】命令，将书柜和单人床图形移至平面图中所对应的位置，如图5-50所示。

图5-50 移动图形

03 缩放图形。调用SC【缩放】命令，将移动后的单人床进行缩放操作，如图5-51所示，其命令行提示如下。

命令: _scale↙
//调用【缩放】命令
选择对象: 指定对角点: 找到 367 个
//选择双人床
选择对象:
指定基点:
//捕捉内侧墙体的右上角点
指定比例因子或 [复制(C)/参照(R)]: 2↙
//输入比例参数值，按Enter键结束即可

书房兼客房

图5-51 缩放图形

04 拉伸图形。调用S【拉伸】命令，将移动后的

书柜进行拉伸操作，如图5-52所示，其命令行提示如下。

命令: S ↙
//调用【拉伸】命令
STRETCH
以交叉窗口或交叉多边形选择要拉伸的对象
选择对象: 指定对角点: 找到 4 个
//选择书柜对象
选择对象:
指定基点或 [位移(D)] <位移>:
//指定中点为基点
指定第2个点或 <使用第1个点作为位移>: 800↙
//向下拖曳鼠标，输入第2点参数，按Enter键结束即可

书房兼客房

图5-52 拉伸图形

05 调用SC【缩放】，选择电视机图形，修改【比例因子】为0.5，缩放图形。

06 调用M【移动】命令，将缩放后的电视机图形移至平面图中，如图5-53所示。

07 调用RO【旋转】命令，将书桌图形旋转-90°，如图5-54所示。

08 调用S【拉伸】命令，将书桌进行拉伸操作，其拉伸距离为400，如图5-55所示。

09 调用M【移动】命令，将书桌图形移至平面图中，得到的最终效果如图5-56所示。

图5-53 移动图形

图5-54 旋转图形

图5-55 拉伸图形

图5-56 最终效果

5.5 图形的修整操作

图形的修整操作包含有修剪、延伸、拉长、合并、打断、光顺、删除和分解等，通过这些命令的应用，可以使编辑对象的几何特性发生改变以符合要求。

5.5.1 修剪

在AutoCAD中，【修剪】命令用于修剪包括直线、圆弧、圆、多段线、椭圆、椭圆弧、构造线和样条曲线等图形对象穿过修剪边的部分。

在AutoCAD 2014中可以通过以下几种方法启动【修剪】命令。

● 菜单栏：执行【修改】|【修剪】命令。

● 命令行：在命令行中输入TRIM/TR命令。

● 功能区：在【默认】选项卡中，单击【修改】面板中的【修剪】按钮。

在命令执行过程中，首先需要确定修剪边界，然后需要确定修剪的对象。

如图5-57所示，选择整个中间的多段线为修剪边界，然后在内部多余的图形上单击鼠标，对图形进行修剪操作。执行【修剪】命令后，命令行提示如下。

命令: trim✓

//调用【修剪】命令

当前设置:投影=UCS，边=无

选择剪切边

选择对象或 <全部选择>: 找到 1 个

//选择中间多段线

选择对象:

选择要修剪的对象，或按住 Shift 键选择要延伸的对象，或

[栏选(F)/窗交(C)/投影(P)/边(E)/删除(R)/放弃(U)]: 指定对角点:

//选择内部多余直线，按Enter键结束即可

图5-57 修剪图形的前后对比效果

其中各选项的含义如下。

● 栏选（F）：选择与选择栏相交的所有对象。选择栏是一系列临时线段，它们是用两个或多个栏选点指定的。选择栏不构成闭合环。

● 窗交（C）：选择矩形区域（由两点确定）内部或与之相交的对象。

● 投影（P）：指定修剪对象时使用的投影方式。

● 边（E）：确定对象是在另一对象的延长边处进行修剪，还是仅在三维空间中与该对象相交的对象处进行修剪。

● 删除（R）：删除选定的对象。此选项提供了一种用来删除不需要的对象的简便方式，而无须退出 TRIM 命令。

技巧与提示

在修剪图形时，可以一次选择多个边界或修剪对象，从而实现快速修剪。

5.5.2 延伸

【延伸】命令用于将所选择的对象延长至指定边界上，边界可以是直线、圆、圆弧、多段线、样条曲线等。

在AutoCAD 2014中可以通过以下几种方法启动【延伸】命令。

● 菜单栏：执行【修改】|【延伸】命令。

● 命令行：在命令行中输入EXTEND/EX命令。

● 功能区：在【默认】选项卡中，单击【修改】面板中的【延伸】按钮 ━┃。

在命令执行过程中，需要确定延伸边界和延伸对象。

如图5-58所示，选择右侧合适的垂直直线为延伸边界，然后在内需要延伸的水平直线上单击鼠标，对图形进行延伸操作。执行【延伸】命令后，命令行提示如下。

```
命令: extend↙
//调用【延伸】命令
当前设置:投影=UCS，边=无
选择边界的边
选择对象或 <全部选择>: 找到 1 个
选择对象: 找到 1 个，总计 2 个
//选择垂直直线
选择对象:
选择要延伸的对象，或按住 Shift 键选择要
修剪的对象，或
[栏选(F)/窗交(C)/投影(P)/边(E)/放弃(U)]:
//选择水平直线，按Enter键结束即可
```

图5-58 延伸图形的前后对比效果

其中各选项的含义如下。

● 栏选（F）：选择与选择栏相交的所有对象。选择栏是一系列临时线段，它们是用两个或多个栏选点指定的。

● 窗交（C）：选择矩形区域（由两点确定）内部或与之相交的对象。

● 投影（P）：用于指定延伸对象时使用投影方法。

● 边（E）：将对象延伸到另一个对象的隐含边，或仅延伸到三维空间中与其实际相交的对象。

● 放弃（U）：放弃最近由【延伸】命令所做的更改。

技巧与提示

在使用【修剪】命令时，在选择修剪对象时按住Shift键也能达到延伸效果；在使用【延伸】命令时，在选择延伸对象时按住Shift键也能达到修剪效果，它们是一组相对的命令。在修剪过程中，需要往哪边延伸，则在靠近边界的那端单击。

5.5.3 拉长

【拉长】命令用于改变圆弧的角度，或改变非封闭对象的长度，包括直线、圆弧、非闭合多段线、椭圆弧和非封闭样条曲线。

在AutoCAD 2014中可以通过以下几种方法启动【拉长】命令。

● 菜单栏：执行【修改】|【拉长】命令。

● 命令行：在命令行中输入LENGTHEN/LEN命令。

● 功能区：在【默认】选项卡中，单击【修改】面板中的【拉长】按钮。

在命令执行过程中，需要确定增量、拉长对象等。

如图5-59所示，修改【增量】参数为6，然后对所选的中心线的两端进行拉长操作。执行【拉长】命令后，命令行提示如下。

> 命令: lengthen✓
>
> //调用【拉长】命令
>
> 选择对象或 [增量(DE)/百分数(P)/全部(T)/动态(DY)]: de✓
>
> //选择【增量（DE）】选项
>
> 输入长度增量或 [角度(A)] <0.0>: 6✓
>
> //设置增量参数
>
> 选择要修改的对象或 [放弃(U)]:
>
> //选择需要拉长的对象即可

其中各选项的含义如下。

● 增量（DE）：以增量的方式修改直线或圆弧的长度，可以直接输入长度增量拉长直线或圆弧，长度增量为正值时拉长，长度增量为负值时缩短。

● 百分数（P）：选择该选项，可以使用相对于原长度的百分比来修改直线或圆弧的长度。

● 全部（T）：给定直线的总长度或圆弧的包含角来改变图形对象的长度。

● 动态（DY）：用动态模式拖动对象的一个端点来改变对象的长度或角度。

5.5.4 合并

【合并】命令用于将独立的图形对象合并为一个整体，它可以将多个对象进行合并，对象包括圆弧、椭圆弧、直线、多段线和样条曲线等。在AutoCAD 2014中可以通过以下几种方法启动【拉长】命令。

● 菜单栏：执行【修改】|【合并】命令。

● 命令行：在命令行中输入JOIN/J命令。

● 功能区：在【默认】选项卡中，单击【修改】面板中的【合并】按钮。

在命令执行过程中，需要确定源对象和合并对象。

如图5-60所示，选择右侧的上下两条倾斜直线，对图形进行合并操作。执行【合并】命令后，命令行提示如下。

> 命令: join✓
>
> //调用【合并】命令
>
> 选择源对象或要一次合并的多个对象: 找到 1 个
>
> //选择右上方倾斜直线
>
> 选择要合并的对象: 找到 1 个, 总计 2 个
>
> //选择右下方倾斜直线，按Enter键结束即可
>
> 选择要合并的对象:
>
> 2 条直线已合并为 1 条直线

图5-59 拉长图形的前后对比效果

图5-60 合并图形的前后对比效果

5.5.5 打断

打断图形对象是用两个打断点或一个打断点打断对象。在绘图过程中，有时需要将圆、直线等从某一点折断，甚至需要删除其中某一部分，为此，AutoCAD提供了【打断】命令。

在AutoCAD 2014中可以通过以下几种方法启动【打断】命令。

* 菜单栏：执行【修改】|【打断】命令。
* 命令行：在命令行中输入BREAK/BR命令。
* 功能区：在【默认】选项卡中，单击【修改】面板中的【打断】按钮█或【打断于点】按钮█。

在命令执行过程中，需要确定打断的基点等。

如图5-61所示，选择最上方的水平直线为打断对象，捕捉最外侧大圆的左右象限点为打断点，对图形进行打断操作。执行【打断】命令后，命令行提示如下。

```
命令: break↙
//调用【打断】命令
选择对象:
//选择最上方水平直线
指定第2个打断点 或 [第一点(F)]: f↙
//选择【第一点（F）】选项
指定第1个打断点:
//选择大圆左象限点
指定第2个打断点:
//选择大圆右象限点，完成图形打断操作
```

图5-61 打断图形的前后对比效果

其中各选项的含义如下。

* 第一点（F）：选择该选项，可以用指定的新点替换原来的第1个打断点。

5.5.6 光顺曲线

使用【光顺曲线】命令可以在两条选定直线或曲线之间的间隙中创建样条曲线。

在AutoCAD 2014中可以通过以下几种方法启动【光顺曲线】命令。

* 菜单栏：执行【修改】|【光顺曲线】命令。
* 命令行：在命令行中输入BLEND命令。
* 功能区：在【默认】选项卡中，单击【修改】面板中的【光顺曲线】按钮█ 光顺曲线。

在命令执行过程中，需要确定需要光顺曲线的图形。

如图5-62所示，依次选择从左数第3条垂直直线和左上方第1条倾斜直线，对图形进行光顺曲线操作。执行【光顺曲线】命令后，命令行提示如下。

命令: BLEND↙

//调用【光顺曲线】命令

连续性 = 相切

选择第1个对象或 [连续性(CON)]:

//选择从左数第3条垂直直线

选择第2个点:

//选择左上方第1条倾斜直线即可

图5-62 光顺曲线的前后对比效果

其中各选项的含义如下。

● 连续性（CON）：设置连接曲线的过渡类型。

● 相切（T）：创建一条3阶样条曲线，在选定对象的端点处具有相切连续性。

● 平滑（S）：创建一条5阶样条曲线，在选定对象的端点处具有曲率连续性。

5.5.7 删除

使用【删除】命令，可以将绘制的不符合要求或绘制错误的图形对象删除。

在AutoCAD 2014中可以通过以下几种方法启动【删除】命令。

● 菜单栏：执行【修改】|【删除】命令。

● 命令行：在命令行中输入ERASE/E命令。

● 功能区：在【默认】选项卡中，单击【修改】面板中的【删除】按钮 。

● 快捷键：按Delete键。

在命令执行过程中，需要确定需要删除的图形。

如图5-63所示，依次选择多余的圆对象，对图形进行删除操作。执行【删除】命令后，命令行提示如下。

命令: ERASE↙

//调用【删除】命令

选择对象: 指定对角点: 找到 3 个

//选择3个圆对象

选择对象:

//按回车键结束即可

图5-63 删除图形的前后对比效果

5.5.8 分解

【分解】命令是将某些特殊的对象分解成多个独立的部分，以便于更具体的编辑。主要用于将复合对象，如矩形、多段线、块等还原为一般对象。分解后的对象，其颜色、线型和线宽都可能发生改变。

在AutoCAD 2014中可以通过以下几种方法启动【分解】命令。

● 菜单栏：执行【修改】|【分解】命令。

● 命令行：在命令行中输入EXPLODE/X命令。

● 功能区：在【默认】选项卡中，单击【修改】面板中的【分解】按钮 。

在命令执行过程中，需要确定需要分解的图形。

如图5-64所示，选择马桶图形，对图形进行分解操作。执行【分解】命令后，命令行提示如下。

命令: EXPLODE↙

//调用【分解】命令

选择对象: 找到 1 个↙

//选择马桶图形，按Enter键结束即可

图5-64 分解图形的前后对比效果

5.5.9 课堂实例——绘制皮带轮零件图

案例位置	素材＞第5章＞5.5.9 课堂实例——绘制皮带轮零件图.dwg
视频位置	视频＞第5章＞5.5.9 课堂实例——绘制皮带轮零件图.mp4
难易指数	★★★☆
学习目标	学习【修剪】、【删除】等命令的使用

01 新建空白文件。调用LA【图层】命令，打开【图层特性管理器】选项板，依次创建【中心线】、【剖面线】和【粗实线】图层，如图5-65所示。

图5-65 【图层特性管理器】选项板

02 将【中心线】图层置为当前。调用L【直线】命令，绘制两条直线，如图5-66所示。

图5-66 绘制直线

03 调用O【偏移】命令，将新绘制的水平直线和垂直直线分别进行偏移操作，如图5-67所示。

04 将【粗实线】图层置为当前。调用PL【多段线】和M【移动】命令，绘制多段线，尺寸如图5-68所示。

图5-67 偏移图形

图5-68 绘制多段线

05 05 调用MI【镜像】命令，将新绘制的多段线进行镜像操作，如图5-69所示。

06 调用REC【矩形】、M【移动】和MI【镜像】命令，结合【对象捕捉】功能，绘制两个矩形，如图5-70所示。

07 调用F【圆角】命令，修改圆角半径为2，将新绘制矩形的合适直线进行圆角操作，如图5-71所示。

图5-69 镜像图形   图5-70 绘制两个矩形

图5-71 圆角图形

08 调用O【偏移】命令，选择合适的中心线，将其进行偏移操作，如图5-72所示。

图5-72 偏移图形

09 调用TR【修剪】和E【删除】命令，修剪并删除多余的图形，并将修改后的相应图形修改至【粗实线】图层，如图5-73所示。

10 调用CHA【倒角】命令，修改倒角距离均为2，修改【修剪】模式为【不修剪】，倒角图形，如图5-74所示。

图5-73 修改图形   图5-74 倒角图形

11 调用MI【镜像】命令，选择合适的图形将其进行镜像操作，如图5-75所示。

12 调用TR【修剪】命令，修剪多余的中心线图形，并调整中心线长度如图5-76所示。

图5-75 镜像图形   图5-76 修剪图形

13 将【剖面线】图层置为当前。调用H【图案填充】命令，选择【ANSI31】图案，填充图形，如图5-77所示。

图5-77 填充图形

⑭ 将【中心线】图层置为当前。调用C【圆】命令，结合【对象捕捉】功能，在右侧交点处绘制圆，如图5-78所示。

图5-78 绘制圆

⑮ 将【粗实线】图层置为当前。调用C【圆】命令，结合【圆心捕捉】功能，绘制圆，如图5-79所示。

图5-79 绘制圆

⑯ 调用C【圆】和CO【复制】命令，在半径为45的圆的各个象限点上，绘制半径为15的圆，如图5-80所示。

图5-80 绘制圆

⑰ 调用O【偏移】命令，选择合适的水平直线将其进行偏移操作；选择合适的垂直直线将其进行偏移操作，如图5-81示。

图5-81 偏移图形

⑱ 调用TR【修剪】和E【删除】命令，修剪并删除图形，并将修剪后的图形修改至【粗实线】图层，得到的最终效果如图5-82所示。

图5-82 最终效果

5.6 图形的倒角与圆角操作

倒角与圆角是图形设计中经常用到的绘图手法，可以使工件相邻两表面相交处以斜面或圆弧面过渡。本节将详细介绍图形的倒角与圆角的操作方法。

5.6.1 倒角

使用【倒角】命令，可以将对象的某些尖锐角变成一个倾斜的面，倒角连接两个对象，使它们以平角或倒角连接。

在AutoCAD 2014中可以通过以下几种方法启动【倒角】命令。

- 菜单栏：执行【修改】|【倒角】命令。
- 命令行：在命令行中输入CHAMFER/CHA命令。

● 功能区：在【默认】选项卡中，单击【修改】面板中的【倒角】按钮。

在命令执行过程中，需要确定倒角大小和倒角边。

如图5-83所示，修改【距离】均为12，依次拾取左上方的垂直直线和上方的水平直线、右上方的垂直直线和上方的水平直线为倒角边，对图形进行倒角操作。执行【倒角】命令后，命令行提示如下。

图5-83 倒角图形的前后对比效果

其中各选项的含义如下。

命令：CHA✓

//调用【倒角】命令

CHAMFER

（"修剪"模式）当前倒角距离 1 = 0.0000，距离 2 = 0.0000

选择第1条直线或 [放弃(U)/多段线(P)/距离(D)/角度(A)/修剪(T)/方式(E)/多个(M)]: d✓

//选择【距离（D）】选项

指定 第1个 倒角距离 <0.0000>: 12✓

//输入第1个倒角距离参数

指定 第2个 倒角距离 <12.0000>: 12✓

//输入第2个倒角距离参数

选择第1条直线或 [放弃(U)/多段线(P)/距离(D)/角度(A)/修剪(T)/方式(E)/多个(M)]: m✓

//输入【多个（M）】选项

选择第1条直线或 [放弃(U)/多段线(P)/距离(D)/角度(A)/修剪(T)/方式(E)/多个(M)]:

//拾取左上方垂直直线

选择第2条直线，或按住 Shift 键选择直线以应用角点或 [距离(D)/角度(A)/方法(M)]:

//拾取左上方水平直线

选择第1条直线或 [放弃(U)/多段线(P)/距离(D)/角度(A)/修剪(T)/方式(E)/多个(M)]:

//拾取右上方垂直直线

选择第2条直线，或按住 Shift 键选择直线以应用角点或 [距离(D)/角度(A)/方法(M)]:

//拾取右上方水平直线，按Enter键结束

● 放弃（U）：恢复命令中执行的上一个操作。

● 多段线（P）：可以对整个二维多段线倒角。

● 距离（D）：设定倒角至选定边端点的距离。

● 角度（A）：用第1条线的倒角距离和倒角角度进行倒角。

● 修剪（T）：控制是否将选定的边修剪到倒角直线的端点。

● 方式（E）：控制是使用两个距离还是一个距离和一个角度来创建倒角。

● 多个（M）：可以为多组对象的边倒角。

5.6.2 圆角

使用【圆角】命令，可以通过一个指定半径的圆弧光滑地将两个对象连接起来。

在AutoCAD 2014中可以通过以下几种方法启动【圆角】命令。

● 菜单栏：执行【修改】|【圆角】命令。

● 命令行：在命令行中输FILLET/F命令。

● 功能区：在【默认】选项卡中，单击【修改】面板中的【圆角】按钮。

在命令执行过程中，需要确定圆角半径和圆角边。

如图5-84所示，修改【圆角半径】参数为10，依次多段线为圆角对象，对图形进行圆角操作。执行【圆角】命令后，命令行提示如下。

> 命令: fillet↙
> //调用【圆角】命令
> 当前设置: 模式 = 修剪，半径 = 0.0
> 选择第1个对象或 [放弃(U)/多段线(P)/半径(R)/修剪(T)/多个(M)]: r↙
> //输入【半径（R）】选项
> 指定圆角半径 <0.0>: 10↙
> //输入圆角半径参数
> 选择第1个对象或 [放弃(U)/多段线(P)/半径(R)/修剪(T)/多个(M)]: p↙
> //输入【多段线（P）】选项
> 选择二维多段线或 [半径(R)]:
> //选择多段线对象，按Enter键结束即可
> 4 条直线已被圆角

图5-84 圆角图形的前后对比效果

其中各选项的含义如下。

● 第1个对象：选择定义二维圆角所需的两个对象中的第1个对象，或选择三维实体的边以便给其加圆角。

● 多段线（P）：在二维多段线中两条直线段相交的每个顶点处插入圆角圆弧。

● 半径（R）：选择该选项，可以定义圆角圆弧的半径。

● 修剪（T）：控制是否将选定的边修剪到圆角圆弧的端点。

● 多个（M）：选择该选项，可以为多个对象倒圆角。

5.6.3 课堂实例——绘制衬盖

案例位置	素材＞第5章＞5.6.3 课堂实例——绘制衬盖.dwg
视频位置	视频＞第5章＞5.6.3 课堂实例——绘制衬盖.mp4
难易指数	★★☆☆☆
学习目标	学习【倒角】和【圆角】命令的使用

01 新建空白文件。调用LA【图层】命令，打开【图层特性管理器】选项板，依次创建【中心线】、【剖面线】和【粗实线】图层，如图5-85所示。

图5-85 【图层特性管理器】选项板

02 将【粗实线】图层置为当前。调用L【直线】命令，绘制两条直线，如图5-86所示。

图5-86 绘制直线

03 调用O【偏移】命令，将下方的水平直线向上进行偏移操作，如图5-87所示。

图5-87 偏移图形

04 调用O【偏移】命令，将左侧的垂直直线向右进行偏移操作，如图5-88所示。

图5-88 偏移图形

05 将【中心线】图层置为当前。调用L【直线】、M【移动】命令和夹点功能，绘制直线，如图5-89所示。

图5-89 绘制中心线

06 调用TR【修剪】和E【删除】命令，修剪并删除多余的图形，如图5-90所示。

图5-90 修剪图形

07 调用F【圆角】命令，修改圆角半径为3，圆角图形，如图5-91所示。

08 调用CHA【倒角】和TR【修剪】命令，修改倒角距离均为2，依次拾取合适的直线，进行倒角和修剪操作，如图5-92所示。

图5-91 圆角图形

图5-92 倒角图形

09 将【剖面线】图层置为当前。调用H【图案填充】命令，选择【ANSI31】图案，填充图形，最终效果如图5-93所示。

图5-93 最终效果

5.7 图形的夹点编辑

对不同的图形对象进行夹点操作时，图形对象上特征点的位置和数量也不相同。每个图形对象都有自身的夹点标记。AutoCAD对特征点的规定如下。

- 线段：两端点和中点。
- 多段线：下线段的两端点、圆弧段的中点和两端点。
- 射线：起始点和构造线上的一个点。
- 构造线：控制点和构造线上邻近的两点。
- 多线：控制线上的两个端点。
- 圆：象限点和圆心。
- 圆弧：两端点和圆心。
- 椭圆：4个顶点和中心点。
- 椭圆弧：端点、中点和中心点。
- 文字：插入点和第2个对齐点。
- 多行文字：各顶点。
- 属性：插入点。
- 形：插入点。
- 三维网格：网格上的各顶点。
- 三维面：周边顶点。

- 线性尺寸标注：尺寸线端点和尺寸界线的起始点、尺寸文字的中心点。
- 对齐尺寸标注：尺寸线端点和尺寸界线的起始点、尺寸文字的中心点。
- 半径标注：尺寸线端点、尺寸文字的中心点。
- 直径标注：尺寸线端点、尺寸文字的中心点
- 坐标标注：被标注点、引出线端点和尺寸文字的中心点。

5.7.1 夹点模式

夹点实际上就是对象上的控制点。在AutoCAD中，夹点是一些实心的小方块，默认为蓝色显示，如图5-94所示。

图5-94 夹点显示模式

夹点有激活和未激活两种状态，下面将分别进行介绍。

- 激活状态：单击某个未激活夹点，该夹点以红色小方框显示，处于被激活状态，如图5-95所示。
- 未激活状态：蓝色小方框显示的夹点处于未激活状态，如图5-96所示。

图5-95 激活状态

图5-96 未激活状态

5.7.2 夹点编辑操作

夹点编辑是一种集成的编辑模式，通过该编辑模式可以拖动夹点直接而快速地编辑对象。利用AutoCAD 2014中的夹点编辑功能，用户可以对图形进行拉伸、移动、旋转、缩放和镜像等操作。

1. 夹点拉伸

激活夹点后，默认情况下，夹点的操作模式为拉伸。因此通过移动选择夹点，可将图形对象拉伸到新的位置。不过，对于某些特殊的夹点，移动夹点时图形对象并不会被拉伸，如文字、图块、直线中点、圆心、椭圆圆心和点等对象上的夹点。

进入【拉伸】编辑模式，命令行将显示如下提示信息。

> 指定拉伸点或 [基点(B)/复制(C)/放弃(U)/退出(X)]:

命令行主要选项介绍如下。

- 基点（B）：指重新确定拉伸基点。
- 复制（C）：指允许确定一系列的拉伸点，以实现多次拉伸。
- 放弃（U）：指取消上一次操作。
- 退出（X）：指退出当前操作。

2. 夹点移动

移动对象仅仅是位置上的移动，对象的方向和大小并不会发生改变。要精确地移动对象，可使用捕捉模式、坐标、夹点和对象捕捉模式。

在夹点编辑模式下确定基点后，在命令行输

入MO进入移动模式，命令行提示如下。

> ** MOVE **
>
> 指定移动点或 [基点(B)/复制(C)/放弃(U)/退出(X)]：

通过输入点的坐标或拾取点的方式来确定平移对象的终点位置，从而将所选对象平移至新位置。

3. 夹点旋转

在夹点编辑模式下确定基点后，在命令行输入RO进入旋转模式，命令行提示如下。

> ** 旋转 **
>
> 指定旋转角度或 [基点(B)/复制(C)/放弃(U)/参照(R)/退出(X)]：

默认情况下，输入旋转角度值或通过拖动方式确定旋转角度之后，便可将所选对象绕基点旋转指定角度。也可以选择"参照"选项，以参照方式旋转对象。

4. 夹点缩放

缩放图形对象可以把图形对象相对于基点缩放，同时也可以进行多次复制。

在夹点编辑模式下确定基点后，在命令行输入SC进入缩放模式，命令行提示如下。

> ** 比例缩放 **
>
> 指定比例因子或 [基点(B)/复制(C)/放弃(U)/参照(R)/退出(X)]：

默认情况下，当确定了缩放的比例因子后，系统自动将对象相对于基点进行缩放操作。当比例因子大于1时放大对象；当比例因子大于0而小于1时缩小对象。

5. 夹点镜像

在夹点编辑模式下确定基点后，在命令行输入MI进入缩放模式，命令行提示如下。

> ** 镜像 **
>
> 指定第2点或 [基点(B)/复制(C)/放弃(U)/退出(X)]：

指定镜像线上的第2点后，系统自动将以基点作为镜像线上的第一点，对图形对象进行镜像操作

并删除源对象。

5.8 本章小结

任何复杂的二维图形都是由基本几何图形编辑修改得到的。在编辑图形时，首先应使用正确的方法选择相应的图形，然后根据目标图形的特点，选择相应的编辑修改命令。

5.9 课后习题

本节通过具体的实例练习各种图形编辑命令的调用，方便以后绘图和设计。

5.9.1 绘制燃气灶

案例位置	素材＞第5章＞5.9.1 课堂实例——绘制燃气灶.dwg
视频位置	视频＞第5章＞5.9.1 课堂实例——绘制燃气灶.mp4
难易指数	★★★☆☆
学习目标	学习【倒角】、【偏移】、【移动】、【环形阵列】和【镜像】等命令的使用

绘制燃气灶图形如图5-97所示。

图5-97 燃气灶

燃气灶的绘制流程如图5-98、图5-99、图5-100、图5-101、图5-102和图5-103所示。

图 5-98 绘制并偏移圆角矩形

图 5-99 绘制多个圆对象

图 5-100 绘制并移动矩形

图 5-101 环形阵列并修剪图形

图 5-102 绘制并移动圆

图 5-103 绘制、移动并圆角矩形

5.9.2 绘制椭圆压盖

案例位置	素材＞第5章＞5.9.2 课堂实例——绘制椭圆压盖.dwg
视频位置	视频＞第5章＞5.9.2 课堂实例——绘制椭圆压盖.mp4
难易指数	★★☆☆☆
学习目标	学习【修剪】、【镜像】、【删除】等命令的使用

椭圆压盖图形如图5-104所示。

图5-104 椭圆压盖

椭圆压盖的绘制流程如图5-105、图5-106、图5-107和图5-108所示。

图 5-105 绘制多个圆

图 5-106 绘制并移动多个圆

图 5-107 镜像图形

图 5-108 绘制并修剪切线

第6章

精准绘制图形

在建筑制图和机械制图中，都要求有高精度的绘图。一个大型项目很可能会由于一点小误差而导致整个工程的失败。因此，在AutoCAD中绘制图形时，一般都需要使用辅助定位工具。在AutoCAD 2014中有着强大的精确定位系统，如捕捉、栅格、对象捕捉、自动追踪等，本章将对这些辅助定位工具进行详细介绍。

学习目标

掌握图形的精确定位方法
熟悉对象捕捉的应用方法
熟悉对象追踪的应用方法
熟悉对象约束的应用方法

6.1 图形的精确定位

在绘制图形时，用鼠标定位虽然方便快捷，但精度并不是很高，绘制的图形也不够精确，不能满足工程制图的要求。为了解决这些问题，AutoCAD提供了一些绘图辅助工具，用于帮助用户精确绘图，提高工作效率。

6.1.1 正交模式

正交取决于当前的捕捉角度、UCS坐标或等轴测栅格和捕捉设置，可以帮助用户绘制平行于X轴或Y轴的直线。启用正交功能后，只能在水平方向或垂直方向上移动十字光标，而且只能通过输入点坐标值的方式，才能在非水平或垂直方向绘制图形。

在AutoCAD 2014中可以通过以下几种方法启动【正交】命令。

- 命令行：在命令行中输入ORTHO命令。
- 快捷键：按F8键。
- 状态栏：单击状态栏上的【正交模式】按钮▭。

执行以上任一命令后均可开启【正交】模式。

6.1.2 课堂实例——使用正交模式完善洗衣机

案例位置　素材＞第6章＞6.1.2 课堂实例——使用正交模式完善洗衣机.dwg
视频位置　视频＞第6章＞6.1.2 课堂实例——使用正交模式完善洗衣机.mp4
难易指数　★☆☆☆☆
学习目标　学习【正交】功能的使用

⓪① 打开文件。单击【快速访问】工具栏中的【打开】按钮▭，打开本书配套光盘中的"第6章/6.1.2 课堂实例——使用正交模式完善洗衣机.dwg"素材文件，如图6-1所示。

⓪② 捕捉端点。单击状态栏上的【正交模式】按钮▭，开启【正交】模式；调用L【直线】命令，根据命令行提示，捕捉左上方端点，如图6-2所示。

图6-1 素材文件

图6-2 捕捉左上方端点

⓪③ 显示正交线。向下移动鼠标，显示出正交线，如图6-3所示。

⓪④ 绘制直线。输入长度参数【531】，按Enter键结束，即可使用正交功能绘制直线，如图6-4所示。

⓪⑤ 完善图形。重复使用【直线】功能，结合【正交】模式，继续绘制水平直线和垂直直线，得到的最终效果如图6-5所示。

图6-3 显示正交线

图6-4 绘制直线

图6-5 最终效果

6.1.3 栅格显示

【栅格】是一些标定位置的小点，可以提供直观的距离和位置参照。

在AutoCAD 2014中可以通过以下几种方法启动【栅格】功能。

- 快捷键：按F7键（限于切换开、关状态）。
- 状态栏：单击状态栏上的【栅格模式】按钮▦（限于切换开、关状态）。
- 菜单栏：执行【工具】|【绘图设置】命令，在系统弹出的【草图设置】对话框中选择【捕捉与栅格】选项卡，勾选【启用栅格】复选框。
- 命令行：在命令行中输入DDOSNAP命令。

在命令行中输入DS并按Enter键，系统弹出【草图设置】对话框，选择【捕捉与栅格】选项卡，勾选【启用栅格】复选框即可启用【栅格】功能，如图6-6所示，效果如图6-7所示。在【捕捉和栅格】选项卡中与【栅格模式】有关的各选项含义如下。

图6-6 【捕捉与栅格】选项卡

图6-7 栅格显示效果

- 【启用栅格】复选框：勾选该复选框可以显示栅格。
- 【栅格样式】选项组：在二维上下文中设定栅格样式，也可以使用GRIDSTYLE系统变量设定栅格样式。
- 【栅格X轴间距】文本框：用于设置栅格水平方向上的间距。
- 【栅格Y轴间距】文本框：用于设置栅格垂直方向上的间距。
- 【每条主线之间的栅格数】数值框：用于指定主栅格线相对于次栅格线的频率。
- 【自适应栅格】复选框：用于限制缩放时栅格的密度。
- 【允许以小于栅格间距的间距再拆分】复选框：勾选该复选框后可以以小于栅格间距的间距来拆分栅格。
- 【显示超出界限的栅格】复选框：勾选该复选框后可以显示界限之外的栅格。
- 【遵循动态UCS】复选框：勾选该复选框可以遵循动态UCS的XY平面而改变栅格平面。

6.1.4 捕捉模式

捕捉模式可以在绘图区生成一个隐含的捕捉

栅格，这个栅格能够捕捉光标，约束它只能落在栅格的某一节点上，此时只能绘制与捕捉间距大小成倍数的距离，用于精确绘图。在AutoCAD 2014中可以通过以下几种方法启动【捕捉】功能。

● 快捷键：按F9键（限于切换开、关状态）。

● 状态栏：单击状态栏上的【捕捉模式】按钮■（限于切换开、关状态）。

● 菜单栏：执行【工具】|【绘图设置】命令，在系统弹出的【草图设置】对话框中选择【捕捉与栅格】选项卡，勾选【启用捕捉】复选框。

● 命令行：在命令行中输入DDOSNAP命令。

在命令行中输入DS并按Enter键，系统弹出【草图设置】对话框，选择【捕捉与栅格】选项卡，勾选【启用捕捉】复选框后即可启用【捕捉模式】功能，如图6-8所示。

图6-8 【捕捉和栅格】选项卡

在【捕捉和栅格】选项卡中与【捕捉模式】有关的各选项含义如下。

● 【启用捕捉】复选框：用于控制捕捉功能的开闭。

● 【捕捉X轴间距】文本框：用于指定X方向的捕捉间距，间距值必须为正实数。

● 【捕捉Y轴间距】文本框：用于指定Y方向的捕捉间距，间距值必须为正实数。

● 【极轴间距】选项组：该选项只有在选择【极轴捕捉】捕捉类型时才可用。既可在【极轴距离】文本框中输入距离值，也可在命令行输入SNAP，设置捕捉的有关参数。

● 【栅格捕捉】单选钮：用于设定栅格捕捉类型。

● 【矩形捕捉】单选钮：将捕捉样式设定为标准【矩形】捕捉模式。

● 【等轴测捕捉】单选钮：将捕捉样式设定为【等轴测】捕捉模式。

● 【PolarSnap】单选钮：将捕捉类型设定为【PolarSnap】。

6.1.5 课堂实例——绘制机械零件

案例位置 素材＞第6章＞6.1.5 课堂实例——绘制机械零件.dwg
视频位置 视频＞第6章＞6.1.5 课堂实例——绘制机械零件.mp4
难易指数 ★☆☆☆☆
学习目标 学习【捕捉和栅格设置】、【捕捉】和【栅格】功能的使用

01 选择选项。鼠标右击状态栏上的【捕捉模式】按钮■，选择【设置】选项，如图6-9所示。

图6-9 快捷菜单

02 选择选项。打开【草图设置】对话框，在对话框中勾选【启用捕捉】和【启用栅格】复选框，在【捕捉间距】选项区设置【捕捉X轴间距】和【捕捉Y轴间距】均为5；在【栅格间距】选项区设置【栅格X轴间距】和【栅格Y轴间距】均为5，每条主线之间的栅格数为5，如图6-10所示，单击【确定】按钮，完成捕捉和栅格的设置。

图6-10 设置参数

03 绘制图形。调用L【直线】命令，结合【捕

捉】和【栅格】等绘图辅助工具，在绘图区空白处随意捕捉第1个点，按照每个方格边长为5，捕捉各点并绘制零件图，尺寸如图6-11所示。

图6-11 绘制零件图

04 关闭栅格。按F7键关闭栅格，最终效果如图6-12所示。

图6-12 绘制中心线

6.2 对象捕捉的应用

在绘图的过程中，经常要指定一些已有对象上的点，如端点、圆心和两个对象的交点等。如果仅凭观察来拾取，不能非常准确地找到这些点。为此，AutoCAD 2014提供了对象捕捉功能，利用该功能可以迅速、准确地捕捉到这些特殊点，从而精确地绘制图形。

6.2.1 开启对象捕捉

【对象捕捉】功能是指将光标锁定在已有图形的特殊点上，它不是独立的命令，是在执行命令过程中结合使用的模式。

在AutoCAD 2014中可以通过以下几种方法启动【对象捕捉】功能。

● 快捷键：按F3键（限于切换开、关状态）。

● 状态栏：单击状态栏上的【对象捕捉】按钮 （限于切换开、关状态）。

● 菜单栏：执行【工具】|【绘图设置】命令，在系统弹出的【草图设置】对话框中选择【对象捕捉】选项卡，勾选【启用对象捕捉】复选框，如图6-13所示。

● 命令行：在命令行中输入DDOSNAP命令。

执行以上任一命令后均可启动【对象捕捉】功能，在【草图设置】对话框中的【对象捕捉】选项卡中各选项的含义如下。

● 端点（E）：捕捉直线或是曲线的端点。

● 中点（M）：捕捉直线或是弧段的中心点。

● 圆心（C）：捕捉圆、椭圆或弧的中心点。

● 节点（D）：捕捉用POINT命令绘制的点对象。

● 象限点（Q）：捕捉位于圆、椭圆或是弧段上0°、90°、180°和270°处的点。

● 交点（I）：捕捉两条直线或是弧段的交点。

● 延长线（X）：捕捉直线延长线路径上的点。

● 插入点（S）：捕捉图块、标注对象或外部参照的插入点。

● 垂足（P）：捕捉从已知点到已知直线的垂线的垂足。

● 切点（N）：捕捉圆、弧段及其他曲线的切点。

● 最近点（R）：捕捉处在直线、弧段、椭圆或样条曲线上，而且距离光标最近的特征点。

● 外观交点（A）捕捉两个对象在视图平面上的交点。如果两个对象没有直接相交，则系统自动计算其延长后的交点；如果两对象在空间上为异面直线，则系统计算其投影方向上的交点。

● 平行线（L）：选定路径上的一点，使通过该点的直线与已知直线平行。

6.2.2 对象捕捉设置

对象捕捉功能就是当把鼠标光标放在一个对象上时，系统自动捕捉到对象上所有符合条件的几何特征点，并有相应的显示。但在进行【对象捕捉】功能运用时，需要在【对象捕捉】选项卡中对捕捉模式进行设置。

在AutoCAD 2014中可以通过以下几种方法启

动【对象捕捉设置】命令。

● 菜单栏：执行【工具】|【绘图设置】命令。

● 快捷菜单1：用鼠标右键单击状态栏的【对象捕捉】按钮▣，打开快捷菜单，选择【对象捕捉设置】选项，如图6-13所示。

● 快捷菜单1：在按住Shift键的同时，用鼠标右键单击绘图区，打开快捷菜单，选择【对象捕捉设置】选项，如图6-14所示。

图6-13 快捷菜单　　图6-14 快捷菜单

执行以上任一命令均可打开【对象捕捉】选项卡，在该选项卡中可以开启或关闭【对象捕捉】和【对象捕捉追踪】功能，也可以在【对象捕捉模式】选项组中选中所需要的点模式的复选框。

在【选项】对话框的【绘图】选项卡中，可以对对象捕捉的捕捉标记、自动捕捉标记框的大小和颜色等参数进行设置，图6-15所示为修改自动捕捉标记框颜色后的前后对比效果。

图6-15 修改自动捕捉标记框颜色后的前后对比效果

6.2.3 临时捕捉

临时捕捉是一种一次性的捕捉模式，而且它不是自动的。当用户需要临时捕捉某个特征点时，应首先手动设置需要捕捉的特征点，然后进行对象捕捉。而且这种捕捉设置是一次性的，不能反复使用。在下一次遇到相同的对象捕捉点时，需要再次设置。

在AutoCAD 2014中可以通过以下几种方法启动【临时捕捉】命令。

● 命令行：在命令行中输入FROM命令。

● 快捷菜单：在按住Shift键的同时，用鼠标右键单击绘图区，打开快捷菜单，选择【临时追踪点】选项。

6.2.4 课堂实例——使用临时捕捉完善洗菜盆

案例位置	素材＞第6章＞6.2.4 课堂实例——使用临时捕捉完善洗菜盆.dwg
视频位置	视频＞第6章＞6.2.4 课堂实例——使用临时捕捉完善洗菜盆.mp4
难易指数	★☆☆☆☆
学习目标	学习【临时点捕捉】功能的使用

⓪① 打开文件。单击【快速访问】工具栏中的【打开】按钮▣，打开本书配套光盘中的"第6章/6.2.4 课堂实例——使用临时捕捉功能完善洗菜盆.dwg"素材文件，如图6-16所示。

图6-16 素材文件

⓪② 绘制圆。调用C【圆】命令，结合【对象捕捉】和【临时点捕捉】功能，绘制大圆，如图6-17所示，其命令行提示如下。

命令: C↙

//调用【圆】命令

　CIRCLE

指定圆的圆心或 [三点(3P)/两点(2P)/切点、切点、半径(T)]: from↙

//输入【捕捉自】命令

基点: <偏移>: @169,-198↙

//捕捉图形的左上方圆心点, 输入偏移参数值

指定圆的半径或 [直径(D)]: 29↙

//输入半径值, 完成圆的绘制

图6-17 绘制大圆

③ 绘制圆。调用C【圆】命令, 结合【对象捕捉】和【临时点捕捉】功能, 绘制小圆, 如图6-18所示, 其命令行提示如下。

命令: C↙

//调用【圆】命令

　CIRCLE

指定圆的圆心或 [三点(3P)/两点(2P)/切点、切点、半径(T)]: from↙

//输入【捕捉自】命令

基点: <偏移>: @279,-23↙

//捕捉图形的左上方圆心点, 输入偏移参数值

指定圆的半径或 [直径(D)]: 23↙

//输入半径值, 完成圆的绘制

图6-18 绘制小圆

④ 镜像图形。调用MI【镜像】命令, 选择新绘制的大圆和小圆对象, 将其进行镜像操作, 得到的最终效果如图6-19所示。

图6-19 最终效果

6.2.5 三维捕捉

三维中的对象捕捉与它们在二维中工作的方式类似, 不同之处在于在三维中可以使用对象捕捉。默认情况下, 对象捕捉位置的Z值由对象在三维中的位置确定。但是, 如果处理三维模型的平面视图或俯视图上的对象捕捉, 恒定的Z值更有用。

在AutoCAD 2014中可以通过以下几种方法启动【三维对象捕捉】功能。

● 快捷键: 按F4键(限于切换开、关状态)。

● 状态栏: 单击状态栏上的【三维对象捕捉】按钮 (限于切换开、关状态)。

● 命令行: 在命令行中输入DDOSNAP。

● 快捷菜单: 用鼠标右键单击状态栏的【三维对象捕捉】按钮 , 选择【设置】选项, 如图6-20所示。

图6-20 快捷菜单

在命令行中输入DS并按Enter键, 系统弹出

【草图设置】对话框，选择【三维对象捕捉】选项卡，勾选【启用三维对象捕捉】复选框即可启动【三维对象捕捉】功能，如图6-21所示。

图6-21 【三维对象捕捉】选项卡

在【三维对象捕捉】选项卡中各选项的含义如下。

● 顶点（V）：勾选该复选框，可以捕捉到三维对象的最近顶点。

● 边中点（M）：勾选该复选框，可以捕捉到面边的中点。

● 面中心（C）：勾选该复选框，可以捕捉到面的中心。

● 节点（K）：勾选该复选框，可以捕捉到样条曲线上的节点。

● 垂足（P）：勾选该复选框，可以捕捉到垂直于面的点。

● 最靠近面（N）：勾选该复选框，可以捕捉到最靠近三维对象面的点。

6.3 对象追踪的应用

对象追踪实质上也是一种精确定位的方法，当要求输入的点在一定的角度线上，或者输入的点与其他的对象有一定关系时，可以非常方便地利用对象追踪功能来确定位置。

6.3.1 极轴追踪

极轴追踪是按给定的角度增量来追踪特征点。也就是说，如果事先知道要追踪的方向或角度，则可以使用极轴追踪。

在AutoCAD 2014中可以通过以下几种方法启动【极轴追踪】功能。

● 快捷键：按F9键（限于切换开、关状态）。

● 状态栏：单击状态栏上的【极轴追踪】按钮（限于切换开、关状态）。

● 菜单栏：执行【工具】|【绘图设置】命令，在系统弹出的【草图设置】对话框中选择【极轴追踪】选项卡，勾选【启用极轴追踪】复选框，如图6-22所示。

● 命令行：在命令行中输入DDOSNAP命令。

极轴追踪功能可以在系统要求指定一个点时，按预先所设置的角度增量来显示一条无限延伸的辅助线，并沿辅助线追踪到光标点，如图6-23所示的虚线即为极轴追踪线。

图6-22 【极轴追踪】选项卡

图6-23 极轴追踪线

在【极轴追踪】选项卡中各选项的含义如下。

● 【启用极轴追踪】复选框：勾选该复选项，即启用极轴追踪功能。

● 【极轴角设置】选项组：用于设置极轴角

的值。默认的极轴追踪角度是90°，用户可以在【增量角】下拉列表框中选择角度增加量；如果在该下拉列表框中的角度不能满足用户需求，可勾选下侧的【附加角】复选框，用户也可以单击【新建】按钮，并输入一个新的角度值，将其添加到【附加角】的列表框中。

• 【对象捕捉追踪设置】选项组：用于选择对象追踪模式。用户选中【仅正交追踪】单选项时，仅追踪沿栅格X、Y方向相互垂直的直线；用户选中【用所有极轴角设置追踪】单选项时，将根据极轴角设置进行追踪。

• 【极轴角测量】选项组：用于计算极轴角。选中【绝对】单选项时，以当前坐标系为基准计算极轴角；选中【相对上一段】单选项时，以最后创建的线段为基准计算极轴角。

6.3.2 课堂实例——使用极轴追踪功能完善图形

案例位置	素材＞第6章＞6.3.2 课堂实例——使用极轴追踪功能完善图形.dwg
视频位置	视频＞第6章＞6.3.2 课堂实例——使用极轴追踪功能完善图形.mp4
难易指数	★☆☆☆☆
学习目标	学习【极轴追踪】功能的使用

01 打开文件。单击【快速访问】工具栏中的【打开】按钮，打开本书配套光盘中的"第6章/6.3.2 课堂实例——使用极轴追踪功能完善图形.dwg"素材文件，如图6-24所示。

02 选择选项。用鼠标右键单击状态栏上的【极轴追踪】按钮，打开快捷菜单，选择【45】选项，如图6-25所示。

图6-24 素材文件　　　　图6-25 快捷菜单

03 绘制多段线。调用PL【多段线】命令，结合

【对象捕捉】和【45°极轴追踪】功能，绘制多段线，得到的最终效果如图6-26所示。

图6-26 最终效果

6.3.3 对象捕捉追踪

对象捕捉追踪是按照与对象的某种特定关系来追踪，这种特定的关系确定了一个未知角度。也就是说如果事先不知道具体的追踪方向或角度，但知道与其他对象的某种关系，则可以使用对象捕捉追踪。

在AutoCAD 2014中可以通过以下几种方法启动【对象捕捉追踪】功能。

• 快捷键：按F11键（限于切换开、关状态）。

• 状态栏：单击状态栏上的【对象捕捉追踪】按钮（限于切换开、关状态）。

• 命令行：在命令行中输入DDOSNAP命令。

• 菜单栏：执行【工具】|【绘图设置】命令，在系统弹出的【草图设置】对话框中选择【对象捕捉】选项卡，勾选【启用对象捕捉追踪】复选框。

6.3.4 课堂实例——使用对象捕捉追踪功能完善图形

案例位置	素材＞第6章＞6.3.4 课堂实例——使用对象捕捉追踪功能完善图形.dwg
视频位置	视频＞第6章＞6.3.4 课堂实例——使用对象捕捉追踪功能完善图形.mp4
难易指数	★☆☆☆☆
学习目标	学习【对象捕捉追踪】功能的使用

01 打开文件。单击【快速访问】工具栏中的【打

开】按钮，打开本书配套光盘中的"第6章/6.3.4 课堂实例——使用对象捕捉追踪功能完善图形.dwg"素材文件，如图6-27所示。

图6-27 素材文件

02 确定圆心点。按F11键开启【对象捕捉追踪】功能。调用C【圆】命令，结合【中心捕捉追踪】和【象限点捕捉追踪】功能，确定圆心点，如图6-28所示。

图6-28 确定圆心点

03 输入圆半径参数为25，按Enter键结束，完成圆的绘制，得到的最终效果如图6-29所示。

图6-29 最终效果

6.4 对象约束的应用

在AutoCAD 2014中，约束包括标注约束和几

何约束。通过参数化图形，用户可以为二维几何图形添加约束。约束是一种规则，可决定对象彼此间的放置位置及其标注。

6.4.1 建立几何约束

几何约束可以确定对象之间或对象上的点之间的关系。创建后，它们可以限制可能会违反约束的所有更改。

在AutoCAD 2014中可以通过以下几种方法启动【建立几何约束】命令。

● 菜单栏：执行【参数】|【几何约束】命令，如图6-30所示。

图6-30 【几何约束】菜单

● 功能区：在【参数化】选项卡中，单击【几何约束】工具按钮，如图6-31所示。

图6-31 【几何约束】面板

在【几何约束】菜单栏中子命令的选项含义如下。

● 重合：约束两个点使其重合，或者约束一个点使其位于对象或对象延长线部分的任意位置。

● 共线：约束两条直线使其位于同一无限长的线上。

- 同心：约束选定的圆、圆弧或椭圆使其有相同的圆心点。

- 固定：约束一个点或一条曲线使其固定在相对于世界坐标系的特定位置和方向上。

- 平行：约束两条直线使其具有相同的角度。

- 垂直：约束两条直线或多段线线段，使其夹角始终保持为90°。

- 水平：约束一条直线或一对点，使其与当前的UCS的*X*轴平行。

- 竖直：约束一条直线或一对点，使其与当前的UCS的*Y*轴平行。

- 相切：约束两条曲线，使其彼此相切或延长线彼此相切。

- 平滑：约束一条样条曲线，使其与其他样条曲线、直线、圆弧或多段线彼此相连并保持连续性。

- 对称：约束对象上的两条曲线或两个点，使其以选定直线为对称轴彼此对称。

- 相等：约束两条直线或多段线线段，使其具有相同的长度，或约束圆弧和圆具有相同半径值。

6.4.2 设置几何约束

在使用AutoCAD绘图时，可以控制约束栏的显示，利用【约束设置】对话框可以控制约束栏上显示或隐藏的几何约束类型，可以单独或全局显示几何约束和约束栏，从而使绘图精确化、参数化。

在AutoCAD 2014中可以通过以下几种方法启动【设置几何约束】命令。

- 命令行：在命令行中输入CSETTINGS命令。
- 菜单栏：执行【参数】|【约束设置】命令。
- 功能区：单击【参数化】选项卡中的【约束设置，几何】按钮⬚。

执行以上任意一种操作后，系统将弹出【约束设置】对话框，单击【几何】选项卡，如图6-32所示，在此对话框控制约束栏上几何约束类型的显示，其各选项的含义如下。

图6-32 【约束设置】对话框

- 【推断几何约束】复选框：勾选该复选框，可以在创建和编辑几何图形时推断几何约束。

- 【约束栏显示设置】选项组：用于控制图形编辑器中是否为对象显示约束栏或约束点标记。

- 【全部选择】按钮：单击该按钮，可以选择全部几何约束类型。

- 【全部清除】按钮：单击该按钮，可以清除所有选中的几何约束类型。

- 【仅为处于当前平面中的对象显示约束栏】复选框：勾选该复选框，可以仅仅只在当前平面上受几何约束的对象显示约束栏。

- 【约束栏透明度】选项组：用于设置图形中约束栏的透明度。

- 【将约束应用于选定对象后显示约束栏】复选框：勾选该复选框，可以在手动应用约束或使用【AUTOCONSTRAIN】命令时，显示相关约束栏。

- 【选定对象时显示约束栏】复选框：勾选该复选框，可以临时显示选定对象的约束栏。

6.4.3 课堂实例——添加几何约束

案例位置	素材＞第6章＞6.4.3 课堂实例——添加几何约束.dwg
视频位置	视频＞第6章＞6.4.3 课堂实例——添加几何约束.mp4
难易指数	★★☆☆☆
学习目标	学习【对称】、【同心】、【垂直】、【水平】、【竖直】和【重合】等几何约束的使用

01 打开文件。单击【快速访问】工具栏中的【打开】按钮📂，打开本书配套光盘中的"第6章/6.4.3 课堂实例——添加几何约束.dwg"素材文件，如图6-33所示。

图6-33 素材文件

02 添加对称约束。在【参数化】选项卡中单击【几何】面板中的【对称】按钮回，根据命令行的提示，以中间的水平直线为对称中心线，对图形中的两个小圆进行对称约束，如图6-34所示，其命令行提示如下。

```
命令: _GcSymmetric↙
//调用【对称】命令
选择第1个对象或 [两点(2P)] <两点>:
//选择左上方的小圆对象
选择第2个对象:
//选择左下方的小圆对象
选择对称直线:
//选择中间的水平直线
```

图6-34 对称约束图形

03 添加同心约束。单击【几何】面板中的【同心】按钮回，选择大圆弧和大圆对象，进行同心约束，效果如图6-35所示。

图6-35 同心约束图形

04 添加垂直约束。单击【几何】面板中的【垂直】按钮，依次选择外侧的垂直直线和倾斜直线，进行垂直约束操作，如图6-36所示。

05 添加水平约束。单击【几何】面板中的【水平】按钮，拾取内部合适的倾斜直线，进行水平约束操作，如图6-37所示。

图6-36 垂直约束图形

图6-37 水平约束图形

06 添加竖直约束。单击【几何】面板中的【竖直】按钮，拾取合适的倾斜直线，进行竖直约束操作，如图6-38所示。

图6-38 竖直约束图形

07 添加重合约束。单击【几何】面板中的【重合】按钮，拾取合适直线，进行重合约束，得到的最终效果如图6-39所示。

图6-39 最终效果

6.4.4 建立尺寸约束

利用标注约束可以确定对象、对象上的点之间的距离或角度，也可以确定对象的大小。

在AutoCAD 2014中可以通过以下几种方法启动【建立尺寸约束】命令。

- 菜单栏：执行【参数】|【标注约束】命令，如图6-40所示。

图6-40 【标注约束】菜单

- 功能区：在【参数化】选项卡中，单击【标注约束】工具按钮，如图6-41所示。

图6-41 【标注约束】面板

在【标注约束】菜单栏中各子命令的含义如下。

- 水平：约束对象上的点或者不同对象上两个点之间的X距离。
- 竖直：约束对象上的点或者不同对象上两个点之间的Y距离。
- 对齐：约束两点、点与直线、直线与直线

间的距离。

- 半径：约束圆或者圆弧的半径。
- 直径：约束圆或者圆弧的直径。
- 角度：约束直线间的角角、圆弧的圆心角或由3个点构成的角度。

6.4.5 设置尺寸约束

在绘制图形时，可以通过对尺寸约束的设置来控制对象之间或对象上点之间的距离和角度，以确保设计符合特定要求。

在AutoCAD 2014中可以通过以下几种方法启动【设置尺寸约束】命令。

- 命令行：在命令行中输入CSETTINGS命令。
- 菜单栏：执行菜单栏中的【参数】|【约束设置】命令。
- 功能区：单击【参数化】选项卡中的【约束设置，标注】命令 。

执行以上任意一种操作后，系统将弹出【约束设置】对话框，单击【标注】选项卡，如图6-42所示。

图6-42 【标注】选项卡

在【标注】选项卡中各选项的含义如下。

- 【标注名称格式】下拉列表：为应用标注约束时显示的文字指定格式。
- 【为注释性约束显示锁定图标】复选框：勾选该复选框，可以针对已应用注释性约束的对象显示锁定图标。
- 【为选定对象显示隐藏的动态约束】复选框：勾选该复选框，可以显示选定时已设置为隐藏的动态约束。

6.4.6 课堂实例——添加尺寸约束

案例位置	素材＞第6章＞6.4.6 课堂实例——添加尺寸约束.dwg
视频位置	视频＞第6章＞6.4.6 课堂实例——添加尺寸约束.mp4
难易指数	★☆☆☆☆
学习目标	学习【水平】、【竖直】和【半径】尺寸约束的使用

01 打开文件。单击【快速访问】工具栏中的【打开】按钮，打开本书配套光盘中的"第6章/6.4.6 课堂实例——添加尺寸约束.dwg"素材文件，如图6-43所示。

图6-43 素材文件

02 添加水平约束。在【参数化】选项卡中单击【标注】面板中的【水平】按钮，对图形进行水平尺寸约束，修改参数值分别为1500和1301，如图6-44所示。

图6-44 添加水平尺寸约束

03 添加竖直约束。单击【标注】面板中的【竖直】按钮，对图形进行竖直尺寸约束，修改参数值分别为600、404和382，如图6-45所示。

图6-45 添加垂直尺寸约束

04 添加半径约束。单击【标注】面板中【半径】按钮，对图形进行半径尺寸约束，修改参数值分别为223和243，得到的最终效果如图6-46所示。

图6-46 添加垂直尺寸约束

6.4.7 约束的编辑

何图形元素被约束之后，用户需要修改被约束的几何图形元素。首先需要删除几何约束或者修改标注元素的函数关系式，然后才能对图形元素进行修改，或者重新添加新的几何约束。

在AutoCAD 2014中可以通过以下几种方法启动【删除约束】命令。

- 菜单栏：执行【参数】|【删除约束】命令。
- 功能区：在【参数化】选项卡中，单击【管理】面板上的【删除约束】按钮。

6.4.8 课堂实例——参数化绘图

案例位置	素材＞第6章＞6.4.8 课堂实例——参数化绘图.dwg
视频位置	视频＞第6章＞6.4.8 课堂实例——参数化绘图.mp4
难易指数	★★☆☆☆
学习目标	学习【矩形】、【圆】、【修剪】、【创建块】、【水平约束】以及【竖直约束】命令的使用

01 绘制矩形。新建文件，调用REC【矩形】命令，绘制一个矩形，如图6-47所示。

02 修改图形。调用X【分解】命令，分解新绘制的矩形；调用O【偏移】命令，将分解后的矩形进行偏移操作，如图6-48所示。

03 绘制圆。调用C【圆】命令，结合【对象捕捉】功能，分别绘制半径为500和700的圆，如图6-49所示。

04 修改图形。调用TR【修剪】和E【删除】命令，修剪并删除图形，如图6-50所示。

图6-47 绘制矩形

图6-48 偏移图形

图6-49 绘制圆

图6-50 修改图形

05 倒角图形。调用CHA【倒角】命令，修改第1条直线的倒角长度为180、倒角角度为45、【修剪】模式为【修剪】，依次拾取合适的直线，倒角图形，如图6-51所示。

06 修改图形。调用F【圆角】命令，修改圆角半径为30，【修剪】模式分别为【修剪】和【不修剪】，圆角图形；调用TR【修剪】命令，修剪多余的图形，效果如图6-52所示。

图6-51 倒角图形

图6-52 修改图形

07 绘制矩形。调用REC【矩形】命令，绘制一个矩形，如图6-53所示。

680

750

图6-53 绘制矩形

08 修改图形。调用X【分解】命令，将新绘制的矩形进行分解操作；调用O【偏移】命令，将分解后的矩形进行偏移操作，如图6-54所示。

图6-54 偏移图形

09 修改图形。调用F【圆角】命令，修改圆角半径为30，【修剪】模式分别为【修剪】和【不修剪】，圆角图形；调用TR【修剪】命令，修剪多余的图形，效果如图6-55所示。

图6-55 圆角图形

10 修改图形。调用RO【旋转】和CO【复制】命令，调整图形，效果如图6-56所示。

图6-56 调整图形

11 创建块。调用B【创建块】命令，分别将复制后的沙发图形创建为块对象。

12 绘制矩形。调用REC【矩形】命令，在绘图区中的合适位置，绘制矩形，并将其创建为块，如图6-57所示。

图6-57 绘制矩形

13 添加水平约束。在【参数化】选项卡中单击【标注】面板中的【水平】按钮，对图形进行水平尺寸约束，如图6-58所示。

图6-58 添加水平约束

14 添加竖直约束。单击【标注】面板中的【竖直】按钮，对图形进行竖直尺寸约束，得到的最终效果如图6-59所示。

图6-59 添加竖直尺寸约束

159

6.5 本章小结

要想精确地绘制图形，就必须要掌握图形精确定位的操作方法。本章详细讲解了精确定位图形、应用对象捕捉、对象追踪和对象约束的操作方法，以方便用户绘制出更加准确的图形。

6.6 课后习题

本节通过具体的精确定位、对象捕捉、对象追踪以及对象约束等命令的调用，方便以后绘图和设计。

6.6.1 绘制底座

案例位置	素材＞第6章＞6.6.1 绘制底座.dwg
视频位置	视频＞第6章＞6.6.1 绘制底座.mp4
难易指数	★★☆☆☆
学习目标	学习【矩形】、【圆】、【对象捕捉】、【正交】命令的使用

通过【对象捕捉】功能和【正交】功能绘制底座图形，如图6-60所示。

图6-60 底座

底座的绘制流程如图6-61、图6-62、图6-63和图6-64所示。

图6-61 绘制并偏移中心线

图6-62 绘制多个圆对象

图6-63 绘制多条直线

图6-64 修剪并完善图形

6.6.2 绘制餐桌

案例位置	素材＞第6章＞6.6.2 绘制餐桌.dwg
视频位置	视频＞第6章＞6.6.1 绘制餐桌.mp4
难易指数	★★☆☆☆
学习目标	学习【矩形】、【圆】、【对象捕捉】、【正交】命令的使用

通过【对象捕捉】功能、【正交】功能和【对象捕捉追踪】功能绘制餐桌图形，如图6-65所示。

图6-65 餐桌

餐桌的绘制流程如图6-66、图6-67、图6-68和图6-69所示。

图 6-68 移动新绘制的椅子

图 6-66 绘制多个圆

图 6-69 环形阵列椅子图形

图 6-67 分解并偏移矩形

第7章

图块与设计中心的使用

块、外部参照和设计中心的应用，在制图过程中起着非常重要的作用。在块中，各图形对象都有各自的图层、线型和颜色等特性，它作为一个单独、完整的对象可以进行复制、移动等操作。外部参照和设计中心则可以将已有图形文件以图块的形式插入到现有图形文件中，从而提高绘图效率。

学习目标

掌握图块的创建与插入方法

熟悉属性图块的应用方法

了解外部参照的附着方法

了解外部参照的编辑方法

掌握AutoCAD设计中心的应用方法

掌握工具选项板的应用方法

了解清理命令的应用方法

7.1 图块的创建与插入

创建图块就是将已有的图形对象定义为图块的过程，可以将一个或多个图形对象定义为一个图块。在定义好图块对象后，可以对图块进行插入操作。

块是由一个或多个对象组成的对象集合，常用于绘制复杂、重复的图形。当块创建后，可以作为单一的对象插入到零件图或装配图中。块是系统提供给用户的重要工具之一，具有提高绘图速度、节省储存空间、便于修改图形和数据管理的特点。

7.1.1 创建内部图块

内部图块跟随定义它的图形文件一起保存，存储在图形文件的内部，因此只能在当前图形文件中调用，而不能在其他图形文件中调用。

在AutoCAD 2014中可以通过以下几种方法启动【创建块】命令。

- 菜单栏：执行【绘图】|【块】|【创建】命令。
- 命令行：在命令行中输入BLOCK/B命令。
- 功能区1：在【插入】选项卡中，单击【块】面板中的【创建块】按钮。
- 功能区2：在【默认】选项卡中，单击【块】面板中的【创建块】按钮 创建。

执行以上任一命令后均可打开【块定义】对话框，如图7-1所示，在该对话框中可以对图块的名称、基点等参数进行设置。

图7-1 【块定义】对话框

图7-2 【插入超链接】对话框

在【块定义】对话框中各选项的含义如下。

- 【名称】文本框：用于输入新建块的名称，还可以在下拉列表中选择已有的块。
- 【基点】选项组：设置块的插入基点位置。用户可以直接在X、Y、Z文本框中输入，也可以单击【拾取点】按钮，切换到绘图窗口并指定基点。一般基点选在块的对称中心、左下角或其他有特征的位置。
- 【对象】选项组：设置组成块的对象。其中，单击【选择对象】按钮，可切换到绘图窗口选择组成块的各对象；单击【快速选择】按钮，可以在【快速选择】对话框中设置所选择对象的过滤条件；选中【保留】单选按钮，创建块后仍在绘图窗口中保留组成的各对象；选中【转换为块】单选按钮，创建块后将组成块的各对象保留并把它们转换成块；选中【删除】单选按钮，创建块后删除绘图窗口中组成块的源对象。
- 【方式】选项组：设置组成块的对象显示方式。勾选【注释性】复选框，可以将对象设置成注释性对象；勾选【按统一比例缩放】复选框，设置对象是否按统一的比例进行缩放；勾选【允许分解】复选框，设置对象是否允许被分解。
- 【设置】选项组：设置块的基本属性值。单击【超链接】按钮，将打开【插入超链接】对话框，如图7-2所示，在该对话框中可以插入超链接文档。
- 【说明】文本框：用来输入当前块的说明部分。
- 【在块编辑器中打开】复选框：勾选该复选框，在【块编辑器】中可以打开当前的块定义。

7.1.2 创建外部图块

外部图块也称为外部图块文件，它以文件的形式保存在本地磁盘中，用户可根据需要随时将外部图块调用到其他图形文件中。

在AutoCAD 2014中可以通过以下几种方法启动【外部图块】命令。

- 命令行：在命令行中输入WBLOCK命令。
- 功能区：在【插入】选项卡中，单击【块】面板中的【写块】按钮 。

执行以上任一操作均可打开【写块】对话框，如图7-3所示，在该对话框中可以根据提示创建外部块，其各常用选项的含义如下。

图7-3 【写块】对话框

- 【块】单选项：选中该单选项，将已定义好的块保存，可以在下拉列表中选择已有的内部块，如果当前文件中没有定义的块，该单选按钮不可用。
- 【整个图形】单选项：选中该单选项，将当前工作区中的全部图形保存为外部块。
- 【对象】单选项：选中该单选项，选择图形对象定义为外部块。该项为默认选项，一般情况下选择此项即可。
- 【目标】选项组：用于设置块的保存路径和块名。单击该选项组【文件名和路径】文本框右边的按钮 ，可以打开【浏览图形文件】对话框，如图7-4所示，在该对话框中可以选择保存路径。

图7-4 【浏览图形文件】对话框

- 【插入单位】下拉列表：指定从Design-Center（设计中心）拖动新文件或将其作为块插入到使用不同单位的图形中时用于自动缩放的单位值。如果希望在插入时不自动缩放图形，可以选择【无单位】选项。

7.1.3 课堂实例——创建电视机为内部块

案例位置	素材＞第7章＞7.1.3 课堂实例——创建电视机为内部块.dwg
视频位置	视频＞第7章＞7.1.3 课堂实例——创建电视机为内部块.mp4
难易指数	★★☆☆☆
学习目标	学习【创建块】命令的使用

01 打开文件。单击【快速访问】工具栏中的【打开】按钮 ，打开本书配套光盘中的"第7章/7.1.3 课堂实例—创建电视机为内部块.dwg"素材文件，如图7-5所示。

图7-5 素材文件

02 单击按钮。在【插入】选项卡中，单击【块】面板中的【创建块】按钮 ，如图7-6所示。

图7-6 【块】面板

03 打开对话框。打开【块定义】对话框，在【名称】文本框中输入【电视机】，如图7-7所示。

图7-7 【块定义】对话框

04 选择图形。单击【对象】选项组中的【选择对象】按钮，选择所有图形，按Space键返回对话框。

05 指定基点。单击【基点】选项组中的【拾取点】按钮，返回绘图区指定图形最上方中点作为块的基点，如图7-8所示。

图7-8 捕捉基点

06 创建图块。单击【确定】按钮，完成普通块的创建，此时图形成为一个整体并显示其夹点，如图7-9所示。

图7-9 夹点显示图块

7.1.4 插入块

对于被创建成功的图块，可以在实际绘图时根据需要插入到图形中使用，在AutoCAD中不仅可插入单个图块，还可连续插入多个相同的图块。在AutoCAD 2014中可以通过以下几种方法启动【插入块】命令。

- 菜单栏：执行【插入】|【块】命令。
- 命令行：在命令行中输入INSERT/I命令。
- 功能区1：在【插入】选项卡中，单击【块】面板中的【插入】按钮。
- 功能区2：在【默认】选项卡中，单击【块】面板中的【插入】按钮。

执行以上任一命令后均可打开【插入】对话框，如图7-10所示。

图7-10 【插入】对话框

在【插入】对话框中各选项的含义如下。

- 【名称】下拉列表：选择需要插入的块的名称。当插入的块是外部块，则需要单击其右侧的【浏览】按钮，在弹出的对话框中选择外部块。

- 【插入点】选项组：插入基点坐标。可以直接在X、Y、Z 3个文本框中输入插入点的绝对坐标；更简单的方式是通过勾选【在屏幕上指定】复选框，用对象捕捉的方法在绘图区内直接捕捉确定。

- 【比例】选项组：设置块实例相对于块定义的缩放比例。可以直接在X、Y、Z 3个文本框中输入3个方向上的缩放比例。也可以通过勾选【在屏幕上指定】复选框，在绘图区内动态确定缩放比例。勾选【统一比例】复选框，则在X、Y、Z 3个方向上的缩放比例相同。

- 【旋转】选项组：设置块实例相对于块定义的旋转角度。可以直接在【角度】文本框中输入旋转角度值；也可以通过勾选【在屏幕上指定】复选框，在绘图区内动态确定旋转角度。

- 【分解】复选框：勾选该复选框可以在插入块的同时分解插入的块。

7.1.5 课堂实例——插入电视背景墙中的图块

案例位置　素材>第7章>7.1.5 课堂实例——插入电视背景墙中的图块.dwg
视频位置　视频>第7章>7.1.5 课堂实例——插入电视背景墙中的图块.mp4
难易指数　★★☆☆☆
学习目标　学习【插入】命令的使用

01 打开文件。单击【快速访问】工具栏中的【打开】按钮 📂，打开本书配套光盘中的"第7章/7.1.5 课堂实例——插入电视背景墙中的图块.dwg"素材文件，如图7-11所示。

图7-11 素材文件

02 单击按钮。在【插入】选项卡中，单击【块】面板中的【插入】按钮 🔲，打开【插入】对话框，单击【浏览】按钮，如图7-12所示。

图7-12 【插入】面板

03 选择图块。打开【选择图形文件】对话框，选择【电视组合】图块，如图7-13所示。

图7-13 【选择图形文件】对话框

04 插入图块。单击【打开】按钮，返回【插入】对话框，单击【确定】按钮，返回绘图区，指定插入位置，即可插入图块，如图7-14所示。

图7-14 插入【电视组合】图块

05 插入图块。重新调用I【插入】命令，在绘图区中依次插入【壁画】、【壁炉】、【吊灯图形】和【落地灯图形】图块，得到的最终效果如图7-15所示。

图7-15 最终效果

7.1.6 创建动态块

在AutoCAD 2014中创建了图块之后，还可以向图块添加参数和动作使其成为动态块。动态块具有灵活性和智能性，用户可以在操作过程中轻松地更改图形中的动态块参照，可以通过自定义夹点或自定义特性来操作动态块参照中的图形。用户还可以根据需要调整块，而不用搜索另一个块来插入或重定义现有的块，这样就大大提高了工作效率。

在AutoCAD 2014中可以通过以下几种方法启动【动态块】功能。

* 菜单栏：执行【工具】|【块编辑器】命令。

* 命令行：在命令行中输入BEDIT/BE命令。

● 功能区1：在【默认】选项卡中，单击【块】面板中的【块编辑器】按钮 。

● 功能区2：在【插入】选项卡中，单击【块定义】面板中的【块编辑器】按钮 。

执行以上任一命令均可打开【编辑块定义】对话框，如图7-16所示。

图7-16 【编辑块定义】对话框

在【编辑块定义】对话框中各选项的含义如下。

● 【要创建或编辑的块】文本框：用于指定要在块编辑器中编辑或创建的块的名称。

● 【名称列表】列表框：用于显示保存在当前图形中的块定义的列表。

● 【预览】选项组：显示选定块定义的预览。如果显示闪电图标，则表示该块是动态块。

● 【说明】选项组：显示选定块定义的说明。

7.1.7 课堂实例——创建单扇门动态块

案例位置 素材＞第7章＞7.1.7 课堂实例——创建单扇门动态块.dwg
视频位置 视频＞第7章＞7.1.7 课堂实例——创建单扇门动态块.mp4
难易指数 ★★☆☆☆
学习目标 学习【块编辑器】命令的使用

⓪① 打开文件。单击【快速访问】工具栏中的【打开】按钮 ，打开本书配套光盘中的"第7章/7.1.7 课堂实例——创建单扇门动态块.dwg"素材文件，如图7-17所示。

图7-17 素材文件

⓪② 选择图块。单击【块编辑器】按钮 ，打开【编辑块定义】对话框，选择【单扇门】图块，如图7-18所示。

图7-18 【编辑块定义】对话框

⓪③ 改变颜色。单击【确定】按钮，打开【块编辑器】面板，此时绘图窗口变为浅灰色，如图7-19所示。

图7-19 绘图窗口

⓪④ 添加参数。在【块编写选项板】右侧单击【参数】选项卡，再单击【线性参数】按钮 ，如图7-20所示，根据提示完成线性参数的添加，如图

167

7-21所示，其命令行提示如下。

> 命令: BParameter 线性↙
>
> //调用【线性参数】命令
>
> 指定起点或 [名称(N)/标签(L)/链(C)/说明(D)/基点(B)/选项板(P)/值集(V)]:
>
> //指定左下角点为起点
>
> 指定端点:
>
> //指定右下角点为端点
>
> 指定标签位置:
>
> //任意指定一点为标签位置即可

图7-20 【块编写选项板】

图7-21 添加线性参数

在【线性参数】命令行中各选项的含义如下。

● 名称（N）：设定此参数的【名称】自定义特性。

● 标签（L）：定义参数位置的自定义说明标签。

● 链（C）：确定参数是否包含在与其他参数相关联的动作的选择集中。

● 说明（D）：定义【标签】自定义特性的扩展说明。

● 基点（B）：指定参数的【基点位置】特性。

● 选项板（P）：指定在图形中选择块参照时，【标签】自定义特性是否显示在【特性】选项板中。

● 值集（V）：将参数的可用值限定为该集中所指定的值。

⑤ 添加动作。在【块编写选项板】右侧单击【动作】选项卡，再单击【缩放】按钮，如图7-22所示，根据提示为线性参数添加缩放动作，如图7-23所示，其命令行提示如下。

> 命令: BActionTool 缩放↙
>
> //调用【缩放动作】命令
>
> 选择参数:
>
> //选择线性参数
>
> 指定动作的选择集
>
> 选择对象: 指定对角点: 找到 8 个
>
> //选择单扇门对象，按Enter键结束即可

图7-22 【动作】选项卡

图7-23 添加缩放动作

06 完成创建。在【块编辑器】选项卡中单击【保存块】按钮🖫，保存创建的动作块，单击【关闭块编辑器】按钮✖，关闭块编辑器，完成动态块的创建，并返回到绘图窗口。

7.2 属性图块的应用

属性是将数据附着到块上的标签或标记，在属性中可能包含的数据包括零件编号、价格、注释和物主的名称等。标记相当于数据库表中的列名。

7.2.1 定义图块属性

属性是属于图块的非图形信息，是图块的组成部分。属性具有以下特点。

● 属性由属性标记名和属性值两部分组成。例如，可以把NAME定义为属性标记名，而具体的名称螺栓、螺母、轴承则是属性值，即其属性。

● 在定义块前，应先定义该块的每个属性，即规定每个属性的标记名、属性提示、属性默认值、属性的显示格式（可见或不可见）、属性在图中的位置等。定义属性后，该属性以其标记名在图中显示出来，并保存有关的信息。

● 在定义块前，用户可以修改属性定义。

● 插入块时，AutoCAD通过提示要求用户输入属性值。插入块后，属性用它的值表示。因此同一个块在不同点插入时，可以有不同的属性值。如果属性值在属性定义时规定为常量，AutoCAD则不询问它的属性值。

● 插入块后，用户可以改变属性的显示与可见性；对属性做修改；把属性单独提取出来写入文件，以供统计、制表时使用；还可以与其他高级语言（如BASIC、FORTRAN、C语言）或数据库（如Dbase、FoxBASE、Foxpro等）进行数据通信。

在AutoCAD 2014中可以通过以下几种方法启动【属性图块】命令。

● 菜单栏：执行【绘图】|【块】|【定义属性】命令。

● 命令行：在命令行中输入ATTDEF/ATT命令。

● 功能区1：在【插入】选项卡中，单击【块定义】面板中的【定义属性】按钮🗊。

● 功能区2：在【默认】选项卡中，单击【块定义】面板中的【定义属性】按钮🗊。

执行以上任一命令均可打开【属性定义】对话框，如图7-24所示。

图7-24 【属性定义】对话框

在【属性定义】对话框中各选项的含义如下。

● 【不可见】复选框：表示插入块后是否显示属性值。

● 【固定】复选框：表示属性是否是固定值，为固定值则插入后块属性值不再发生变化。

● 【验证】复选框：用于验证所输入的属性值是否正确。

● 【预设】复选框：表示是否将属性值直接设置成它的默认值。

- 【锁定位置】复选框：用于固定插入块的坐标位置，一般选择此项。
- 【多行】复选框：表示使用多段文字来标注块的属性值。
- 【标记】文本框：指定用来标识属性的名称。
- 【提示】文本框：指定在插入包含该属性定义的块时显示的提示。
- 【默认】文本框：指定默认属性值。
- 【插入点】选项组：可以指定属性位置。
- 【文字设置】选项组：可以设定属性文字的对正、样式、高度和旋转。
- 【在上一个属性定义下对齐】复选框：勾选该复选框，可以将属性标记直接置于之前定义的属性的下面。

7.2.2 课堂实例——创建标高属性块

案例位置	素材＞第7章＞7.2.2 课堂实例——创建标高属性块.dwg
视频位置	视频＞第7章＞7.2.2 课堂实例——创建标高属性块.mp4
难易指数	★★☆☆☆
学习目标	学习【矩形】、【定义属性】等命令的使用

01 绘制矩形。新建文件，调用REC【矩形】命令，绘制矩形，如图7-25所示。

图7-25 绘制矩形

02 绘制直线。调用L【直线】命令，结合【端点捕捉】和【中点捕捉】功能，绘制直线，如图7-26所示。

图7-26 绘制直线

03 修改图形。调用X【分解】命令，分解矩形；调用E【删除】命令，删除直线，如图7-27所示。

图7-27 修改图形

04 拉长图形。调用LEN【拉长】命令，修改【增量】为120，将最上方水平直线的右端进行拉长操作，如图7-28所示。

图7-28 拉长图形

05 设置参数。单击【块】面板上的【定义属性】按钮，打开【属性定义】对话框，在【属性】参数栏中设置【标记】为0.000，设置【提示】为【请输入标高值】，设置【默认】为0.000，设置【文字高度】为35，如图7-29所示。

图7-29 【属性定义】对话框

06 放置文字。单击【确定】按钮，将文字放置在前面绘制的图形上，如图7-30所示。

07 修改参数。调用B【创建块】命令，打开【块定义】对话框，修改为【名称】为【标高】，如图7-31所示。

⑧ 选择图形和基点。单击【选择对象】按钮，选择整个图形；单击【拾取点】按钮，拾取图形的下方交点为基点。

⑨ 输入参数。单击【确定】按钮，系统打开【编辑属性】对话框，输入0.000，如图7-32所示，单击【确定】按钮，返回绘图区域，完成属性图块的创建。

图7-30 放置属性文字

图7-31 【块定义】对话框

图7-32 【编辑属性】对话框

7.2.3 图块属性编辑

使用【编辑块属性】命令，可以对属性图块的值、文字选项以及特性等参数进行编辑。

在AutoCAD 2014中可以通过以下几种方法启动【编辑块属性】命令。

- 菜单栏：执行【修改】|【对象】|【属性】|【单一】命令。
- 命令行：在命令行中输入EATTEDIT命令。
- 功能区1：在【插入】选项卡中，单击【块】面板中的【单个】按钮。
- 功能区2：在【默认】选项卡中，单击【块】面板中的【单个】按钮。
- 鼠标法：双击鼠标左键。

执行以上任一命令均可打开【增强属性编辑器】对话框，如图7-33所示，在该对话框中可以对属性图块进行编辑操作，其各选项的含义如下。

图7-33 【增强属性编辑器】对话框

- 块：编辑其属性的块的名称。
- 标记：标识属性的标记。
- 选择块：在使用定点设备选择块时临时关闭对话框。
- 【应用】按钮：更新已更改属性的图形，并保持增强属性编辑器打开。
- 【文字选项】选项卡：可以设置属性文字的格式。
- 【特性】选项卡：可以设置属性文字所在的图层、线型、颜色、线宽等显示控制属性。

7.2.4 课堂实例——插入并编辑标高属性块

案例位置 素材＞第7章＞7.2.4 课堂实例——插入并编辑标高属性块.dwg
视频位置 视频＞第7章＞7.2.4 课堂实例——插入并编辑标高属性块.mp4
难易指数 ★★☆☆☆
学习目标 学习【插入】命令、【增强属性编辑器】对话框的使用

① 打开文件。单击【快速访问】工具栏中的【打开】按钮，打开本书配套光盘中的"第7章/7.2.4

课堂实例——插入并编辑标高属性块.dwg"素材文件，如图7-34所示。

02 单击按钮。调用I【插入】命令，打开【插入】对话框，单击【浏览】按钮，如图7-35所示。

图7-34 素材文件

图7-35 【插入】对话框

03 选择图块。打开【选择图形文件】对话框，选择【标高】图块，如图7-36所示。

图7-36 【选择图形文件】对话框

04 输入参数。单击【打开】按钮，返回到【插入】对话框，单击【确定】按钮，返回绘图区，指

定插入位置，打开【编辑属性】对话框，在【请输入标记值】文本框中输入2.850，如图7-37所示。

图7-37 【编辑属性】对话框

05 插入图块。单击【确定】按钮即可插入【标高】图块，如图7-38所示。

图7-38 插入【标高】图块

06 复制图块。调用CO【复制】命令，将插入后的【标高】图块进行复制操作，如图7-39所示。

图7-39 复制图块

07 修改参数。双击复制后其中一个标高图块，打开【增强属性编辑器】对话框，将【值】修改为2.800，如图7-40所示。

172

图7-40　插入【标高】图块

08 修改图块。单击【确定】按钮，完成属性图块的修改，如图7-41所示。

图7-41　修改图块

09 编辑其他图块。重复上述方法，将其他的属性图块进行编辑操作，得到的最终效果如图7-42所示。

图7-42　最终效果

7.2.5　课堂实例——创建并插入编号属性块

案例位置	素材＞第7章＞7.2.5 课堂实例——创建并插入编号属性块.dwg
视频位置	视频＞第7章＞7.2.5 课堂实例——创建并插入编号属性块.mp4
难易指数	★★☆☆☆
学习目标	学习【创建块】命令的使用

01 打开文件。单击【快速访问】工具栏中的【打开】按钮，打开本书配套光盘中的"第7章/7.2.5 课堂实例——创建并插入编号属性块.dwg"素材文件，如图7-43所示。

图7-43　素材文件

02 绘制圆。调用C【圆】命令，绘制一个半径为350的圆，如图7-44所示。

图7-44　绘制圆

03 单击【块】面板上的【定义属性】按钮，打开【属性定义】对话框，在【属性】参数栏中设置【标记】为1，设置【提示】为【请输入编号值】，设置【文字高度】为300，如图7-45所示。

图7-45　【属性定义】对话框

173

04 放置文字。单击【确定】按钮，将文字放置在新创建的圆内，完成属性图块的创建，如图7-46所示。

05 打开对话框。调用B【创建块】命令，打开【块定义】对话框，修改为【名称】为【编号】，如图7-47所示。

图7-46 创建属性图块

图7-47 【块定义】对话框

06 选择图形和基点。单击【选择对象】按钮，选择整个图形；单击【拾取点】按钮，拾取图形的圆心点为基点。

07 输入文字。单击【确定】按钮，系统打开【编辑属性】对话框，在【请输入编号值】文本框中输入1，如图7-48所示，单击【确定】按钮即可创建图块。

图7-48 创建属性图块

08 复制图块。调用CO【复制】命令，将新创建的属性图块进行复制操作，如图7-49所示。

图7-49 复制图块

09 修改参数。双击复制出的其中一个标高图块，打开【增强属性编辑器】对话框，将【值】修改为2，如图7-50所示。

图7-50 【增强属性编辑器】对话框

10 修改图块。单击【确定】按钮，完成属性图块的修改，如图7-51所示。

图7-51 修改图块

11 编辑其他图块。重复上述方法，将其他的属性图块进行编辑操作，得到的最终效果如图7-52所示。

图7-52 最终效果

7.3 外部参照的附着和编辑

外部参照就是把已有的图形文件插入到当前图形中，但外部参照不同于块。当打开有外部参照的图形文件时，系统会询问并自动将各个外部参照图形重新调入，然后在当前图形中显示出来。外部参照功能不但使用户可以利用一组子图形构造复杂的主图形，而且还允许单独对这些子图形进行各种修改。

7.3.1 附着外部参照

如果把图形作为块插入另一个图形，块定义和所有相关联的几何图形都将存储在当前图形数据库中。修改原图形后，块不会随之更新。如果插入的块被分解，则同其他图形没有本质区别，相当于将一个图形文件中的图形对象复制并粘贴到另一个图形文件中。而外部参照提供了另一种更为灵活的图形引用方法。使用外部参照可以将多个图形链接到当前图形中，并且作为外部参照的图形会随原图形的修改而更新。

当一个图形文件被作为外部参照插入到当前图形时，外部参照中每个图形的数据仍然分别保存在各自的源图形文件中，当前图形中所保存的只是外部参照的名称和路径。因此，外部参照不会明显地增加当前图形的文件大小，从而可以节省磁盘空间，也利于保持系统的性能。无论一个外部参照文件多么复杂，AutoCAD都会把它作为一个单一对象来处理，而不允许进行分解。用户可对外部参照

进行比例缩放、移动、复制、镜像或旋转等操作，还可以控制外部参照的显示状态，但这些操作都不会影响到源图形文件。

用户可以将其他文件的图形作为参照图形附着到当前图形中，这样可以通过在图形中参照其他用户的图形来协调各用户之间的工作，查看当前图形是否与其他图形相匹配。外部参照可以附着的图形包含有DWG文件、光栅图像文件、DWF文件、DGN文件和PDF文件5种类型。

1. 附着DWG文件

在AutoCAD 2014中可以通过以下几种方法启动【DWG参照】命令。

- 菜单栏：执行【插入】|【DWG参照】命令。
- 命令行：在命令行中输入XATTACH命令。
- 功能区：在【插入】选项卡中，单击【参照】面板中的【附着】按钮。

执行以上任一命令后均可打开【选择参照文件】对话框，如图7-53所示。选择需要打开的参照文件，单击【打开】按钮，将打开【附着外部参照】对话框，如图7-54所示。

图7-53 【选择参照文件】对话框

图7-54 【附着外部参照】对话框

在【附着外部参照】对话框中各选项的含义如下。

- 【名称】列表框：标识已选定要进行附着的DWG。
- 【浏览】按钮：单击该按钮可以显示【选择参照文件】对话框，从中可以为当前图形选择新的外部参照。
- 【预览】选项组：用于显示已选定要进行附着的DWG。
- 【参照类型】选项组：用于指定外部参照为附着还是覆盖。与附着型的外部参照不同，当附着覆盖型外部参照的图形作为外部参照附着到另一图形时，将忽略该覆盖型外部参照。
- 【在屏幕上指定】复选框：勾选该复选框，可以允许用户在命令提示下或通过定点设备输入。
- 【X/Y/Z】文本框：用于设定X/Y/Z的比例因子。
- 【统一比例】复选框：勾选该复选框，可以将Y和X比例因子设定为与Z一样。
- 【插入点】选项组：用于设置插入点的位置。
- 【路径类型】列表框：选择完整（绝对）路径、外部参照文件的相对路径或【无路径】、外部参照的名称（外部参照文件必须与当前图形文件位于同一个文件夹中）。
- 【旋转】选项组：用于指定附着外部参照图形的旋转角度。
- 【块单位】选项组：用于显示有关块单位的信息。
- 【显示细节】按钮：单击该按钮，可以显示外部参照文件路径。

2. 附着图像文件

附着图形参照与外部参照一样，其图像由一些称为像素的小方块或点的矩形栅格组成，附着后的图像可以像图块一样作为一个整体，用户可以对其进行多次重新附着。

在AutoCAD 2014中可以通过以下几种方法启动【光栅图像参照】命令。

- 菜单栏：执行【插入】|【光栅图像参照】命令。
- 命令行：在命令行中输入IMAGEATTACH命令。
- 功能区：在【插入】选项卡中，单击【参照】面板中的【附着】按钮。

3. 附着DWF文件

使用DWF外部参照与使用DWG参照的操作步骤类似。DWF格式文件是一种从DWG格式文件创建的高度压缩的文件格式。

在AutoCAD 2014中可以通过以下几种方法启动【DWF参照】命令。

- 菜单栏：执行【插入】|【DWF参考底图】命令。
- 命令行：在命令行中输入DWFATTACH命令。
- 功能区：在【插入】选项卡中，单击【参照】面板中的【附着】按钮。

4. 附着DGN文件

DGN格式文件是MicroStation绘图软件生成的文件，该文件格式对精度、层数以及文件和单元的大小并不限制，另外该文件中的数据都经过快速优化、检验并压缩，有利于节省存储空间。

在AutoCAD 2014中可以通过以下几种方法启动【DGN参照】命令。

- 菜单栏：执行【插入】|【DGN参考底图】命令。
- 命令行：在命令行中输入DGNATTACH命令。
- 功能区：在【插入】选项卡中，单击【参照】面板中的【附着】按钮。

5. 附着PDF文件

PDF格式文件是Adobe公司设计的可移植电子文件格式。无论是在Windows、Unix还是Mac OS操作系统中，该格式文件都是通用的。这一性能使它成为在互联网上进行电子文档发行和数字化信息传播的理想格式。PDF具有许多其他电子文档格式无法相比的优点。PDF文件格式可以将文字、字型、格式、颜色及独立于设备和分辨率的图形图像等封装在一个文件中，并且支持特长文件，集成度和安全可靠性都较高。

在AutoCAD 2014中可以通过以下几种方法启动【PDF参照】命令。

● 菜单栏：执行【插入】|【PDF参考底图】命令。

● 命令行：在命令行中输入PDFATTACH命令。

● 功能区：在【插入】选项卡中，单击【参照】面板中的【附着】按钮。

7.3.2 拆离外部参照

当插入一个外部参照后，如果需要删除该外部参照，可以将其拆离。拆离外部参照需要在【外部参照】选项板中才能进行操作，因此在拆离外部参照之前需要了解打开【外部参照】选项板的操作方法。

在AutoCAD 2014中可以通过以下几种方法启动【外部参照】命令。

● 菜单栏：执行【插入】|【外部参照】命令。

● 命令行：在命令行中输入XREF命令。

● 功能区：在【插入】选项卡中，单击【参照】面板中的【外部参照】按钮。

执行以上任一命令后均可打开【外部参照】选项板，如图7-55所示。在该选项板中选择需要拆离的图形并用鼠标右键单击，打开快捷菜单，选择【拆离】选项即可拆离外部参照，如图7-56所示。

图7-55 【外部参照】选项板

图7-56 快捷菜单

在【外部参照】选项板中各选项的含义如下。

● 【附着DWG】按钮：【外部参照】选项板顶部的第1个工具按钮，使用户可以从列表中选择附着DWG、DWF、DGN、PDF或图像。

● 【刷新】下拉菜单：该下拉菜单显示两个选项，分别是【刷新】和【重载所有参照】选项。

● 【文件参照】列表框：在该列表框中显示了当前图形中的各个外部参照的名称，可以将显示设置为以列表图或树状图结构显示模式。

7.3.3 课堂实例——拆离书房中外部参照

案例位置	素材＞第7章＞7.3.3 课堂实例——拆离书房中外部参照.dwg
视频位置	视频＞第7章＞7.3.3 课堂实例——拆离书房中外部参照.mp4
难易指数	★☆☆☆☆
学习目标	学习【创建块】命令的使用学习【外部参照】命令、【拆离】选项的使用

01 打开文件。单击【快速访问】工具栏中的【打开】按钮，打开本书配套光盘中的"第7章/7.3.3 课堂实例——拆离书房中外部参照.dwg"素材文件，如图7-57所示。

图7-57 素材文件

02 打开选项板。在【插入】选项卡中，单击【参照】面板中的【外部参照】按钮，打开【外部参照】选项板，如图7-58所示。

图7-58 【外部参照】选项板

03 拆离参照。用鼠标右键单击【装饰】选项，打开快捷菜单，选择【拆离】选项，打开【外部参

照】选项板，如图7-59所示。即可拆离外部参照，图形效果如图7-60所示。

图7-59 快捷菜单

图7-60 拆离效果

7.3.4 剪裁外部参照

使用【剪裁】命令可以定义剪裁边界。剪裁边界后，只显示边界内的外部参照部分，而不对外部参照定义本身起作用。

启动【剪裁】功能的方法主要有以下几种。

● 菜单栏：执行【修改】|【剪裁】|【外部参照】命令。

● 命令行：在命令行中输入CLIP命令。

● 功能区：在【插入】选项卡中，单击【参照】面板中的【剪裁】按钮。

在命令执行过程中，需要确定剪裁参照的边界。

使用以上任意一种方法启动【剪裁参照】命令后，命令行提示如下。

命令: clip↙

//调用【剪裁】命令

选择要剪裁的对象: 找到 1 个

//选择外部参照

输入剪裁选项

[开(ON)/关(OFF)/剪裁深度(C)/删除(D)/生成多段线(P)/新建边界(N)] <新建边界>:

//选择【新建边界（N）】选项

外部模式-边界外的对象将被隐藏

指定剪裁边界或选择反向选项:

[选择多段线(S)/多边形(P)/矩形(R)/反向剪裁(I)] <矩形>:

//选择【矩形（R）】选项

指定第1个角点:

//指定左上方端点

指定对角点:

//指定下方中点，按Enter键结束

其中各选项的含义如下。

- 开（ON）：显示当前图形中外部参照或块的被剪裁部分。

- 关（OFF）：显示当前图形中外部参照或块的完整几何图形，忽略剪裁边界。

- 剪裁深度（C）：在外部参照或块上设定前剪裁平面和后剪裁平面，系统将不会显示由边界和指定深度所定义的区域外的对象。

- 删除（D）：为选定的外部参照或块删除剪裁边界。

- 生成多段线（P）：自动绘制一条与剪裁边界重合的多段线。

- 新建边界（N）：定义一个矩形或多边形剪裁边界，或者用多段线生成一个多边形剪裁边界。

- 选择多段线（S）：使用选定的多段线定义边界。此多段线可以是开放的，但是它必须由直线段组成并且不能自交。

- 多边形（P）：使用指定的多边形顶点中的3个或更多点定义多边形剪裁边界。

- 矩形（R）：使用指定的对角点定义矩形边界。

- 反向剪裁（I）：反转剪裁边界的模式。

7.3.5　课堂实例——剪裁电动机控制图参照

案例位置　素材＞第7章＞7.3.5 课堂实例——剪裁电动机控制图参照.dwg
视频位置　视频＞第7章＞7.3.5 课堂实例——剪裁电动机控制图参照.mp4
难易指数　★★☆☆☆
学习目标　学习【剪裁】命令的使用

01 打开文件。单击【快速访问】工具栏中的【打开】按钮，打开本书配套光盘中的"第7章/7.3.5 课堂实例——剪裁电动机控制图参照.dwg"素材文件，如图7-61所示。

图7-61 素材文件

02 剪裁参照。在命令行中输入CLIP命令并按Enter键，对外部参照图形进行剪裁操作，如图7-62所示，其命令行提示如下。

命令: clip↙

//调用【剪裁】命令

选择要剪裁的对象: 找到 1 个

//选择外部参照

输入剪裁选项

[开(ON)/关(OFF)/剪裁深度(C)/删除(D)/生成多段线(P)/新建边界(N)] <新建边界>:

//输入【新建边界（N）】选项

外部模式-边界外的对象将被隐藏。

指定剪裁边界或选择反向选项:

[选择多段线(S)/多边形(P)/矩形(R)/反向剪裁(I)] <矩形>: P↙

//输入【多边形（P）】选项

[选择多段线(S)/多边形(P)/矩形(R)/反向剪裁(I)] <矩形>: p

指定第1点:
//指定第1点

指定下一点或 [放弃(U)]:
//指定第2点

指定下一点或 [放弃(U)]:
//指定第3点

指定下一点或 [放弃(U)]:
//指定第4点

指定下一点或 [放弃(U)]:
//指定第5点，按Enter键结束即可

图7-62 剪裁效果

7.4 AutoCAD设计中心的应用

AutoCAD设计中心提供了一个直观高效的工具，它同Windows资源管理器相似。利用该设计中心，不仅可以浏览、查找、预览和管理AutoCAD图形、图块、外部参照及光栅图形等不同的资源文件，还可以通过简单的拖放操作，将位于本地计算机、局域网或互联网上的图块、图层、外部参照等内容插入到当前图形中。

7.4.1 启用设计中心

AutoCAD设计中心（AutoCAD Design Center，简称ADC）是AutoCAD中的一个非常有用

的工具。在进行机械设计时，特别是在编辑多个图形对象，调用不同驱动器甚至不同计算机内的文件，以及引用已创建的图层、图块、样式等操作时，使用AutoCAD设计中心将帮助用户提高绘图效率。

在AutoCAD 2014中可以通过以下几种方法启动【设计中心】命令。

- 菜单栏：执行【工具】|【选项板】|【设计中心】命令。

- 命令行：在命令行中输入ADC命令。

- 功能区：在【视图】选项卡中，单击【选项板】面板中的【设计中心】工具按钮 。

- 快捷键：按Ctrl+2组合键。

执行以上任一命令后均可打开【设计中心】选项板，如图7-63所示，在该选项板中各选项的含义如下。

图7-63 【设计中心】选项板

- 【文件夹】选项卡：该选项卡是设计中心最重要也是使用频率最多的选项卡。它显示计算机或网络驱动器中文件和文件夹的层次结构。

- 【打开的图形】选项卡：用于在设计中心中显示在当前AutoCAD环境中打开的所有图形。

- 【历史记录】选项卡：用于显示用户最近浏览的AutoCAD图形。

- 【加载】按钮 ：用于浏览磁盘中的图形文件。

- 【上一页】按钮 和【下一页】按钮 ：单击【上一页】按钮可以返回到历史记录列表中最近的一次位置。单击【下一页】按钮可以返回到历史记录列表中下一次的位置。

- 【上一级】按钮 ：该按钮用于显示激活显示区中的上一级内容。

- 【搜索】按钮 ：用于查找对象。单击该

按钮，弹出【搜索】对话框。

- 【收藏夹】按钮 **图**：单击该按钮，显示选项面板。可以在【文件夹列表】中显示Favorites\Autodesk文件夹的内容，用户可以通过收藏夹标记存放在本地硬盘、网络驱动器或互联网网页上常用的文件。

- 【主页】按钮 **图**：用于快速定位到设计中心文件夹中，此文件夹位于AutoCAD 2014\Sample目录下。

- 【树状图切换】按钮 **图**：用于显示或隐藏树状视图。

- 【预览】按钮 **图**：用于打开或关闭预览窗口，确定是否是显示预览图像。可以通过拖动鼠标来改变预览窗口的大小。

- 【说明】按钮 **图**：用于打开或关闭说明窗口，确定好地方显示说明信息。可以通过拖动鼠标来改变说明窗口的大小。

- 【视图】按钮 **图▼**：单击该按钮，弹出一个快捷菜单，显示【大图标】、【小图标】、【列表】和【详细信息】等命令，可以使窗口中的内容以上述命令显示。

7.4.2　使用图形资源

在打开的设计中心内容区有图形、图块或文字样式等图形资源，用户可以将这些图形资源插入到当前图形中去。例如，在【设计中心】选项板中单击【文件夹】选项卡，在左侧的树状图目录中定位【第7章】素材文件所在的文件夹，鼠标右击内容窗口中的【壁画.dwg】图形文件，在弹出的快捷菜单中选择【在应用程序窗口中打开】命令即可在AutoCAD中打开该图形文件，如图7-64所示。效果如图7-65所示。

图7-64　【设计中心】选项板

图7-65　打开图形文件

7.5　工具选项板的应用

工具选项板是一个比设计中心更加强大的工具，它不但提供了组织、共享和放置块及填充图案的很有效的方法，还可以包含由第三方开发人员提供的自定义工具。

7.5.1　打开工具选项板

在【工具选项板】选项板中包括【注释】、【建筑】、【机械】、【电力】、【图案填充】和【土木工程筑】等选项板。当需要向图形中添加块或图案填充等图形资源时，可将其直接拖到当前图形中。

在AutoCAD 2014中可以通过以下几种方法启动【工具选项板】命令。

- 菜单栏：执行【工具】|【选项板】|【工

具选项板】命令，如图7-66所示。

图7-66 菜单栏

- 命令行：在命令行中输入TOOLPALETTES/TP命令。
- 功能区：在【视图】选项卡中，单击【选项板】面板中的【工具选项板】按钮。
- 快捷键：按Ctrl+3组合键。
- 执行以上任一命令后均可打开【工具选项板】选项板，如图7-67所示。

图7-67 【工具选项板】选项板

7.5.2 设置选项板组

在AutoCAD中，工具选项板有强大的功能。通过在工具选项板上右击鼠标，可对其位置、大小、锚点位置、透明度、自动隐藏等进行设置。

调用【设置工具选项板】命令的方法为：

- 快捷菜单：在【工具选项板】窗口空白处右击鼠标，弹出【工具选项板】快捷菜单，在其中选中【自定义工具选项板】选项。

7.6 清理命令的应用

用户在绘图过程中，需要清理某些没有用的项目，以释放存储空间，可以利用AutoCAD提供的PURGE命令。可以根据需要清理曾经创建的一些图块、图层、线型、尺寸标注、类型、文字类型等内容。

在AutoCAD 2014中可以通过以下几种方法启动【清理】命令。

- 菜单栏：执行【文件】|【图形实用程序】|【清理】命令。
- 命令行：在命令行中输入PURGE/PU命令。

执行以上任一命令后均可打开【清理】对话框，如图7-68所示。在【清理】对话框中各选项的含义如下。

图7-68 【清理】对话框

- 【查看能清理的项目】单选项：用于切换树状图以显示当前图形中可以清理的命名对象的概要。
- 【查看不能清理的项目】单选项：用于切换树状图以显示当前图形中不能清理的命名对象的概要。
- 【图形中未使用的项目】列表框：列出

当前图形中未使用的、可被清理的命名对象。可以通过单击加号或双击对象类型列出任意对象类型的项目。

- 【确认要清理的每个项目】复选框：勾选该复选框，可以在清理项目时显示【确认清理】对话框，如图7-69所示。

图7-69 【清理-确认清理】对话框

- 【清理嵌套项目】复选框：勾选该复选框，可以从图形中删除所有未使用的命名对象，即使这些对象包含在其他未使用的命名对象中或被这些对象所参照。
- 【清理零长度几何图形和空文字对象】复选框：勾选该复选框，可以删除非块对象中长度为零的几何图形（直线、圆弧、多段线等）。同时还删除非块对象中仅包含空格（无文字）的多行文字和文字。
- 【清理】按钮：单击该按钮，可以清理所选项目。
- 【全部清理】按钮：单击该按钮，可以清理所有未使用项目。

7.7　本章小结

　　要想快捷地绘制图形，可以将一些图形创建为块直接插入到文件，这样可以节省绘图时间。本章详细讲解了图块、属性图块、动态图块以及外部参照等图形的应用方法，以方便用户更加简洁地绘图。

7.8　课后习题

　　本节通过具体实例练习图块、属性图块、外部参照以及设计中心等命令的应用。

7.8.1　完善室内平面布置图

案例位置	素材＞第7章＞7.8.1 完善室内平面布置图.dwg
视频位置	视频＞第7章＞7.8.1 完善室内平面布置图.mp4
难易指数	★★☆☆☆
学习目标	学习【插入】、【复制】、【缩放】和【移动】等命令的使用

完善室内平面布置图如图7-70所示。

图7-70 室内平面布置图

　　室内平面布置图的绘制流程如图7-71、图7-72、图7-73和图7-74所示。

图7-71 打开文件

图7-72 选择【门】图块

图 7-73 复制、旋转、缩小并移动【门】图块

图 7-74 插入【双人床】、【洁具】、
【厨具】和【儿童床】等图块

7.8.2 创建并插入表面粗糙度符号

案例位置	素材＞第7章＞7.8.2 创建并插入表面粗糙度符号.dwg
视频位置	视频＞第7章＞7.8.2 创建并插入表面粗糙度符号.mp4
难易指数	★★☆☆☆
学习目标	学习【直线】、【拉长】、【创建块】和【定义属性】等命令的使用

创建并插入表面粗糙度符号如图7-75所示。

图7-75 表面粗糙度符号

创建并插入表面粗糙度符号的绘制流程如图
7-76、图7-77、图7-78和图7-79所示。

图 7-76 绘制图形

图 7-77 添加属性图块

图 7-78 复制属性图块

图 7-79 修改属性图块

第8章

文字和表格的使用

文字和表格是AutoCAD图形中很重要的图形元素，是机械制图和工程制图中不可缺少的组成部分。本章介绍有关文字与表格的知识，包括文字样式、单行文字、多行文字、编辑文字、创建表格和编辑表格的方法。

学习目标

掌握文字的创建与编辑方法
掌握表格的创建与编辑方法

8.1 文字的创建与编辑

在AutoCAD 2014中，用户可以创建两种性质的文字，分别是单行文字和多行文字。其中，单行文字常用于不需要使用多种字体的简短内容中；多行文字主要用于一些复杂的说明性文字中，用户可以为其中的不同文字设置不同的字体和大小，也可以方便地在文本中添加特殊符号等。

8.1.1 文字样式

在AutoCAD中输入文字时，通常使用当前的文字样式，用户可以根据具体要求重新创建新的文字样式。文字样式包括字体、字型、高度、宽度因子、倾斜角度、方向等其他文字特征。

在AutoCAD 2014中可以通过以下几种方法启动【文字样式】命令。

- 菜单栏：执行【格式】|【文字样式】命令。
- 命令行：输入STYLE/ST命令。
- 功能区1：在【默认】选项卡中，单击【注释】面板中的【文字样式】按钮。
- 功能区2：在【注释】选项卡中，单击【文字】面板中的【文字样式】按钮。

执行以上任一命令均可打开【文字样式】对话框，如图8-1所示，在该对话框中可以对文字样式进行创建和设置操作。

图8-1 【文字样式】对话框

在【文字样式】对话框中各选项的含义如下。

- 【样式】选项组：列出了当前可以使用的文字样式，默认文字样式为Standard（标准）。
- 【字体】选项组：用于选择所需要的字体类型。
- 【大小】选项组：用于设置文字的高度

值。如果输入的数值为0，则文字高度将默认为上次使用的文字高度，或使用存储在图形样板文件中的值。

- 【效果】选项组：用于设置文字的显示效果。
- 【置为当前】按钮：单击该按钮，可以将选择的文字样式设置成当前的文字样式。
- 【新建】按钮：单击该按钮，系统弹出【新建文字样式】对话框，在样式名文本框中输入新建样式的名称，单击【确定】按钮，新建文字样式将显示在【样式】列表框中。
- 【删除】按钮：单击该按钮，将可以删除所选的文字样式，但无法删除默认的Standard样式和已经被使用了的文字样式，图8-2所示为删除已使用文字样式时弹出的提示对话框。

图8-2 提示对话框

8.1.2 课堂实例——创建文字样式

素材位置	素材＞第8章＞8.1.2 课堂实例——创建文字样式.dwg
视频位置	视频＞第8章＞8.1.2 课堂实例——创建文字样式.mp4
难易指数	★★☆☆☆
学习目标	学习【文字样式】命令的使用

01 新建文件。单击【快速访问】工具栏中的【新建】按钮，新建空白文件。

02 单击按钮。在【默认】选项卡中，单击【注释】面板中的【文字样式】按钮，打开【文字样式】对话框，单击【新建】按钮，如图8-3所示。

图8-3 【文字样式】对话框

03 输入文字。打开【新建文字样式】对话框，在【样式名】文本框中输入【文字说明】，如图8-4所示。

图8-4 【新建文字样式】对话框

04 新增样式。单击【确定】按钮，在样式列表框中新增【文字说明】文字样式，如图8-5所示。

图8-5 新增文字样式

05 更改设置。单击【字体】选项组下的【字体名】列表框中选择【gbenor.shx】字体，勾选【使用大字体】复选框，在【大字体】列表框中选择【gbcbig.shx】字体。其他选项保持默认，如图8-6所示。

图8-6 更改设置

06 单击按钮。单击【新建】按钮，打开提示对话框，单击【是】按钮，如图8-7所示。

图8-7 提示对话框

07 输入名称。打开【新建文字样式】对话框，在【样式名】文本框中输入【标注】，如图8-8所示。

图8-8 【新建文字样式】对话框

08 新增样式。单击【确定】按钮，在样式列表框中新增【标注】文字样式，如图8-9所示。

图8-9 新增文字样式

09 更改设置。在【字体】选项组下的【SHX字体】列表框中选择【romanc.shx】字体，勾选【使用大字体】复选框，在【大字体】列表框中选择【gbcbig.shx】字体。其他选项保持默认，如图8-10所示。

图8-10 更改设置

10 单击【应用】按钮，然后单击【置为当前】按钮，将【标注】置于当前样式。单击【关闭】按钮，完成【文字样式】的创建。

8.1.3 单行文字

使用【单行文字】命令，可以创建一行或多个单行的文字，每个文字对象都为独立的个体。

在AutoCAD 2014中可以通过以下几种方法启动【单行文字】命令。

● 菜单栏：执行【绘图】|【文字】|【单行

文字】命令。

- 命令行：在命令行中输入TEXT命令。
- 功能区1：在【默认】选项卡中，单击【注释】面板中的【单行文字】按钮 A。
- 功能区2：在【注释】选项卡中，单击【文字】面板中的【单行文字】按钮 A。

在命令执行过程中，需要确定的单行文字的起点、高度和旋转角度。

如图8-11所示，在台球桌的下方任意位置确定单行文字的起点，修改【高度】为150，进行创建单行文字的操作。执行【单行文字】命令后，命令行提示如下。

命令: text↙

//调用【单行文字】命令

当前文字样式：“Standard” 文字高度：30.0000 注释性: 否 对正: 左

指定文字的起点 或 [对正(J)/样式(S)]:

//任意指定一点为起点

指定高度 <30.0000>: 150↙

//输入高度参数

指定文字的旋转角度 <0>:

//输入旋转角度参数，并输入文字

台球桌

图8-11 单行文字的前后效果对比图

- 样式（S）：用于选择文字样式，一般默认为Standard。
- 对正（J）：用于确定文字的对齐方式。

8.1.4 多行文字

多行文本又称段落文本，是一种方便管理的文本对象，它可以由两行以上的文本组成，而且各行文本都是作为一个整体来处理。在机械设计中，常使用【多行文字】命令创建较为复杂的文字说明，如图样的技术要求等。

在AutoCAD 2014中可以通过以下几种方法启动【多行文字】命令。

- 菜单栏：执行【绘图】|【文字】|【多行文字】命令。
- 命令行：在命令行中输入MTEXT/MT命令。
- 功能区1：在【默认】选项卡中，单击【注释】面板中的【多行文字】按钮 A。
- 功能区2：在【注释】选项卡中，单击【文字】面板中的【多行文字】按钮 A。

在命令执行过程中，需要确定多行文字的第一角点和对角点等。

如图8-12所示，在零件图中指定多行文字的第1角点和对角点，打开文本输入框，修改【高度】为5，输入文字，进行创建多行文字的操作。执行【多行文字】命令后命令行提示如下。

命令: mtext↙

//调用【多行文字】命令

当前文字样式: "工程字-35" 文字高度: 3.5 注释性: 否

指定第1角点:

//指定文字的第1角点

指定对角点或 [高度(H)/对正(J)/行距(L)/旋转(R)/样式(S)/宽度(W)/栏(C)]:

//指定文字的对角点

图8-12 多行文字的前后效果对比图

图8-12 多行文字的前后效果对比图（续）

在指定了输入义字的对角点之后，会打开文本输入框以及如图8-13所示的【文字编辑器】选项卡。

图8-13 【文字编辑器】选项卡

在【文字编辑器】选项卡中各选项的含义如下。

● 样式：向多行文字对象应用文字样式。

● 注释性：打开或关闭当前多行文字对象的【注释性】。

● 文字高度：使用图形单位设定新文字的字符高度或更改选定文字的高度。

● 粗体：打开和关闭新文字或选定文字的粗体格式。

● 斜体：打开和关闭新文字或选定文字的斜体格式。

● 下划线：打开和关闭新文字或选定文字的下划线。

● 上划线：为新建文字或选定文字打开和关闭上划线。

● 删除线：为新建文字或选定文字打开和关闭上划线。

● 字体：为新输入的文字指定字体或更改选定文字的字体。

● 颜色：指定新文字的颜色或更改选定文字的颜色。

● 多行文字对正：显示【多行文字对正】菜单，如图8-14所示，并且有9个对齐选项可用。

图8-14 【多行文字对正】菜单

● 行距：显示建议的行距选项或【段落】对话框，如图8-15所示。

图8-15 【段落】对话框

● 符号：在光标位置插入符号或不间断空格。

● 插入字段：显示【字段】对话框，如图8-16所示，从中可以选择要插入到文字中的字段。

图8-16 【字段】对话框

● 拼写检查：确定在输入时拼写检查处于打开还是关闭状态。

● 编辑词典：显示【词典】对话框，如图8-17所示，从中可添加或删除在拼写检查过程中使用的自定义词典。

图8-17 【词典】对话框

● 查找和替换：显示【查找和替换】对话框，如图8-18所示，从中可以查找和替换文字。

图8-18 【查找和替换】对话框

● 输入文字：显示【选择文件】对话框（标准文件选择对话框），如图8-19所示，选择任意ASCII或RTF格式的文件。

图8-19 【选择文件】对话框

8.1.5 课堂实例——为压板零件图添加技术要求

案例位置	素材＞第8章＞8.1.5 课堂实例——为压板零件图添加技术要求.dwg
视频位置	视频＞第8章＞8.1.5 课堂实例——为压板零件图添加技术要求.mp4
难易指数	★☆☆☆☆
学习目标	学习【多行文字】命令的使用

01 打开文件。单击【快速访问】工具栏中的【打开】按钮，打开本书配套光盘中的"第8章/8.1.5 课堂实例——为压板零件图添加技术要求.dwg"素材文件，如图8-20所示。

图8-20 素材文件

02 输入文字。调用MT【多行文字】命令，根据命令行提示指定对角点，打开文本输入框，输入文字，如图8-21所示。

图8-21 输入文字

03 添加编号。在【文字编辑器】中，单击【段落】面板上的【项目符号和编号】按钮右侧的三角下拉按钮，在弹出的下拉菜单中选择【以数字标记】选项，选中需要添加编号的文字即可，如图8-22所示。

图8-22 添加编号

04 添加文字。选择所有文字，在【样式】面板的下拉列表框中选择【工程字-7】，修改文字样式，修改【文字高度】为5，在绘图区空白位置单击鼠标左键，退出编辑，完成技术要求的创建，最终效果如图8-23所示。

图8-23 最终效果

8.1.6 插入特殊符号

在创建文本时，用户还可以在输入文字过程中输入一些特殊字符，在实际绘图过程中也经常需要标注一些特殊字符，如直径符号、百分号等。由于这些特殊字符不能从键盘上直接输入，因此AutoCAD提供了相应的控制符，以实现这些标注的要求。

在AutoCAD 2014中可以通过以下几种方法插入特殊符号。

● 快捷菜单：使用鼠标右键快捷菜单，单击【符号】选项。

● 功能区：在【文字编辑器】选项卡中，单击【插入】面板中的【符号】按钮@。

AutoCAD 的控制符由两个百分号（%%）及一个字符构成，常用的控制码及功能如表8-1所示。

表8-1 AutoCAD常用控制码

控制码	标注的特殊字符	控制码	标注的特殊字符
%%O	上划线	\u+0278	电相位
%%U	下划线	\u+E101	流线
%%D	"度"符号（°）	\u+2261	标识
%%P	正负符号（±）	\u+E102	界牌线
%%C	直径符号（Φ）	\u+2260	不相等（≠）
%%%	百分号（%）	\u+2126	欧姆（Ω）
\u+2248	约等于（≈）	\u+03A9	欧米加（Ω）
\u+2220	角度（∠）	\u+214A	地界线
\u+E100	边界线	\u+2082	下表2
\u+2104	中心线	\u+00B2	上标2
\u+0394	差值		

8.1.7 课堂实例——为轴零件添加特殊符号

案例位置　素材＞第8章＞8.1.7 课堂实例——为轴零件添加特殊符号.dwg
视频位置　视频＞第8章＞8.1.7 课堂实例——为轴零件添加特殊符号.mp4
难易指数　★☆☆☆☆
学习目标　学习【符号】按钮的使用

01 打开文件。单击【快速访问】工具栏中的【打开】按钮，打开本书配套光盘中的"第8章/8.1.7 课堂实例——为轴零件添加特殊符号.dwg"素材文件，如图8-24所示。

图8-24 素材文件

02 添加符号。双击绘图区中尺寸为30的垂直尺寸标注，打开文本输入框，在【文字编辑器】选项卡中单击【插入】面板中的【符号】按钮@，在展开的下拉菜单中选择【直径】选项，即可添加

【直径】符号，如图8-25所示。

图8-25 添加【直径】符号

03 添加符号。双击绘图区中左侧尺寸为20的垂直尺寸标注，打开文本输入框，输入文字【%%C20 0^-0.003】，并选择输入文字中的【0^-0.003】，单击鼠标右键打开快捷菜单，选择【堆叠】选项，堆叠文字并添加符号，如图8-26所示。

图8-26 堆叠文字并添加【直径】符号

04 重复上述方法，为其他的尺寸为20的标注对象添加堆叠文字和符号，得到的最终效果如图8-27所示。

图8-27 最终效果

8.1.8 缩放和对正文字

在创建文字后，可以对文字进行适当的缩放和对正处理，以协调图形的统一性。

1. 缩放文字

在创建文字后，可以根据需要编辑文字的内容和大小。

在AutoCAD 2014中可以通过以下几种方法启动【缩放】命令。

● 菜单栏：执行【修改】|【对象】|【文字】|【比例】命令。

● 命令行：在命令行中输入SCALETEXT命令。

● 功能区：在【注释】选项卡中，单击【文字】面板中的【缩放】按钮。

在命令执行过程中，需要确定文字对象、缩放基点和高度。

执行【缩放】命令后，命令行提示如下。

命令: scaletext✓
//调用【缩放】命令
选择对象: 找到 1 个
//选择文字对象
选择对象:
输入缩放的基点选项
[现有(E)/左对齐(L)/居中(C)/中间(M)/右对齐(R)/左上(TL)/中上(TC)/右上(TR)/左中(ML)/正中(MC)/右中(MR)/左下(BL)/中下(BC)/右下(BR)] <现有>:
//输入缩放基点选项
指定新模型高度或 [图纸高度(P)/匹配对象(M)/比例因子(S)] <2.5>:
//指定新高度参数
1 个对象已更改

在【缩放】命令行中各选项的含义如下。

● 输入缩放的基点选项：用于指定一个位置作为调整大小或缩放的基点。为操作指定基点并不会改变相对于文字的插入点。

● 指定新模型高度：用于指定文字高度。

● 图纸高度（P）：根据注释性特性缩放文字高度。

● 匹配对象（M）：缩放最初选定的文字对象以与选定文字对象的大小匹配。

● 比例因子（S）：按参照长度和指定的新

长度缩放所选文字对象。

2. 对正文字

在编辑多行文字时，常常需要设置其对正方式，多行文字对象的对正同时控制文字对齐和文字的走向。

在AutoCAD 2014中可以通过以下几种方法启动【对正】命令。

- 菜单栏：执行【修改】|【对象】|【文字】|【对正】命令。
- 命令行：在命令行中输入JUSTIFYTEXT命令。
- 功能区：在【注释】选项卡中，单击【文字】面板中的【对正】按钮 。

在命令执行过程中，需要确定文字对象和对正位置。

执行【对正】命令后，命令行提示如下。

命令: justifytext↙

//调用【对正】命令

选择对象: 找到 1 个

//选择文字对象

选择对象:

输入对正选项

[左对齐(L)/对齐(A)/布满(F)/居中(C)/中间(M)/右对齐(R)/左上(TL)/中上(TC)/右上(TR)/左中(ML)/正中(MC)/右中(MR)/左下(BL)/中下(BC)/右下(BR)] <左对齐>:

//输入对正选项

在【对正】命令行中各选项的含义如下。

- 左对齐（L）：文字将向左对齐。
- 对齐（A）：选择该选项后，系统将提示用户确定文本的起点和终点。
- 布满（F）：确定文本的起点和终点，在高度不变的情况下，系统将调整宽度系数以使文字布满两点之间的部分。
- 居中（C）：文字将居中对齐。
- 中间（M）：文字将在中间位置对齐。
- 右对齐（R）：文字将向右对齐。
- 左上（TL）：文字将对齐在第1个文字单

元的左上角。

- 中上（TC）：文字将对齐在文本最后一个文字单元的中上角。
- 右上（TR）：文字将对齐在文本最后一个文字单元的右上角。
- 左中（ML）：文字将对齐在第1个文字单元左侧的垂直中点。
- 正中（MC）：文字将对齐在文本的垂直中点和水平中点。
- 右中（MR）：文字将对齐在文本最后一个文字单元右侧的垂直中点。
- 左下（BL）：文字将对齐在第1个文字单元的左下角。
- 中下（BC）：选择该选项，可以将文字对齐在基线中点。
- 右下（BR）：文字将对齐在基线的最右侧。

8.1.9　课堂实例——编辑圆压块技术要求

案例位置	素材＞第8章＞8.1.9 课堂实例——编辑圆压块技术要求.dwg
视频位置	视频＞第8章＞8.1.9 课堂实例——编辑圆压块技术要求.mp4
难易指数	★☆☆☆☆
学习目标	学习【缩放】命令、【对正】命令的使用

01 打开文件。单击【快速访问】工具栏中的【打开】按钮 ，打开本书配套光盘中的"第8章/8.1.9 课堂实例——编辑圆压块技术要求.dwg"素材文件，如图8-28所示。

图8-28 素材文件

02 缩放文字。在命令行中输入SCALETEXT【缩放】命令并按Enter键，缩放多行文字，如图8-29所示，其命令行提示如下。

命令: scaletext↙

//调用【缩放】命令

选择对象: 找到 1 个

//选择文字对象

选择对象:

输入缩放的基点选项

[现有(E)/左对齐(L)/居中(C)/中间(M)/右对齐(R)/左上(TL)/中上(TC)/右上(TR)/左中(ML)/正中(MC)/右中(MR)/左下(BL)/中下(BC)/右下(BR)] <现有>:

//选择缩放基点选项

指定新模型高度或 [图纸高度(P)/匹配对象(M)/比例因子(S)] <3.5>: s↙

//输入【比例因子（S）】选项

指定缩放比例或 [参照(R)] <0.5>: 2↙

//输入比例参数并按Enter键

1 个对象已更改

图8-29 缩放文字效果

03 对正文字。在命令行中输入JUSTIFYTEXT【对正】命令，对正多行文字，如图8-30所示，其命令行提示如下。

命令: justifytext↙

//调用【对正】命令

选择对象: 找到 1 个

//选择文字对象

选择对象:

输入对正选项

[左对齐(L)/对齐(A)/布满(F)/居中(C)/中间(M)/右对齐(R)/左上(TL)/中上(TC)/右上(TR)/左中(ML)/正中(MC)/右中(MR)/左下(BL)/中下(BC)/右下(BR)] <左对齐>:

//输入对正选项

图8-30 最终效果

8.2 表格的创建和编辑

使用【表格样式】和【表格】命令，创建数据表和标题栏，或从Microsoft Excel中直接复制表格，并将其作为AutoCAD表格对象粘贴到图形中。

8.2.1 表格样式

表格样式控制了表格外观，用于保证标注字体、颜色、文本、高度和行距。用户可以使用默认的表格样式，还可以根据需要自定义表格样式，并保存这些设置以供以后使用。

在AutoCAD 2014中可以通过以下几种方法启动【表格样式】命令。

● 菜单栏：执行【格式】|【表格样式】命令。

● 命令行：在命令行中输入TABLESTYLE命令。

● 功能区1：在【默认】选项卡中，单击【注释】面板中的【表格样式】按钮。

● 功能区2：在【注释】选项卡中，单击【文字】面板中的【表格样式】按钮。

执行以上任一命令均可打开【表格样式】对话框，如图8-31所示，通过该对话框可执行将表格样式置为当前、修改、删除或新建操作。

图8-31 【表格样式】对话框

8.2.2 课堂实例——创建表格样式

案例位置	无
视频位置	视频>第8章>8.2.2 课堂实例——创建表格样式.mp4
难易指数	★★☆☆☆
学习目标	学习【表格样式】命令的使用

01　单击按钮。新建文件，在命令行中输入TABLESTYLE【表格样式】命令并按Enter键，打开【表格样式】对话框，单击【新建】按钮，如图8-32所示。

图8-32 【表格样式】对话框

02　修改名称。打开【创建新的表格样式】对话框，修改【新样式名】为【建筑表格】，如图8-33所示。

图8-33 【创建新的表格样式】对话框

03　修改参数。单击【继续】按钮，打开【新建表格样式：建筑表格】对话框，在【常规】选项卡中修改【对齐】为【正中】，如图8-34所示。

图8-34 【新建表格样式】对话框

04　修改参数。切换至【文字】选项卡，修改【文字高度】为10，如图8-35所示。

图8-35 【文字】选项卡

05　创建表格样式。单击【确定】按钮，返回【表格样式】对话框，单击【关闭】按钮，完成表格样式的创建。

在【新建表格样式】对话框中各常用选项的含义如下。

● 【起始表格】选项组：该选项组允许用户在图形中制定一个表格用作样列来设置此表格样式的格式。

● 【常规】选项组：该选项组用于更改表格方向。

● 【单元样式】选项组：该选项组用于定义新的单元样式或修改现有单元样式。

● 【填充颜色】下拉列表：指定表格单元的背景颜色，默认值为【无】。

● 【对齐】下拉列表：设置表格单元中文字的对齐方式。

● 【水平】文本框：设置单元文字与左右单元边界之间的距离。

- 【垂直】文本框：设置单元文字与上下单元边界之间的距离。

- 【文字样式】下拉列表：选择文字样式，单击 按钮，打开【文字样式】对话框，利用它可以创建新的文字样式。

- 【文字高度】文本框：用于设置文字的高度参数。

- 【文本颜色】下拉列表：指定表格中文字的颜色。

- 【文字角度】文本框：设置文字倾斜角度。逆时针为正，顺时针为负。

8.2.3 创建表格

表格是在行和列中包含数据对象，是由单元格构成的矩形阵列。用户在创建表格时，可以直接插入表格对象而不需要用单独的直线绘制组成的表格。

在AutoCAD 2014中可以通过以下几种方法启动【表格】命令。

- 菜单栏：执行【绘图】|【表格】命令。

- 命令行：在命令行中输入TABLE命令。

- 功能区1：在【默认】选项卡中，单击【注释】面板中的【表格】按钮 。

- 功能区2：在【注释】选项卡中，单击【文字】面板中的【表格】按钮 。

执行以上任一命令均可打开【插入表格】对话框，如图8-36所示，在该对话框中修改行和列参数，修改完成后，单击【确定】按钮，指定表格插入位置，即可插入表格，效果如图8-37所示。

图8-36 【插入表格】对话框

图8-37 创建表格效果

在【插入表格】对话框中各选项的含义如下。

- 【表格样式】下拉列表：在该选项组中不仅可以从【表格样式】下拉列表框中选择表格样式，也可以单击 按钮后创建新表格样式。

- 【插入选项】选项组：在该选项组中包含3个单选按钮，其中选中【从空表格开始】单选项可以创建一个空的表格；选中【自数据连接】单选项可以从外部导入数据来创建表格；选中【自图形中的对象数据（数据提取）】单选项可以用于从可输出到表格或外部的图形中提取数据来创建表格。

- 【插入方式】选项组：该选项组中包含两个单选项，其中选中【指定插入点】单选项可以在绘图窗口中的某点插入固定大小的表格；选中【指定窗口】单选项可以在绘图窗口中通过指定表格两对角点的方式来创建任意大小的表格。

- 【列和行设置】选项区：在此选项区域中，可以通过改变【列】、【列宽】、【数据行】和【行高】文本框中的数值来调整表格的外观大小。

- 【设置单元样式】选项组：在此选项组中可以设置【第一行单元样式】、【第二行单元样式】和【所有其他单元样式】选项。默认情况下，系统均以【从空表格开始】方式插入表格。

8.2.4 编辑表格

在AutoCAD 2014中，不可能一次就创建出完全符合要求的表格，另外由于情形的变化，也需要对表格进行适当的修改，使其满足需求。一般情况下，表格的编辑均在【表格单元】选项卡中进行操作，如图8-38所示。

图8-38 【表格单元】选项卡

1. 添加行和列

使用表格时经常会出现列数不够用的情况，此时使用AutoCAD 2014提供的添加行和列功能可以很方便地完成行和列的添加操作。

在AutoCAD 2014中可以通过以下几种方法添加行和列。

● 功能区：在【表格单元】选项卡中，单击【行】或【列】面板中的【从上方插入】按钮、【从下方插入】按钮、【从左侧插入】按钮以及【从右侧插入】按钮。

● 快捷菜单：在单元格对象上右击鼠标，在弹出的快捷菜单中，选择【从上方插入】选项、【从下方插入】选项、【从左侧插入】选项以及【从右侧插入】选项。

执行以上任一命令均可对行和列进行添加操作。

2. 删除行和列

在工作表中的某些数据及其位置不再需要时，可以将其删除。

在AutoCAD 2014中可以通过以下几种方法删除行和列。

● 功能区：在【表格单元】选项卡中，单击【行】或【列】面板中的【删除行】按钮和【删除列】按钮。

● 快捷菜单：在单元格对象上右击鼠标，在弹出的快捷菜单中选择【删除行】选项和【删除列】选项。

执行以上任一命令均可在选中表格对象后对其进行删除操作。

3. 合并单元格

使用【合并单元格】功能可以将多个连续的单元表格进行合并，合并的方式包括【合并全部】、【按行合并】和【按列合并】表格单元。

在AutoCAD 2014中可以通过以下几种方法合并单元格。

● 功能区：在【表格单元】选项卡中，单击【合并】面板中的【合并单元】按钮。

● 快捷菜单：在单元格对象上右击，在弹出的快捷菜单中，选择【合并】选项。

执行以上任一命令均可在选中表格对象后对其进行合并操作，图8-39所示为合并单元格的前后对比效果。

图8-39 合并单元格的前后对比效果

4. 调整行高和列宽

在绘制表格的过程中，AutoCAD 2014会自动调整表格的行高和列宽效果，用户也可以根据需要自定义表格的行高和列宽，以满足实际需求。

在AutoCAD 2014中可以通过以下几种方法调整行高和列宽。

● 鼠标法：移动鼠标至单元格中，拖曳夹点进行调整。

● 选项板：选中单元格，单击鼠标右键打开快捷菜单，选择【特性】选项，打开【特性】选项板，修改【单元宽度】和【单元高度】参数。

执行以上任一命令均可调整表格的行高和列宽。

5. 修改单元格式

创建好表格后，用户可以根据需要设置单元格的对齐方式、颜色、线框以及底纹等。

在AutoCAD 2014中可以通过以下几种方法修改单元格式。

- 功能区：在【表格单元】选项卡中，单击【单元样式】面板中的工具按钮。
- 选项板：选中单元格，单击鼠标右键打开快捷菜单，选择【特性】选项，打开【特性】选项板，修改【单元】和【文字】选项组中的参数。

执行以上任一命令均可修改单元格式。

8.2.5 添加表格文字

在AutoCAD 2014中，表格的主要作用就是能够清晰、完整、系统地表现图纸中的数据。表格中的数据都是通过表格单元进行添加的，表格单元不仅可以包含文本信息，而且还可以包含多个块。此外，还可以将AutoCAD中的表格数据与Microsoft Excel电子表格中的数据进行连接。

1. 添加数据

当创建表格后，系统会自动高亮显示第1个表格单元，并打开【文字编辑器】选项卡，此时可以开始输入文字，在输入文字的过程中，单元的行高会随输入文字的高度或行数的增加而增加。要移动到下一单元，可以按Tab键或是用箭头键向左、向右、向上和向下移动。通过在选中的单元中按F2键可以快速编辑单元格文字。

2. 插入块

当选中表格单元后，在展开的【表格单元】选项卡中单击【插入点】选项板下的【块】按钮，将弹出【在表格单元中插入块】对话框，进行块的插入操作。在表格单元中插入块时，块可以自动适应单元的大小，也可以调整单元以适应块的大小，并且可以将多个块插入到同一个表格单元中。

8.2.6 课堂实例——添加底座装配图明细栏

案例位置	素材＞第8章＞8.2.6 课堂实例——添加底座装配图明细栏.dwg
视频位置	视频＞第8章＞8.2.6 课堂实例——添加底座装配图明细栏.mp4
难易指数	★★☆☆☆
学习目标	学习【矩形】命令、【表格】命令、【合并表格】命令等的使用

① 打开文件。单击【快速访问】工具栏中的【打开】按钮，打开本书配套光盘中的"第8章/8.2.6 课堂实例——添加底座装配图明细栏.dwg"素材文件，如图8-40所示。

图8-40 素材文件

② 绘制矩形。调用REC【矩形】命令，绘制一个矩形对象，如图8-41所示。

图8-41 绘制矩形

03 修改参数。在命令行中输入TABLE【表格】命令并按Enter键，打开【插入表格】对话框，依次修改各参数，如图8-42所示。

图8-42 【插入表格】对话框

04 创建表格。单击【确定】按钮，在绘图区中指定第一角点和对角点，创建表格，如图8-43所示。

图8-43 创建表格

05 合并表格。在绘图区中依次选择需要合并的表格，对表格进行合并操作，如图8-44所示。

图8-44 合并表格

06 输入文字。双击任意单元格，系统弹出【文字编辑器】选项卡和文本输入框，依次输入文字，如图8-45所示。

图8-45 输入表格文字

07 对齐文字。选择所有的单元格，单击鼠标右键打开快捷菜单，选择【对齐】|【正中】选项，即可设置单元格的对齐方式，效果如图8-46所示。

图8-46 对齐表格文字

199

08 创建表格。选中表格，拖动夹点调整表格的列宽或行高，并调整文字的大小，得到的最终效果如图8-47所示。

图8-47 最终效果

注意

在创建表格时，要注意调整行高，否则表格的创建将会超出范围内。

8.3 本章小结

任何复杂的二维图形都是由基本几何图形编辑修改得到的。在编辑图形时，首先应使用正确的方法选择相应的图形，然后根据目标图形的特点，选择相应的编辑修改命令。

8.4 课后习题——绘制室内图纸标题栏

案例位置	素材＞第8章＞8.4.1 课堂实例——绘制室内图纸标题栏.dwg
视频位置	视频＞第8章＞8.4.1 课堂实例——绘制室内图纸标题栏.mp4
难易指数	★★☆☆☆
学习目标	学习【矩形】命令、【表格】命令、【合并表格】命令等的使用

本节通过具体实例图形讲解文字和表格的命令调用方法，方便以后绘图和设计。

室内图纸标题栏如图8-48所示。

图8-48 室内图纸标题栏

室内图纸标题栏的绘制流程如图8-49、图8-50、图8-51、图8-52、图8-53和图8-54所示。

图 8-49 创建矩形

图 8-50 修改各参数

图 8-51 创建表格

图 8-52 合并表格

图 8-53 调整表格

设计单位		工程名称			
负责				设计号	
审核				图别	
设计				图号	
制图				比例	

图 8-54 输入表格数据

第9章

尺寸标注的应用

尺寸标注在图纸设计中是一个重要环节，图纸中各图形对象的大小和位置是通过尺寸标注来体现的，正确的尺寸标注可以使生产顺利完成，而不正确的尺寸标注则将导致生产次品甚至废品，给企业带来严重的经济损失。本章将着重讲解尺寸标注样式、基本尺寸标注、其他尺寸标注以及编辑尺寸标注的应用方法。

学习目标

了解尺寸标注的基本概念与组成

掌握尺寸标注样式的应用方法

掌握基本尺寸标注的应用方法

掌握其他尺寸标注的应用方法

掌握尺寸标注的编辑方法

9.1 尺寸标注的概述与组成

尺寸标注对表达有关设计元素的尺寸、材料等信息有着非常重要的作用。在对图形进行尺寸标注之前，需要对标注的基础（组成、规则、类型及步骤等知识）有一个初步的了解与认识。

9.1.1 尺寸标注的概念

尺寸标注是绘图设计中的一项重要内容，有着严格的规范。一般包含有线性标注、对齐尺寸标注、坐标尺寸标注、弧长尺寸、半径尺寸标注、折弯尺寸标注、直径尺寸标注、角度尺寸标注、引线标注、基线标注、连续标注等。其中，线性尺寸标注又分为水平标注、垂直标注和旋转标注3种。在AutoCAD 2014中提供了各类尺寸标注的工具按钮与命令，标注面板与【标注】菜单如图9-1所示。

图9-1 标注面板与【标注】菜单

对绘制的图形进行尺寸标注时，应遵守以下规则。

● 图样上所标注的尺寸数为工程图形的真实大小，与绘图比例和绘图的准确度无关。

● 图形中的尺寸以系统默认值mm（毫米）为单位时，不需要标注计量单位代号或名称。如果采用其他单位，则必须注明相应计量单位的代号或名称，如度【°】、英寸【″】等。

● 图样上所标注的尺寸数值应为工程图形完工后的实际尺寸，否则需要另加说明。

● 工程图对象中的每个尺寸一般只标注一次，并标注在最能清晰表现该图形结构特征的视图上。

● 尺寸的配置要合理，功能尺寸应该直接标注；同一要素的尺寸应尽可能集中标注，如孔的直径和深度、槽的深度和宽度等；尽量避免在不可见的轮廓线上标注尺寸，数字之间不允许任何图线穿过，必要时可以将图线断开。

9.1.2 尺寸标注的组成

通常情况下，一个完整的尺寸标注是由尺寸线、尺寸界线、尺寸文字、尺寸箭头组成的，有时还要用到圆心标记和中心线，如图9-2所示。

图9-2 尺寸标注

各组成部分的作用与含义分别如下。

● 尺寸界线：也称投影线，用于标注尺寸的界限，由图样中的轮廓线、轴线或对称中心线引出。标注时尺寸界线从所标注的对象上自动延伸出来，它的端点与所标注的对象接近但并未连接到对象上。

● 尺寸线：通常与所标注的对象平行，放在两尺寸界线之间用于指示标注的方向和范围。通常尺寸线为直线，但在角度标注时，尺寸线则为一段圆弧。

● 标注文本：通常为与尺寸线上方或中断

处，用以表示所限标注对象的具体尺寸大小。在进行尺寸标注时，AutoCAD会自动生成所标注的对象的尺寸数值，用户也可对标注文本进行修改、添加等编辑操作。

- 箭头：在尺寸线两端，用以表明尺寸线的起始位置，用户可为标注箭头指定不同的尺寸大小和样式。
- 圆心标记：标记圆或圆弧的中心点。

注意

尺寸文字包括数字形式的尺寸文字（尺寸数字）和非数字形式的尺寸文字（如注释，需要手工输入）。

9.2 尺寸标注样式的应用

在AutoCAD中，使用标注样式可以控制标注的格式和外观。因此在进行尺寸标注前，应先根据制图及尺寸标注的相关规定设置标注样式，以创建一个新的标注样式并设置相应的参数，或者修改已有的标注样式中的相应参数。

9.2.1 新建标注样式

标注样式可以控制标注格式的外观，如箭头、文字位置和尺寸公差等。为了便于使用、维护标注标准，可以将这些设置存储在标注样式中。建立和强制执行图表的绘图标准，这样做有利于对标注格式和用途进行修改。可以更新以前由该样式创建的所有标注以反映新设置。

在AutoCAD 2014中可以通过以下几种方法启动【标注样式】命令。

- 菜单栏：执行【格式】|【标注样式】命令。
- 命令行：在命令行中输入DIMSTYLE/D命令。
- 功能区1：在【默认】选项卡中，单击【注释】面板中的【标注样式】按钮。
- 功能区2：在【注释】选项卡中，单击【标注】面板中的【标注样式】按钮。

执行以上任一命令均可打开【标注样式】对话框，如图9-3所示。在该对话框中可以对标注样式进行创建和设置操作，其各选项的含义如下。

图9-3 【标注样式管理器】对话框

- 当前标注样式：显示出当前的标注样式名称。
- 样式：在该列表框中，列出了图形中所包含的所有标注样式，当前样式被高亮显示。在列表框中选择某一个样式名并单击鼠标右键，弹出快捷菜单，在该菜单中可以设置当前标注样式、重命名样式和删除样式。
- 列出：该下拉列表框主要用于选择列出标注样式的形式。一般有两种选项即【所有样式】和【正在使用的样式】。
- 预览：该区域用于显示【样式】列表框中选的标注样式。
- 说明：用于说明【样式】列表中与当前样式相关的选定样式。
- 置为当前：单击该按钮，可以将在【样式】列表框中选定的标注样式设置为当前标注样式。
- 新建：单击该按钮，弹出【创建新标注样式】对话框，在该对话框中可以创建新标注样式。
- 修改：单击该按钮，弹出【修改标注样式：ISO-25】对话框，在该对话框可以修改标注样式。
- 替代：单击该按钮，弹出【替代当前样式：ISO-25】对话框，如图9-4所示，可以设置标注样式的临时替代，对同一个对象可以标注两个以上的尺寸和公差。
- 比较：单击该按钮，弹出【比较标注样式】对话框，如图9-5所示，可以比较两个标注样式或列出一个标注样式的所有特性。

图9-4 【替代当前样式】对话框

图9-6 【标注样式管理器】对话框

图9-5 【比较标注样式】对话框

9.2.2 课堂实例——新建【室内标注】样式

案例位置	无
视频位置	视频＞第9章＞9.2.2 课堂实例——新建【室内标注】样式.mp4
难易指数	★★☆☆☆
学习目标	学习【标注样式】命令的使用

01 新建文件。单击【快速访问】工具栏中的【新建】按钮，新建空白文件。

02 单击按钮。在【默认】选项卡中，单击【注释】面板中的【标注样式】按钮，打开【标注样式管理器】对话框，单击【新建】按钮，如图9-6所示。

03 输入文字。打开【创建新标注样式】对话框，在【样式名】文本框中输入【室内标注】，如图9-7所示。

图9-7 【创建新标注样式】对话框

04 修改线参数。单击【继续】按钮，打开【新建标注样式：室内标注】对话框，在【线】选项卡中修改【超出尺寸线】为50、【起点偏移量】为50，如图9-8所示。

图9-8 【线】选项卡

05 修改箭头参数。切换至【符号和箭头】选项卡，修改【第一个】为【建筑标记】，【箭头大小】为20，如图9-9所示。

图9-9 【符号和箭头】选项卡

06 修改文字参数。切换至【文字】选项卡，修改【文字高度】为70、【从尺寸线偏移】为10，如图9-10所示。

图9-10 【文字】选项卡

07 修改精度参数。切换至【主单位】选项卡，修改【精度】为0，如图9-11所示。

图9-11 【主单位】选项卡

08 创建标注样式。单击【确定】按钮，关闭此对话框，返回【标注样式管理器】对话框，单击【置为当前】按钮，将其置为当前，单击【关闭】按钮，完成尺寸标注样式的创建。

9.2.3 修改标注样式

用户在标注尺寸时，如果觉得此标注样式不符合标注外观或者精度等要求，那么可以通过修改标注样式来修改，修改完成后，图样中所有使用此标注样式的标注都将更改为修改后的标注样式。标注样式的修改通常在【修改标注样式】对话框中进行操作，在【修改标注样式】对话框中包含了【线】、【符号和箭头】、【文字】、【调整】、【主单位】、【换算单位】和【公差】7个选项卡。

1. 【线】选项卡

【线】选项卡的主要作用是用于设定尺寸线、尺寸界线、箭头和圆心标记的格式和特性，如图9-12所示，其各选项的含义如下。

图9-12 【线】选项卡

- 颜色：用于设置尺寸线和尺寸界线的颜色。
- 线型：用于设置尺寸线、尺寸界线1和尺寸界线2的线型。
- 线宽：用于设置尺寸线和尺寸界线的宽度。
- 超出标记：用于指定当箭头使用倾斜、建筑标记、积分和无标记时尺寸线超过尺寸界线的距离，图9-13所示为超出标记0或30的对比效果。

图9-13 超出标记0或30的对比效果

● 基线间距：用于设定基线标注的尺寸线之间的距离。

● 隐藏：通过勾选【尺寸线1】、【尺寸线2】、【尺寸界线1】或【尺寸界线2】复选框，可以将尺寸线或尺寸界线隐藏，图9-14所示为隐藏尺寸线或尺寸界线的对比效果。

图9-14 隐藏尺寸线和尺寸界线的对比效果

● 超出尺寸线：用于指定尺寸界线超出尺寸线的距离，图9-15所示为超出尺寸线为0和20的对比效果。

图9-15 超出尺寸线0和20的对比效果

● 起点偏移量：用于设定自图形中定义标注的点到尺寸界线的偏移距离。

● 固定长度的尺寸界线：勾选该复选框，可以启用固定长度的尺寸界线。

● 长度：用于设定尺寸界线的总长度，起始于尺寸线，直到标注原点。

2.【符号和箭头】选项卡

【符号和箭头】选项卡的主要作用是用于设定箭头、圆心标记、弧长符号和折弯半径标注的格式和位置，如图9-16所示，其各常用选项的含义如下。

图9-16 【符号和箭头】选项卡

● 第一个：设定第1条尺寸线的箭头。当改变第1个箭头的类型时，第2个箭头将自动改变以同第1个箭头相匹配，图9-17所示为修改尺寸线箭头符号的对比效果。

- 第二个：设定第2条尺寸线的箭头。
- 引线：设定引线箭头。
- 箭头大小：显示和设定箭头的大小。图9-17所示为修改尺寸线箭头符号的对比效果。
- 圆心标记：控制直径标注和半径标注的圆心标记和中心线的外观。
- 折断大小：显示和设定用于折断标注的间隙大小。
- 弧长符号：控制弧长标注中圆弧符号的显示。
- 折弯角度：确定折弯半径标注中，尺寸线的横向线段的角度。
- 折弯高度因子：通过形成折弯的角度的两个顶点之间的距离确定折弯高度。

图9-17 修改尺寸线箭头符号的对比效果

3. 【文字】选项卡

【文字】选项卡的主要作用是用于设定标注文字的格式、放置和对齐，如图9-18所示，其各常用选项的含义如下。

图9-18 【文字】选项卡

- 文字样式：列出可用的文本样式，单击其右侧的按钮，可以打开【文字样式】对话框。
- 文字颜色：用于设定标注文字的颜色。
- 填充颜色：用于设定标注中文字背景的颜色。
- 文字高度：用于设定当前标注文字样式的高度。
- 分数高度比例：用于设定相对于标注文字的分数比例。
- 绘制文字边框：勾选该复选框，可以显示标注文字的矩形边框。
- 垂直：用于控制标注文字相对尺寸线的垂直位置。
- 水平：用于控制标注文字在尺寸线上相对于尺寸界线的水平位置。
- 观察方向：用于控制标注文字的观察方向。
- 从尺寸线偏移：用于设定当前文字间距，文字间距是指当尺寸线断开以容纳标注文字时标注文字周围的距离。
- 文字对齐：用于控制标注文字放在尺寸界线外边或里边时的方向是保持水平还是与尺寸界线平行。

4. 【调整】选项卡

【调整】选项卡的主要作用是用于控制标注文字、箭头、引线和尺寸线的放置，如图9-19所示，其各常用选项的含义如下。

图9-19　【调整】选项卡

● 调整选项：控制基于尺寸界线之间可用空间的文字和箭头的位置。

● 文字位置：设定标注文字从默认位置（由标注样式定义的位置）移动时标注文字的位置。

● 注释性：勾选该复选框，可以指定标注为注释性。

● 将标注缩放到布局：根据当前模型空间视口和图纸空间之间的比例确定比例因子。

● 使用全局比例：为所有标注样式设置设定一个比例，这些设置指定了大小、距离或间距，包括文字和箭头大小。该缩放比例并不更改标注的测量值。

● 手动放置文字：忽略所有水平对正设置并把文字放在【尺寸线位置】提示下指定的位置。

● 在尺寸界线之间绘制尺寸线：即使箭头放在测量点之外，也在测量点之间绘制尺寸线。

5. 【主单位】选项卡

【主单位】选项卡的主要作用是用于设定主标注单位的格式和精度，并设定标注文字的前缀和后缀，如图9-20所示，其各常用选项的含义如下。

图9-20　【主单位】选项卡

● 单位格式：设定除角度之外的所有标注类型的当前单位格式。

● 精度：显示和设定标注文字中的小数位数。

● 分数格式：设定分数格式。

● 小数分隔符：设定用于十进制格式的分隔符。

● 舍入：为除【角度】之外的所有标注类型设置标注测量的最近舍入值。

● 前缀：在标注文字中包含指定的前缀。

● 后缀：在标注文字中包含指定的后缀。

● 比例因子：设置线性标注测量值的比例因子。建议不要更改此值的默认值1.00。

● 仅应用到布局标注：仅将测量比例因子应用于在布局视口中创建的标注。

● 消零：控制是否禁止输出前导零和后续零以及零英尺和零英寸部分。

● 角度标注：显示和设定角度标注的当前角度格式。

6. 【换算单位】选项卡

【换算单位】选项卡的主要作用是用于指定标注测量值中换算单位的显示并设定其格式和精度，如图9-21所示，其各常用选项的含义如下。

图9-21　【换算单位】选项卡

● 显示换算单位：勾选该复选框，可以向标注文字添加换算测量单位。

● 换算单位：用于显示和设定除角度之外的所有标注类型的当前换算单位格式。

● 消零：用于控制是否禁止输出前导零和后

续零以及零英尺和零英寸部分。

● 位置：用于控制标注文字中换算单位的位置。

7. 【公差】选项卡

【公差】选项卡的主要作用是用于指定标注文字中公差的显示及格式，如图9-22所示，其各常用选项的含义如下。

图9-22 【公差】选项卡

● 方式：用于设定计算公差的方法。

● 精度：用于设定小数位数。

● 上偏差：用于设定最大公差或上偏差。如果在【方式】中选择【对称】，则此值将用于公差。

● 下偏差：用于设定最小公差或下偏差。

● 高度比例：用于设定公差文字的当前高度。

● 垂直位置：用于控制对称公差和极限公差的文字对正。

● 公差对齐：用于在堆叠文字时，控制上偏差值和下偏差值的对齐。

● 换算单位公差：用于设定换算公差单位的格式。

注意

与标注文字一样，进行尺寸标注也要首先根据绘图界限和绘图尺寸的大小以及绘制不同类型图形的需要来设置标注样式，也就是对标注尺寸的外观进行设置。在一个图形文件中，可能要经常设置多种尺寸标注样式。

9.2.4 课堂实例——修改【工程标注】样式

案例位置	素材＞第9章＞9.2.4课堂实例——修改【工程标注】样式.dwg
视频位置	视频＞第9章＞9.2.4课堂实例——修改【工程标注】样式.mp4
难易指数	★★☆☆☆
学习目标	学习【标注样式】命令的使用

01 打开文件。单击【快速访问】工具栏中的【打开】按钮，打开本书配套光盘中的"第9章/9.2.4课堂实例——修改【工程标注】样式.dwg"素材文件，如图9-23所示。

图9-23 素材文件

02 单击按钮。在命令行中输入D【标注样式】命令并按Enter键，打开【标注样式管理器】对话框，选择【工程标注】样式，单击【修改】按钮，如图9-24所示。

图9-24 【标注样式管理器】对话框

03 修改参数。打开【修改标注样式：工程标

注】对话框，在【线】选项卡中修改【超出尺寸线】和【起点偏移量】为250，如图9-25所示。

图9-25 【线】选项卡

04 修改参数。切换至【符号和箭头】选项卡，修改【第一个】为【建筑标记】，【箭头大小】为200，如图9-26所示。

图9-26 【符号和箭头】选项卡

05 修改参数。切换至【文字】选项卡，依次修改【文字样式】为【STYLE1】，【文字高度】为500，【从尺寸线偏移】为150，如图9-27所示。

图9-27 【文字】选项卡

06 修改参数。切换至【主单位】选项卡，修改【精度】为0，如图9-28所示。

07 完成修改。单击【确定】按钮即可修改标注样式，得到的最终效果如图9-29所示。

图9-28 【主单位】选项卡

图9-29 最终效果

9.3 基本尺寸标注的应用

AutoCAD中的基本标准包含的内容很丰富，基本尺寸标注包括线性标注、对齐标注、连续标注、基线标注、直径和半径标注等。

9.3.1 线性标注

线性尺寸标注用于标注图形对象在水平方向、垂直方向或旋转方向上的尺寸。

在AutoCAD 2014中可以通过以下几种方法启动【线性】命令。

- 菜单栏：执行【标注】|【线性】命令。
- 命令行：在命令行中输入DIMLINEAR/DLI命令。

- 功能区1：在【默认】选项卡中，单击【注释】面板中的【线性】按钮⊟。
- 功能区2：在【注释】选项卡中，单击【标注】面板中的【线性】按钮⊟。

在命令执行过程中，需要确定的第1个尺寸界线原点、第2个尺寸界线原点和尺寸线位置。

如图9-30所示，依次捕捉双人床的左下角点和右下角点为尺寸界线的第1个原点和第2个原点，进行创建线性标注的操作。执行【线性】命令后，命令行提示如下。

> 命令: dimlinear↙
> //调用【线性标注】命令
> 指定第1个尺寸界线原点或 <选择对象>:
> //指定左下角点
> 指定第2条尺寸界线原点:
> //指定右下角点
> 指定尺寸线位置或
> [多行文字(M)/文字(T)/角度(A)/水平(H)/垂直(V)/旋转(R)]:
> //指定尺寸线位置，标注线性尺寸
> 标注文字 = 1500

图9-30 线性标注的前后效果对比图

在【线性标注】命令行中各选项的含义如下。

- 多行文字（M）：选择该选项将进入多行文字编辑模式，可以使用【多行文字编辑器】对话框输入并设置标注文字。其中，文字输入窗口中的尖括号（<>）表示系统测量值。
- 文字（T）：以单行文字形式输入尺寸文字。
- 角度（A）：设置标注文字的旋转角度。
- 水平（H）和垂直（V）：标注水平尺寸和垂直尺寸。可以直接确定尺寸线的位置，也可以选择其他选项来指定标注的标注文字内容或标注文字的旋转角度。
- 旋转（R）：旋转标注对象的尺寸线。

9.3.2 对齐标注

在对齐尺寸标注中，尺寸线平行于尺寸界线原点连成的直线。用户可以选定对象并指定对齐标注的位置，系统将自动生成尺寸界线。

在AutoCAD 2014中可以通过以下几种方法启动【对齐】命令。

- 菜单栏：执行【标注】|【对齐】命令。
- 命令行：在命令行中输入DIMALIGNED/DAL命令。
- 功能区1：在【默认】选项卡中，单击【注释】面板中的【对齐】按钮◣。
- 功能区2：在【注释】选项卡中，单击【标注】面板中的【对齐】按钮◣。

如图9-31所示，依次捕捉吧台中的A点和B点为尺寸界线的第1个原点和第2个原点，进行创建对齐标注的操作。执行【线性】命令后，命令行提示如下。

> 命令: dimaligned↙
> //调用【对齐标注】命令
> 指定第1个尺寸界线原点或 <选择对象>:
> //指定绘图区中的A点
> 指定第2条尺寸界线原点:
> //指定绘图区中的B点
> 指定尺寸线位置或
> //指定尺寸线位置，标注对齐尺寸
> [多行文字(M)/文字(T)/角度(A)]:
> 标注文字 = 293

图9-31 对齐标注的前后效果对比图

9.3.3 连续标注

连续尺寸标注是首尾相连的多个标注。在创建连续标注之前，必须创建线性、对齐或角度标注。

在AutoCAD 2014中可以通过以下几种方法启动【连续】命令。

* 菜单栏：执行【标注】|【连续】命令。
* 命令行：在命令行中输入DIMCONTINUE/DCO命令。
* 功能区：在【注释】选项卡中，单击【标注】面板中的【连续】按钮⊞。

在命令执行过程中，需要确定基准标注和尺寸界线原点。

如图9-32所示，依次捕捉衣柜中从上数第2条水平直线的各个交点为尺寸界线原点，进行创建连续标注的操作。执行【连续】命令后，命令行提示如下。

> 命令: dimcontinue✓
> //调用【连续标注】命令
> 指定第2条尺寸界线原点或 [放弃(U)/选择(S)]
> <选择>:
> //选择线性标注，指定尺寸界线原点
> 标注文字 = 488
> 指定第2条尺寸界线原点或 [放弃(U)/选择(S)]
> <选择>:
> //指定尺寸界线原点
> 标注文字 = 488
> 指定第2条尺寸界线原点或 [放弃(U)/选择(S)]
> <选择>:

> //指定尺寸界线原点
> 标注文字 = 488
> 指定第2条尺寸界线原点或 [放弃(U)/选择(S)]
> <选择>:
> //指定尺寸界线原点，进行连续标注

图9-32 连续标注的前后效果对比图

9.3.4 基线标注

基线尺寸标注是指当以同一个面（线）为工作基准，标注多个图形的位置尺寸时，使用【线性】或【角度】命令标注完第1个尺寸标注后，以此标注为基准，调用【基线】标注命令继续标注其他图形的位置尺寸。

在AutoCAD 2014中可以通过以下几种方法启动【基线】命令。

* 菜单栏：执行【标注】|【基线】命令。
* 命令行：在命令行中输入DIMBASELINE/DBA命令。
* 功能区：在【注释】选项卡中，单击【文字】面板中的【基线】按钮⊟ 基线。

在命令执行过程中，需要确定基准标注和尺寸界线原点。

如图9-33所示，依次捕捉轴零件中上方的相应端点为尺寸界线原点，进行创建基线标注的操作。执行【基线】命令后，命令行提示如下。

> 命令: dimbaseline✓
> //调用【基线标注】命令
> 选择基准标注:
> //选择线性标注

指定第2条尺寸界线原点或 [放弃(U)/选择(S)]
<选择>:

//指定尺寸界线原点

标注文字 = 79

指定第2条尺寸界线原点或 [放弃(U)/选择(S)]
<选择>:

//指定尺寸界线原点

标注文字 = 97

指定第2条尺寸界线原点或 [放弃(U)/选择(S)]
<选择>:

//指定尺寸界线原点

标注文字 = 119

指定第2条尺寸界线原点或 [放弃(U)/选择(S)]
<选择>:

//指定尺寸界线原点

标注文字 = 180

指定第2条尺寸界线原点或 [放弃(U)/选择(S)]
<选择>:

//指定尺寸界线原点

标注文字 = 202

指定第2条尺寸界线原点或 [放弃(U)/选择(S)]
<选择>:

//指定尺寸界线原点

标注文字 = 220

指定第2条尺寸界线原点或 [放弃(U)/选择(S)]
<选择>:

//按Enter键结束即可

图9-33 基线标注的前后效果对比图

9.3.5 直径标注

直径标注就是标注圆或圆弧的直径尺寸，并显示前面带有直径符号的标注文字。

在AutoCAD 2014中可以通过以下几种方法启动【直径】命令。

- 菜单栏：执行【标注】|【直径】命令。
- 命令行：在命令行中输入DIMDIAMETER/DDI命令。
- 功能区1：在【默认】选项卡中，单击【注释】面板中的【直径】按钮◎。
- 功能区2：在【注释】选项卡中，单击【标注】面板中的【直径】按钮◎。

在命令执行过程中，需要确定标注对象和尺寸线位置等。

如图9-34所示，依次选择左右两侧的小圆对象，进行创建直径标注的操作。执行【直径】命令后，命令行提示如下。

命令: dimdiameter↙

//调用【直径标注】命令

选择圆弧或圆:

//选择左侧的小圆对象

标注文字 = 20

指定尺寸线位置或 [多行文字(M)/文字(T)/角度(A)]:

//指定尺寸线位置，标注直径尺寸

命令: DIMDIAMETER↙

//按Enter重复调用【直径标注】命令

选择圆弧或圆:

//选择右侧的小圆对象

标注文字 = 22

指定尺寸线位置或 [多行文字(M)/文字(T)/角度(A)]:

//指定尺寸线位置，标注直径尺寸

图9-34 直径标注的前后效果对比图

9.3.6 半径标注

半径标注可以标注圆或圆弧的半径尺寸，并显示前面带有一个半径符号的标注文字。

在AutoCAD 2014中可以通过以下几种方法启动【半径】命令。

● 菜单栏：执行【标注】|【半径】命令。

● 命令行：在命令行中输入DIMRADIUS/DRA命令。

● 功能区1：在【默认】选项卡中，单击【注释】面板中的【半径】按钮⊙。

● 功能区2：在【注释】选项卡中，单击【标注】面板中的【半径】按钮⊙。

在命令执行过程中，需要确定标注对象和尺寸线位置等。

如图9-35所示，依次拾取各个圆弧对象，进行半径尺寸的标注操作。执行【半径】命令后，命令行提示如下。

命令: dimradius✓

//调用【半径标注】命令

选择圆弧或圆: ✓

//选择左上方的圆弧对象

标注文字 = 25

指定尺寸线位置或 [多行文字(M)/文字(T)/角度(A)]:

//指定尺寸线位置，标注半径尺寸

图9-35 半径标注的前后效果对比图

9.3.7 课堂实例——标注锁钩平面图

案例位置　素材＞第9章＞9.3.7 课堂实例——标注锁钩平面图.dwg
视频位置　视频＞第9章＞9.3.7 课堂实例——标注锁钩平面图.mp4
难易指数　★★☆☆☆
学习目标　学习【线性】、【半径】和【直径】命令的使用

01 打开文件。单击【快速访问】工具栏中的【打开】按钮📂，打开本书配套光盘中的"第9章/9.3.7课堂实例——标注锁钩平面图.dwg"素材文件，如图9-36所示。

图9-36 素材文件

02 标注线性尺寸。调用DLI【线性标注】命令，依次在绘图区中的对应位置，添加线性尺寸标注，如图9-37所示。

图9-37 添加线性尺寸标注

(03) 标注半径尺寸。调用DRA【半径标注】命令，依次在绘图区中的对应位置，添加半径尺寸标注，如图9-38所示。

图9-38 添加半径尺寸标注

(04) 标注直径尺寸。调用DDI【直径标注】命令，依次在绘图区中的对应位置，添加直径尺寸标注，如图9-39所示。

图9-39 添加半径尺寸标注

9.4 其他尺寸标注的应用

除了基本尺寸标注外，还包含有快速标注、角度标注、弧长标注、折弯标注以及多重引线标注等，本节将对这些尺寸标注的应用方法进行讲解。

9.4.1 快速标注

使用快速尺寸标注可以快速创建尺寸标注，以及对尺寸标注进行注释和说明。

在AutoCAD 2014中可以通过以下几种方法启动【快速标注】命令。

- 菜单栏：执行【标注】|【快速标注】命令。
- 命令行：在命令行中输入QDIM命令。
- 功能区：在【注释】选项卡中，单击【标注】面板中的【快速标注】按钮 快速。

在命令执行过程中，需要确定标注对象和尺寸线位置。

如图9-40所示，选择立面图中最上方的直线对象，进行创建快速标注的操作。执行【快速标注】命令后，命令行提示如下。

命令: qdim↙
//调用【快速标注】命令
关联标注优先级 = 端点
选择要标注的几何图形: 找到 1 个
选择要标注的几何图形: 找到 1 个，总计 2 个
选择要标注的几何图形: 指定对角点: 找到 1 个，总计 3 个
//选择最上方的直线
选择要标注的几何图形:
指定尺寸线位置或 [连续(C)/并列(S)/基线(B)/坐标(O)/半径(R)/直径(D)/基准点(P)/编辑(E)/设置(T)] <连续>:
//指定尺寸线位置即可

图9-40 快速标注的前后效果对比图

图9-40 快速标注的前后效果对比图（续）

9.4.2 角度标注

在工程图中，常常需要标注两条直线或3个点之间的夹角，可以使用【角度】命令进行角度尺寸标注。

在AutoCAD 2014中可以通过以下几种方法启动【角度标注】命令。

- 菜单栏：执行【标注】|【角度】命令。
- 命令行：在命令行中输入DIMANGULAR/DAN命令。
- 功能区1：在【默认】选项卡中，单击【注释】面板中的【角度】按钮△。
- 功能区2：在【注释】选项卡中，单击【标注】面板中的【角度】按钮△。

在命令执行过程中，需要确定两条以上的直线对象、标注弧线位置等。

如图9-41所示，在零件图中，依次拾取左上方的倾斜中心线和垂直中心线，进行创建角度标注的操作。执行【角度】命令后，命令行提示如下。

命令: dimangular↙

//调用【角度标注】命令

选择圆弧、圆、直线或 <指定顶点>.

//选择左上方倾斜中心线

选择第2条直线:

//选择垂直中心线

指定标注弧线位置或 [多行文字(M)/文字(T)/角度(A)/象限点(Q)]:

//指定标注弧线位置

标注文字 = 105

在命令行中选项的含义如下。

图9-41 角度标注的前后效果对比图

- 象限点（Q）：用于指定标注应该锁定到的象限点。

9.4.3 弧长标注

弧长尺寸标注主要用于测量和显示圆弧的长度。

在AutoCAD 2014中可以通过以下几种方法启动【弧长标注】命令。

- 菜单栏：执行【标注】|【弧长】命令。
- 命令行：在命令行中输入DIMARC命令。
- 功能区1：在【默认】选项卡中，单击【注释】面板中的【弧长】按钮。
- 功能区2：在【注释】选项卡中，单击【标注】面板中的【弧长】按钮。

在命令执行过程中，需要确定标注的圆弧和尺寸线位置。

如图9-42所示，在淋浴间平面图中，拾取左上方的圆弧对象，进行创建弧长标注的操作。执行【弧长】命令后，命令行提示如下。

> 命令: dimarc↙
> //调用【弧长标注】命令
> 选择弧线段或多段线圆弧段:
> //选择左上方圆弧
> 指定弧长标注位置或 [多行文字(M)/文字(T)/角度(A)/部分(P)/]:
> //指定尺寸线位置
> 标注文字 = 785

图9-42 弧长标注的前后效果对比图

9.4.4 折弯标注

当圆弧或圆的中心位于圆形边界外，且无法显示在其实际位置时，可以使用折弯标注，也称为缩略的半径标注。

在AutoCAD 2014中可以通过以下几种方法启动【折弯标注】命令。

- 菜单栏：执行【标注】|【弧长】命令。

- 命令行：在命令行中输入DIMARC命令。
- 功能区1：在【默认】选项卡中，单击【注释】面板中的【折弯】按钮 ⏢。
- 功能区2：在【注释】选项卡中，单击【标注】面板中的【折弯】按钮 ⏢。

在命令执行过程中，需要确定标注对象、图示中心位置、尺寸线位置和折弯位置。

如图9-43所示，在零件图中拾取小圆对象，进行创建弧长标注的操作。执行【折弯】命令后，命令行提示如下。

> 命令: dimjogged↙
> //调用【折弯标注】命令
> 选择圆弧或圆:
> //拾取小圆对象
> 指定图示中心位置:
> //指定合适的点位置
> 标注文字 = 14
> 指定尺寸线位置或 [多行文字(M)/文字(T)/角度(A)]:
> //指定尺寸线位置
> 指定折弯位置:
> //指定折弯位置即可

图9-43 折弯标注的前后效果对比图

9.4.5 多重引线样式

通过【多重引线样式管理器】可以设置【多重引线】的箭头、引线、文字等特征。

在AutoCAD 2014中可以通过以下几种方法启动【多重引线样式】命令。

● 菜单栏：执行【格式】|【多重引线样式】命令。

● 命令行：在命令行中输入MLEADERSTYLE命令。

● 功能区1：在【默认】选项卡中，单击【注释】面板中的【多重引线样式】按钮 。

● 功能区2：在【注释】选项卡中，单击【文字】面板中的【多重引线样式】按钮 。

执行以上任一命令均可打开【多重引线样式管理器】对话框，如图9-44所示，在该对话框中可以对多重引线样式进行创建与修改操作。

图9-44 【多重引线样式管理器】对话框

在【多重引线样式管理器】对话框中各主要选项的含义如下。

● 当前多重引线样式：显示应用于所创建的多重引线的多重引线样式的名称。

● 样式：显示多重引线列表。

● 列出：控制【样式】列表的内容。选择【所有样式】选项，可显示图形中可用的所有多重引线样式。选择【正在使用的样式】选项，仅显示被当前图形中的多重引线参照的多重引线样式。

● 预览：显示【样式】列表中选定样式的预览图像。

● 置为当前。将【样式】列表中选定的多重引线样式设定为当前样式，则所有新的多重引线都将使用此多重引线样式进行创建。

● 新建：显示【创建新多重引线样式】对话框，从中可以定义新多重引线样式。

● 修改：显示【修改多重引线样式】对话框，从中可以修改多重引线样式。

● 删除：删除【样式】列表中选定的多重引线样式。不能删除图形中正在使用的样式。

9.4.6 课堂实例——创建多重引线样式

案例位置	无
视频位置	视频＞第9章＞9.4.6课堂实例——创建多重引线样式.mp4
难易指数	★★☆☆☆
学习目标	学习【标注样式】命令的使用

01 新建文件。单击【快速访问】工具栏中的【新建】按钮，新建空白文件。

02 单击按钮。在命令行中输入MLEADERSTYLE【多重引线样式】命令并按Enter键，打开【多重引线样式管理器】对话框，单击【新建】按钮，如图9-45所示。

图9-45 【多重引线样式管理器】对话框

03 修改名称。打开【创建新多重引线样式】对话框，修改【新样式名】为【室内引线样式】，如图9-46所示。

图9-46 【创建新多重引线样式】对话框

04 修改参数。单击【继续】按钮，打开【修改多重引线样式：室内引线样式】对话框，在【引线格式】选项卡中修改【符号】为【点】，【大小】为20，如图9-47所示。

图9-47 【引线格式】选项卡

05 修改参数。切换至【引线结构】选项卡，修改【设置基线距离】为50，如图9-48所示。

图9-48 【引线结构】选项卡

06 修改参数。切换至【内容】选项卡，修改【文字高度】为60，如图9-49所示。

图9-49 【内容】选项卡

07 完成修改。单击【确定】按钮，返回到【多重引线样式管理器】对话框，单击【置为当前】按钮，将新建的多重引线样式置为当前，如图9-50所示，单击【关闭】按钮，完成多重引线样式的创建。

图9-50 新建多线引线样式

9.4.7 多重引线标注

使用【多重引线】工具添加和管理所需的引出线，能够更清楚地标识制图的标准、说明等内容。此外，还可以通过修改多重引线的样式对引线的格式、类型以及内容进行编辑。

在AutoCAD 2014中可以通过以下几种方法启动【多重引线】命令。

● 菜单栏：执行【标注】|【多重引线】命令。

● 命令行：在命令行中输入MLEADER/MLD命令。

● 功能区1：在【默认】选项卡中，单击【注释】面板中的【多重引线】按钮 引线。

● 功能区2：在【注释】选项卡中，单击【引线】面板中的【多重引线】按钮。

在命令执行过程中，需要确定引线箭头位置和基线位置。

如图9-51所示，分别指定引线的箭头位置和基线位置，输入文字，进行多重引线的标注操作。执行【多重引线】命令后，命令行提示如下。

命令: MLEADER↙

//调用【多重引线】命令

指定引线箭头的位置或 [引线基线优先(L)/内容优先(C)/选项(O)] <选项>:

//指定引线箭头位置

指定引线基线的位置:

//指定引线基线位置即可

图9-51 多重引线标注的前后效果对比图

在【多重引线】命令行中各选项的含义如下。

● 引线基线优先（L）：用于指定多重引线对象的基线的位置。

● 内容优先（C）：用于指定与多重引线对象相关联的文字或块的位置。

● 选项（O）：用于指定用于放置多重引线对象的选项。

9.4.8 课堂实例——多重引线标注双人房立面图

案例位置　素材＞第9章＞9.4.8 课堂实例——多重引线标注双人房立面图.dwg
视频位置　视频＞第9章＞9.4.8 课堂实例——多重引线标注双人房立面图.mp4
难易指数　★★☆☆☆
学习目标　学习【多重引线样式】、【多重引线】命令的使用

01 打开文件。单击【快速访问】工具栏中的【打开】按钮📂，打开本书配套光盘中的"第9章/9.4.8 课堂实例——多重引线标注双人房立面图.dwg"素材文件，如图9-52所示。

图9-52 素材文件

02 单击按钮。在命令行中输入MLEADERSTYLE【多重引线样式】命令并按Enter键，打开【多重引线样式管理器】对话框，选择【Standard】样式，单击【修改】按钮，如图9-53所示。

图9-53 【多重引线样式管理器】对话框

03 修改参数。打开【修改多重引线样式：Standard】对话框，在【引线格式】选项卡中修改【符号】为【点】，【大小】为20，如图9-54所示。

图9-54 【引线格式】选项卡

04 修改参数。切换至【引线结构】选项卡，修改【设置基线距离】为150，如图9-55所示。

图9-55 【引线结构】选项卡

05 修改参数。切换至【内容】选项卡，修改【文字高度】为150、【基线间隙】为20，如图9-56所示，依次单击【确定】和【关闭】按钮，完成多重引线样式的设置。

图9-56 【内容】选项卡

06 添加标注。调用MLD【多重引线】命令，在绘图区中的相应位置添加多重引线标注，如图9-57所示。

图9-57 添加多重引线标注

07 完善图形。重复调用MLD【多重引线】命令，在绘图区中的相应位置添加多重引线标注，最终效果如图9-58所示。

图9-58 最终效果

9.4.9 形位公差标注

对于一个零件，它的实际形状和位置相对于理想形状和位置会有一定的误差，该误差称为形位公差。

在AutoCAD 2014中可以通过以下几种方法启动【形位公差】命令。

● 菜单栏：执行【标注】|【公差】命令。

● 命令行：在命令行中输入TOLERANCE/TOL命令。

● 功能区：在【注释】选项卡中，单击【引线】面板中的【公差】按钮。

执行以上任一命令均可打开【形位公差】对话框，如图9-59所示。在该对话框中可以设置形位公差的参数。

图9-59 【形位公差】对话框

在【形位公差】对话框中各选项的含义如下。

● 【符号】选项组：显示从【符号】对话框中选择的几何特征符号。

● 【公差1】选项组：创建特征控制框中的第1个公差值。公差值指明了几何特征相对于精确形状的允许偏差量。可以在公差值前插入直径符号，在其后插入包容条件符号。

● 【基准1】选项组：在特征控制框中创建第一级基准参照。基准参照是由值和修饰符号组成。基准是理论上精确的几何参照，用于建立特征的公差带。

● 【高度】文本框：在该文本框中，可以创建特征控制框中的投影公差零值。投影公差带控制固定垂直部分延伸区的高度变化，并以位置公差控制公差精度。

在【特征符号】对话框中提供国家规定的14种形位公差符号，各种公差符号的具体含义如下。

● 形状公差：直线度、平面度、圆度、圆柱度的表示符号分别为【—】、【◻】、【◯】、【⟋】，它们没有基准。线轮廓度、面轮廓度的表示符号分别是【⌒】、【◠】，它们可以有或无基准。

● 位置公差：位置公差又分为定向公差、定位公差、跳动公差3类。

● 定向公差：有平行度、垂直度和倾斜度3种项目特征，它们分别代表的符号是【∥】、【⊥】、【∠】，而且都要求有基准。

● 定位公差：有位置度、同轴度、对称度3种项目特征，它们分别代表的符号是【⊕】、【◎】、【＝】，其中位置度或有或无基准，同轴度和对称度要求有基准。

● 跳动公差：有圆跳动、全跳动两种项目特征，它们分别代表的符号是【↗】、【↗↗】，它们都要求有基准。

9.4.10 课堂实例——标注轴的形位公差

案例位置	素材＞第9章＞9.4.10 课堂实例——标注轴的形位公差.dwg
视频位置	视频＞第9章＞9.4.10 课堂实例——标注轴的形位公差.mp4
难易指数	★★☆☆☆
学习目标	学习【形位公差】命令的使用

⓵ 打开文件。单击【快速访问】工具栏中的【打

开】按钮，打开本书配套光盘中的"第9章/9.4.10课堂实例——标注轴的形位公差.dwg"素材文件，如图9-60所示。

图9-60 素材文件

⓶ 单击按钮。调用TOL【形位公差】命令，打开【形位公差】对话框，修改各参数，如图9-61所示。

图9-61 【形位公差】对话框

⓷ 单击按钮。单击【确定】按钮，指定公差位置，完成形位公差的标注，得到的最终效果如图9-62所示。

图9-62 最终效果

9.5 尺寸标注的编辑

在AutoCAD 2014中可以使用编辑尺寸标注的命令，编辑各类尺寸标注的标注内容与位置，并可以对尺寸标注进行打断、更新等操作。

9.5.1 编辑标注文字位置

当创建完标注尺寸后，如果对尺寸标注的文字位置不满意，可以通过【对齐文字】命令对相应的尺寸标注文字位置进行更改。

在AutoCAD 2014中可以通过以下几种方法启动【对齐文字】命令。

- 菜单栏：执行【标注】|【对齐文字】命令。
- 命令行：在命令行中输入DIMTEDIT命令。
- 功能区：在【注释】选项卡中，单击【标注】面板中的【左对正】按钮▣/【居中对正】按钮▣/【右对正】按钮▣。

在命令执行过程中，需要确定文字标注的新位置。

如图9-63所示，选择最上方的尺寸标注，并选择【居中（C）】选项，可以调整标注文字的位置。执行【对齐文字】命令后，命令行提示如下。

> 命令: DIMTEDIT↙
>
> //调用【对齐文字】命令
>
> 选择标注:
>
> //选择最上方尺寸标注
>
> 为标注文字指定新位置或 [左对齐(L)/右对齐(R)/居中(C)/默认(H)/角度(A)]: c↙
>
> //选择【居中（C）】选项即可

图9-63 编辑标注文字位置的前后效果对比图

在【对齐文字】命令行中各选项的含义如下。

- 左对齐（L）：沿尺寸线左对正标注文字，此选项只适用于线性、半径和直径标注。
- 右对齐（R）：沿尺寸线右对正标注文字。

- 居中（C）：将标注文字放在尺寸线的中间。
- 默认（H）：将标注文字移回默认位置。
- 角度（A）：修改标注文字的角度。

9.5.2 编辑标注

用户可以通过编辑标注来修改一个或多个尺寸标注对象上的文字内容、方向、位置以及倾斜尺寸界线。

在AutoCAD 2014中可以通过以下几种方法启动【编辑标注】命令。

- 命令行：在命令行中输入DIMEDIT/DED命令。

执行【编辑标注】命令后，命令行提示如下。

> 命令: DIMEDIT↙
>
> //调用【编辑标注】命令
>
> 输入标注编辑类型 [默认(H)/新建(N)/旋转(R)/倾斜(O)] <默认>:
>
> 选择对象:

在【编辑标注】命令行中各选项的含义如下。

- 默认（H）：将旋转标注文字移回默认位置。
- 新建（N）：使用文字编辑器更改标注文字。
- 旋转（R）：旋转标注文字。此选项与DIMTEDIT的【角度】选项类似。
- 倾斜（O）：当尺寸界线与图形的其他要素冲突时，【倾斜】选项将很有用处。

9.5.3 使用【特性】选项板编辑标注

使用【特性】选项板可以非常方便地编辑尺寸标注。其功能与【修改标注样式】对话框一样，可以对直线、箭头、文字、调整、主单位、换算单位和公差进行编辑。

在AutoCAD 2014中可以通过以下几种方法启动【特性】命令。

- 菜单栏：执行【工具】|【选项板】|【特

性】命令。

- 命令行：在命令行中输入PROPERTIES/PR命令。
- 功能区：在【视图】选项卡中，单击【选项板】面板中的【特性】按钮▤。
- 快捷菜单：在选择需要修改后的图形对象后，右键单击，打开快捷菜单，选择【特性】命令。

执行以上任一命令均可打开【特性】选项板，如图9-64所示。

图9-64 【特性】选项板

如图9-65所示，选择绘图区中的两个半径标注，单击鼠标右键，打开快捷菜单，选择【特性】命令，打开【特性】选项板，在【直线和箭头】选项组中修改【箭头】为【实心闭合】，即可通过【特性】选项板修改标注的箭头。

图9-65 编辑标注的前后对比效果图

图9-65 编辑标注的前后对比效果图（续）

9.5.4 打断尺寸标注

使用【打断】命令可以在尺寸线或尺寸界线与几何对象或其他标注相交的位置将其打断。

在AutoCAD 2014中可以通过以下几种方法启动【打断】命令。

- 菜单栏：执行【标注】|【标注打断】命令。
- 命令行：在命令行中输入DIMBREAK命令。
- 功能区：在【注释】选项卡中，单击【标注】面板中的【打断】按钮图。

在命令执行过程中，需要确定打断的尺寸标注和位置。

如图9-66所示，选择最上方的尺寸标注为需要打断的对象，依次捕捉尺寸标注的中点和左端点，对尺寸标注进行打断操作。执行【打断】命令后，命令行提示如下。

命令: DIMBREAK↙

//调用【打断】命令

选择要添加/删除折断的标注或 [多个(M)]:

//选择最上方尺寸标注

选择要折断标注的对象或 [自动(A)/手动(M)/删除(R)] <自动>: m↙

//选择【手动（M）】选项即可

指定第1个打断点:

//指定中点为第1个打断点

指定第2个打断点:

//指定左端点为第2个打断点

图9-66 打断尺寸标注的前后效果对比图

1个对象已修改

在【打断】命令行中各选项的含义如下。

● 多个（M）：指定要向其中添加折断或要从中删除折断的多个标注。

● 自动（A）：自动将折断标注放置在与选定标注相交的对象的所有交点处。修改标注或相交对象时，会自动更新使用此选项创建的所有折断标注。

● 手动（M）：手动放置折断标注。为折断位置指定标注、延伸线或引线上的两点。

● 删除（R）：从选定的标注中删除所有折断标注。

9.5.5 标注间距

使用【调整间距】命令，可以自动调整图形中现有的平行线性标注和角度标注，以使其间距相等或在尺寸线处相互对齐。

在AutoCAD 2014中可以通过以下几种方法启动【调整间距】命令。

● 菜单栏：执行【标注】|【标注间距】命令。

● 命令行：在命令行中输入DIMSPACE命令。

● 功能区：在【注释】选项卡中，单击【标注】面板中的【调整间距】按钮。

在命令执行过程中，需要确定基准标注、产生间距标注和间距参数值。

如图9-67所示，选择中间的尺寸标注为基准标注，选择右侧的尺寸标注为产生间距的标注，修改参数值为0，对尺寸标注进行调整间距操作。执行【调整间距】命令后，命令行提示如下。

命令: DIMSPACE↙

//调用【调整间距】命令

选择基准标注:

//选择中间尺寸标注

选择要产生间距的标注:找到1个

选择要产生间距的标注:

//选择右侧尺寸标注

输入值或 [自动(A)] <自动>: 0↙

//输入参数值，按Enter键即可

图9-67 调整标注间距的前后效果对比图

9.5.6 更新标注

更新标注命令作为改变尺寸样式的工具，利用尺寸样式更新命令，可以实现两个尺寸样式之间的互换。

在AutoCAD 2014中可以通过以下几种方法启动【更新】命令。

- 菜单栏：执行【标注】|【更新】命令。
- 命令行：在命令行中输入-DIMSTYLE命令。
- 功能区：在【注释】选项卡中，单击【标注】面板中的【标注更新】按钮圖。

在命令执行过程中，需要确定文字标注的新位置。

如图9-68所示，选择所有的尺寸标注，按Enter键结束选择，对尺寸标注进行更新操作。执行【更新标注】命令后，命令行提示如下。

命令: -dimstyle↙
//调用【更新】命令
当前标注样式: 12 注释性: 否
输入标注样式选项
[注释性(AN)/保存(S)/恢复(R)/状态(ST)/变量(V)/应用(A)/?] <恢复>: _apply
选择对象: 指定对角点: 找到 1 个
选择对象: 指定对角点: 找到 1 个, 总计 2 个
选择对象: 指定对角点: 找到 1 个, 总计 3 个
//选择所有尺寸标注即可
选择对象:

图9-68 更新标注的前后效果对比图

在【更新】命令行中各选项的含义如下。

- 注释性（AN）：创建注释性标注样式。

- 保存（S）：将标注系统变量的当前设置保存到标注样式。新的标注样式成为当前样式。
- 恢复（R）：将标注系统变量设置恢复为选定标注样式的设置。
- 状态（ST）：显示图形中所有标注系统变量的当前值。
- 变量（V）：列出某个标注样式或选定标注的标注系统变量设置，但不修改当前设置。
- 应用（A）：将当前尺寸标注系统变量设置应用到选定标注对象，永久替代应用于这些对象的任何现有标注样式。

9.6 本章小结

在绘制好图形对象后，需要添加尺寸标注说明，才能完善图形。本章详细讲解了尺寸标注样式、线性、对齐、半径、直径、连续、基准、角度、弧长、多重引线和形位公差标注的应用方法，帮助用户完善图形。

9.7 课后习题

本节通过具体的实例图形练习基本尺寸标注、其他尺寸标注以及编辑尺寸标注命令的调用方法。

9.7.1 标注小轴零件图

案例位置 素材＞第9章＞9.7.1标注小轴零件图.dwg
视频位置 视频＞第9章＞9.7.1标注小轴零件图.mp4
难易指数 ★★☆☆☆
学习目标 学习【线性】、【直径】和【形位公差】等命令的使用

标注小轴零件图如图9-69所示。

图9-69 小轴零件图

小轴零件图的标注流程如图9-70、图9-71、图9-72和图9-73所示。

图 9-70 素材文件

图 9-71 添加线性和直径尺寸

图 9-72 输入特殊符号

图 9-73 添加多重引线和形位公差

9.7.2 标注休息室立面图

案例位置	素材＞第9章＞9.7.2标注休息室立面图.dwg
视频位置	视频＞第9章＞9.7.2标注休息室立面图.mp4
难易指数	★★☆☆☆
学习目标	学习【线性】、【连续】、【多重引线】等命令的使用

标注休息室立面图如图9-74所示。

图9-74 休息室立面图

休息室立面图的标注流程如图9-75、图9-76、图9-77和图9-78所示。

图9-75 素材文件

筒灯　射灯

轻钢龙骨纸面石膏板吊顶
12厘白玻璃

百叶窗
不锈钢拉手

图 9-78 添加多重引线说明

图 9-76 添加线性尺寸

图 9-77 添加连续和线性尺寸

第10章

图层的应用与管理

在利用CAD进行建筑、室内和机械等图形绘制时，图形中主要包含轴线、墙体、门窗、轮廓线、虚线、剖面线、尺寸标注及文字说明等元素。使用图层对这些元素进行归类处理，不仅能使图形中的各种信息清晰有序，便于观察，而且会给图形的编辑、修改和输出带来很大的便利。

学习目标

掌握图层的创建及设置方法

掌握图层的使用方法

掌握图层的管理方法

掌握图层特性的设置方法

掌握线型比例的修改方法

10.1　图层的创建及设置

图层是用户组织和管理图形的强有力的工具，在AutoCAD 2014中所有图形对象都由图层、颜色、线型和线宽这4个基本属性。用户可以使用不同的图层、不同的颜色、不同的线型和线宽绘制不同的对象和元素。这样，用户可以方便地控制对象的显示和编辑，从而提高绘制图形的效率和准确性。

在AutoCAD 2014中，使用图层可以管理和控制复杂的图形。在绘图时，可以把不同种类和用途的图形分别置于不同的图层中，从而实现对相同种类图形的统一管理。在绘图过程中，图层是最有用的工具之一，对图形文件中各类实体的分类管理和综合控制具有重要的意义。总的来说，图层具有以下3方面的优点。

● 节省存储空间。

● 控制图形的颜色、线条的宽度及线型等属性。

● 统一控制同类图形实体的显示、冻结等特性。

图层是AutoCAD 2014提供的一个管理图形对象的工具，用户可以通过图层来对图形对象、文字和标注等元素进行归类处理。

在AutoCAD 2014中可以通过以下几种方法启动【图层】命令。

● 菜单栏：执行【格式】|【图层】命令。

● 命令行：在命令行中输入LAYER/LA命令。

● 功能区：在【默认】选项卡中，单击【图层】面板中的【图层管理器】按钮。

执行以上任一命令均可打开【图层特性管理器】选项板，如图10-1所示，在该选项板中可以图形进行创建和编辑操作。

图10-1　【图层特性管理器】选项板

在选项板中各常用选项的含义如下。

● 【新建特性过滤器】按钮：单击该按钮，可以打开【图层过滤器特性】对话框，如图10-2所示。从中可以根据图层的一个或多个特性创建图层过滤器。

图10-2　【图层过滤器特性】对话框

● 【新建组过滤器】按钮：单击该按钮，可以创建图层过滤器，其中包含选择并添加到该过滤器的图层。

● 【图层状态管理器】按钮：单击该按钮，可以打开【图层状态管理器】对话框，如图10-3所示。从中可以将图层的当前特性设置保存到一个命名图层状态中，以后可以再恢复这些设置。

● 【新建图层】按钮：单击该按钮，可以创建新图层，默认情况下，创建的图层会以【图层1】、【图层2】等按顺序进行命名。

● 【在所有的视口中都被冻结的新建图层视口】按钮：单击该按钮，可以创建新图层，然后在所有现有布局视口中将其冻结。

● 【删除图层】按钮：可以删除选定图层。并只能删除未被参照的图层。

● 【置为当前】按钮：单击该按钮，可以将选定图层设定为当前图层。

● 【当前图层】选项组：在该选项组中显示当前图层的名称。

● 【搜索图层】文本框：输入字符时，按名称快速过滤图层列表。

● 【状态行】选项组：在该选项组中显示当前过滤器的名称、列表视图中显示的图层数和图形中的图层数。

● 【反转过滤器】复选框：勾选该复选框，可以显示出所有不满足选定图层特性过滤器中条件的图层。

图10-3 【图层状态管理器】对话框

在【图层状态管理器】对话框中各常用选项的含义如下。

- 图层状态：列出已保存在图形中的命名图层状态、保存它们的空间（模型空间、布局或外部参照）、显示图层列表是否与图形中的图层列表相同以及可选说明。

- 不列出外部参照中的图层状态：控制是否显示外部参照中的图层状态。

- 保存：保存选定的命名图层状态。

- 输入：显示标准文件选择对话框，从中可以将之前输出的图层状态（LAS）文件加载到当前图形。

- 输出：显示标准文件选择对话框，从中可以将选定命名图层状态保存到图层状态（LAS）文件中。

10.2 图层的使用

对图层进行创建后，可以对图层进行切换，也可以对图形所在的图层进行切换，更可以控制图层状态。

10.2.1 切换当前图层

在绘制图形时，为了使图形信息更清晰、有序，并能更加方便地修改、观察及打印图形，用户常需要在各个图层之间进行切换。

在AutoCAD 2014中可以通过以下几种方法切换当前图层。

- 功能区：在【默认】选项卡中，单击【图层】面板中【图层控制】按钮，并在下拉列表中选择需要的图层即可，如图10-4所示。

图10-4 【图层】面板

- 鼠标法：在【图层特性管理器】选项板中，双击某图层的【状态】属性项，使该图层显示为勾选状态，如图10-5所示。

图10-5 【图层特性管理器】选项板

- 快捷菜单：在【图层特性管理器】选项板中选择所需的图层，单击鼠标右键打开快捷菜单，选择【置为当前】选项，如图10-6所示。

图10-6 快捷菜单

- 按钮法：在【图层特性管理器】选项板中选择所需的图层，单击【置为当前】按钮 ✔ 即可。

执行以上任一命令均可将选择的图层置为当前。

10.2.2 切换图形所在图层

绘制复杂的图形时，由于图形元素的性质不同，用户常需要将某个图层上的对象切换到其他图层上。在AutoCAD 2014中可以通过以下几种方法切换图形所在图层。

● 快捷面板：选择需要切换图层的图形，用鼠标右击图形，在快捷菜单中选择【快捷特性】命令，在【图层】下拉列表中选择所需要的图层即可切换图形所在图层，如图10-7所示。

图10-7 快捷面板

● 选项板：选择图形之后，再在命令行中输入PR并按Enter键，系统弹出【特性】选项板。在【图层】下拉列表中选择所需图层，如图10-8所示。

图10-8 【特性】选项板

● 功能区1：选择图形后，在【默认】选项卡中，单击【图层】面板中【图层控制】按钮，并在下拉列表中选择所需要的图层即可。

● 功能区2：选择图形后，在【默认】选项卡中单击【图层】面板的【将对象的图层设为当前图层】按钮，如图10-9所示。

● 功能区3：选择图形后，在【默认】选项卡中单击【图层】面板的【更改为当前图层】按钮，如图10-10所示。

图10-9 【图层】面板

图10-10 【图层】面板

10.2.3 课堂实例——切换图形至中心线图层

案例位置	素材＞第10章＞10.2.3 课堂实例——切换图形至中心线图层.dwg
视频位置	视频＞第10章＞10.2.3 课堂实例——切换图形至中心线图层.mp4
难易指数	★☆☆☆☆
学习目标	学习【切换图层】功能的使用

01 打开文件。单击【快速访问】工具栏中的【打开】按钮，打开本书配套光盘中的"第10章/10.2.3 课堂实例——切换图形至中心线图层.dwg"素材文件，如图10-11所示。

图10-11 素材文件

02 选择图形。在绘图区中依次选择相应的中心线对象，如图10-12所示。

233

图10-12 选择图形

03 选择图层。在【图层】面板中单击【图层】下拉按钮，展开下拉列表，选择【中心线】图层，如图10-13所示。

图10-13 【图层】下拉列表

04 切换图层。现在即可切换所选图形的图层，得到的最终效果如图10-14所示。

图10-14 最终效果

10.2.4 控制图层状态

在图层上绘制图形时，新对象的各种特性将由当前图层的默认设置决定，但也可以单独设置其对象特性，新设置的特性将覆盖原来图层的特性。每个图形都包含名称、打开与关闭、冻结与解冻、锁定与解锁、线型等特性，用户可以根据需要通过控制特性来控制图层的整体状态。

1. 打开与关闭

默认情况下图层都处于打开状态，在该状态下图层中的所有图形对象都将显示在绘图区中，用户可以对其进行编辑操作。当图层在打开状态下，小灯泡图标颜色为黄色，图层上的图形将显示，并可以在输出设备上打印；关闭状态下，小灯泡图标颜色为灰色，图层上的图形将不能显示，也不能打印输出。

在AutoCAD 2014中可以通过以下几种方法打开或关闭图层。

- 菜单栏：执行【格式】|【图层工具】|【图层关闭】/【打开所有图层】命令。

- 命令行：在命令行中输入LAYOFF/ LAYON命令。

- 功能区：在【默认】选项卡中，单击【图层】面板中的【打开所有图层】按钮 /【关】按钮 。

- 选项板：在【图层特性管理器】选项板中，单击【开】列相应的小灯泡图标 ，可以打开或关闭图层。

执行以上任一命令均可对选中的图层进行打开或关闭操作，图10-15所示为关闭图层的前后对比效果。

图10-15 关闭图层的前后对比效果

2. 冻结与解冻

使用【冻结图层】命令可以冻结长期不需要显示的图层，可以提高系统运行速度，减少图形刷新时间。冻结图层不显示选定图层上的对象的设置，不显示、不重生成或不打印冻结图层上的对象。冻结图层将缩短重生成的时间。

在AutoCAD 2014中可以通过以下几种方法冻结与解冻图层。

- 菜单栏：执行【格式】|【图层工具】|【图层冻结】/【解冻所有图层】命令。
- 命令行：在命令行中输入LAYFRZ/LAYTHW命令。
- 功能区：在【默认】选项卡中，单击【图层】面板中的【解冻所有图层】按钮/【冻结】按钮。
- 选项板：在【图层特性管理器】选项板中，单击【冻结】列相应的小灯泡图标，可以冻结或解冻图层。

执行以上任一命令均可对选中的图层进行冻结或解冻操作，图10-16所示为冻结图层的前后对比效果。

图10-16　冻结图层的前后对比效果

3. 锁定与解锁

锁定某个图层后，无法选择与修改该图层上的所有对象。锁定图层可以降低意外修改对象的可能性。用户仍然可以将对象捕捉应用于锁定图层上的对象，并且可以执行不会修改这些对象的其他操作。

在AutoCAD 2014中可以通过以下几种方法解锁或锁定图层。

- 菜单栏：执行【格式】|【图层工具】|【图层锁定】/【解锁所有图层】命令。
- 命令行：在命令行中输入LAYLCK/LAYULK命令。
- 功能区：在【默认】选项卡中，单击【图层】面板中的【解锁所有图层】按钮/【锁定】按钮。
- 选项板：在【图层特性管理器】选项板中，单击【锁定】列相应的小灯泡图标，可以锁定或解锁图层。

执行以上任一命令均可对选中的图层进行打开或关闭操作，图10-17所示为锁定图层的前后对比效果。

图10-17　锁定图层的前后对比效果

10.2.5　课堂实例——修改图层状态

案例位置	素材＞第10章＞10.2.5 课堂实例——修改图层状态.dwg
视频位置	视频＞第10章＞10.2.5 课堂实例——修改图层状态.mp4
难易指数	★☆☆☆☆
学习目标	学习【冻结图层】、【打开图层】功能的使用

① 打开文件。单击【快速访问】工具栏中的【打开】按钮🖾，打开本书配套光盘中的"第10章/10.2.5 课堂实例——修改图层状态.dwg"素材文件，如图10-18所示。

图10-18 素材文件

② 冻结图层。在命令行中输入LAYFRZ【冻结】命令并按Enter键，在绘图区中的双人床对象上单击鼠标即可冻结图层，效果如图10-19所示。

图10-19 冻结图层效果

③ 单击按钮。在【默认】选项卡中单击【图层】面板中的【打开所有图层】按钮🖾，如图10-20所示。

④ 打开图层。现在即可打开【门窗】图层，将【门窗】图层中的门图形显示出来，得到的最终效果如图10-21所示。

图10-20 【图层】面板

图10-21 最终效果

10.3 图层的管理

除了之前介绍的图层的一些基本功能之外，AutoCAD还提供了一系列的图层管理的高级功能，包括图层排序、图层特性过滤器及其图层组过滤器等。

10.3.1 排序图层

在【图层特性管理器】选项板中可以对图层进行排序，以便查找图层。

排序图层的具体方法是：在【图层特性管理器】选项板中，单击图层列表框上方的【名称】按钮 名称 ，图层将以汉字的第1个拼音字母的顺序排列出来，图10-22为排序图层的前后对比图。

图10-22 排序图层的前后对比图

10.3.2 按名称搜索图层

对于复杂且图层多的设计图纸而言，逐一去查取某一图层是很浪费时间的。因此可以输入图层名称来快速地搜索图层，使工作效率大大提高。

搜索图层的具体方法：在【图层特性管理器】选项板的【搜索图层】文本框中输入图层名称，即可自动搜索出图层，图10-23为搜索图层的前后对比图。

图10-23 搜索图层的前后对比图

图10-23 搜索图层的前后对比图（续）

10.3.3 保存、恢复图层设置

图层的设置包括图层特性（如颜色、线型等）和图层状态（如打开、冻结等）。用户可以将图形的当前图层设置保存为命名图层状态，以后再调用恢复这些设置。保存、恢复图层设置主要是在【图层状态管理器】对话框中进行操作。

在AutoCAD 2014中可以通过以下几种方法启动【图层状态管理器】命令。

● 菜单栏：执行【格式】|【图层状态管理器】命令。

● 命令行：在命令行中输入LAYERSTATE命令。

● 功能区：在【默认】选项卡中，单击【图层】面板中的【管理图层状态】按钮 管理图层状态... 。

执行以上任一命令均可打开【图层状态管理器】对话框，在该对话框中可以对图层状态进行新建、保存和编辑操作。

10.3.4 课堂实例——保存和恢复图层设置

案例位置	素材＞第10章＞10.3.4 课堂实例——保存和恢复图层设置.dwg
视频位置	视频＞第10章＞10.3.4 课堂实例——保存和恢复图层设置.mp4
难易指数	★★☆☆☆
学习目标	学习【保存图层状态】、【恢复图层状态】功能的使用

01 新建文件。单击【快速访问】工具栏中的【新建】按钮，新建空白文件。

02 新建图层。调用LA【图层】命令，打开【图层特性管理器】选项板，依次创建【中心线】、

237

【粗实线】、【细实线】和【剖面线】图层，效果如图10-24所示。

03 快捷菜单。在【图层特性管理器】选项板中的空白处，单击鼠标右键打开快捷菜单，选择【保存图层状态】选项，如图10-25所示。

图10-24 【图层特性管理器】选项板

图10-25 快捷菜单

04 修改参数。打开【要保存的新图层状态】对话框，修改【新图层状态名】为【机械】，【说明】为【图层说明】，如图10-26所示。

图10-26 【要保存的新图层状态】对话框

05 保存图层状态。单击【确定】按钮，完成图层状态的保存。

06 快捷菜单。如果要恢复图层状态，则在【图层特性管理器】选项板中的空白处右击鼠标以打开快捷菜单，选择【恢复图层状态】选项，如图10-27所示。

图10-27 快捷菜单

07 恢复图层。打开【图层状态管理器】对话框，如图10-28所示，单击【恢复】按钮即可恢复图层状态。

图10-28 【图层状态管理器】对话框

注意

如果在绘图的不同阶段或打印过程中需要恢复所有的图层特定设置，保存图形设置会带来很大的方便。需要注意的是不能够输出外部参照的图层状态。

10.3.5 删除图层

使用【删除图层】命令，可以删除图层上的所有对象并清理该图层。

在AutoCAD 2014中可以通过以下几种方法启动【删除图层】命令。

- 菜单栏：执行【格式】|【图层工具】|【图层删除】命令。
- 命令行：在命令行中输入LAYDEL命令。
- 功能区：在【默认】选项卡中，单击【图层】面板中的【删除】按钮。
- 选项板：在【图层特性管理器】选项板中，用鼠标右键单击需要删除的图层，打开快捷菜单，选择【删除图层】选项。

执行以上任一命令均可删除图层。在删除图层时，删除当前层、0层、定义点层（Defpoints）及包含图形对象的层时，将弹出提示对话框，如图10-29所示，提示用户这类型的图层将不能进行删除操作。

图10-29 提示对话框

10.3.6 重命名图层

重命名图层有助于用户对图层进行管理，使用户操作更加方便。

在AutoCAD 2014中可以通过以下几种方法启动【重命名图层】命令。

- 快捷菜单：在【图层特性管理器】选项板中，用鼠标右键单击需要删除的图层，打开快捷菜单，选择【重命名图层】选项。

- 鼠标法：在【图层特性管理器】选项板中，在需要重命名的图层上双击其名称。
- 快捷键：在【图层特性管理器】选项板中，选中需要重命名的图层，按F2键。

执行以上任一命令均可对选中的图层进行重命名操作，但是0图层除外，在对0图层进行重命名操作时，将打开提示对话框，如图10-30所示，提示用户不能进行重命名。

图10-30 提示对话框

10.3.7 设置为Bylayer

Bylayer设置也称为随层设置，也就是说所绘对象的属性与该层的属性完全一致。例如，颜色、线型、线宽等都与当前层所设定的完全相同。

在AutoCAD 2014中可以通过以下几种方法设置Bylayer。

- 命令行：在命令行中输入PR【特性】命令并按Enter键，打开【特性】选项板，在相应的特性栏中修改。
- 功能区：在【默认】选项卡中，单击【特性】面板中的【对象颜色】、【线宽】、【线型】按钮，进行相应属性的修改。
- 快捷菜单：选择对象后单击鼠标右键，在弹出的快捷菜单中选择【特性】或【快捷特性】选项，在弹出的选项板中进行修改。

10.4 图层特性的设置

在讲解了图层的使用与管理方法后，还需要对图层特性的设置方法进行讲解。用户通过【特性】选项板或者【图层特性管理器】选项板可以方便地修改图形对象的颜色、线型、线宽等。

10.4.1 设置图层颜色

在绘图过程中，为了区分不同的对象，通常将图层设置为不同的颜色。在AutoCAD 2014中提供了多种颜色，如红色、黄色、绿色、青色、蓝色、洋红色和白色等，用户可根据需要选择相应的颜色。

在AutoCAD 2014中可以通过以下几种方法设置图层颜色。

● 选项板：在【图层特性管理器】选项板中单击图层颜色列，打开【选择颜色】对话框，如图10-31所示，选择颜色即可。

图10-31 【选择颜色】对话框

● 列表框：在【默认】选项卡中，单击【图层】面板中的【图层】下拉列表，单击图层颜色块，打开【选择颜色】对话框，选择颜色即可。

如果只想修改单一对象图层的颜色，有以下两种方法。

● 选取需要修改颜色的对象，在【特性】面板上打开【选择颜色】列表框，更改颜色即可。

● 选取需要修改颜色的对象，在命令行中输入PR或者双击选取对象，在弹出的【特性】选项板中的【常规】选项区更改【颜色】，即可更改对象的颜色。

执行以上任一命令均可对图层的颜色进行设置，图10-32所示为设置家具图层颜色后的对比效果。

图10-32 设置家具图层颜色后的对比效果

10.4.2 设置图层线型

线型是由沿图线显示的线、点和间隔组成的图样。在图层中设置线型可以更直观地区分图像，使图形易于查看。图层线型是指在图层中绘图时所使用的线型，每一个图层都有相应的线型。

在AutoCAD 2014中可以通过以下几种方法设置图层线型。

● 选项板：在【图层特性管理器】选项板中单击图层线型列，打开【选择线型】对话框，如图10-33所示，选择线型即可。

如果只想修改单一对象图层的线型，有以下两种方法。

● 选取需要修改线型的对象，在【特性】面板上打开【选择线型】列表框，更改线型即可。

● 选取需要修改线型的对象，在命令行中输入PR或者双击选取对象，在弹出的【特性】选项板中的【常规】选项区更改【线型】，即可更改对象的线型。

执行以上任一命令均可对图层的线型进行设置。在设置线型时，如果在【选择线型】对话框中没有需要的线型，则可以单击【加载】按钮，打开【加载或重载线型】对话框，如图10-34所示。在对话框中选择合适的线型后单击【确定】按钮即可，图10-35所示为设置细实线图层线型后的对比效果。

图10-33 【选择线型】对话框

图10-34 【加载或重载线型】对话框

图10-35 设置细实线图层线型后的对比效果

10.4.3 设置图层线宽

通常在对图层进行颜色和线型设置后，还需

要对图层的线宽进行设置，这样可以在打印时不再设置线宽。

在AutoCAD 2014中可以通过以下几种方法设置图层线宽。

● 选项板：在【图层特性管理器】选项板中单击图层线宽列，打开【线宽】对话框，如图10-36所示，选择线宽即可。

图10-36 【线宽】对话框

如果只想修改单一对象的线宽，有以下两种方法。

● 选取需要修改线宽的对象，在【特性】面板上打开【选择线宽】列表框，更改线宽即可。

● 选取需要修改线宽的对象，在命令行中输入PR或者双击选取对象，在弹出的【特性】选项板中的【常规】选项区更改【线型】即可更改对象的线宽，如图10-37所示。

图10-37 【特性】选项板

在【线宽】对话框中各选项的含义如下。

- 线宽：显示可用线宽值。
- 当前线宽：显示当前线宽。
- 单位：指定线宽是以毫米显示或是英寸显示。
- 显示线宽：控制线宽是否在图形中显示。

执行以上任一命令均可对图层的线宽进行设置，图10-38所示为设置0图层线宽后的对比效果。

图10-38 设置0图层线宽后的对比效果

10.4.4 设置图层匹配

图层的特性匹配的功能就是把一个图形对象(源对象)的特性完全"继承"给另外一个（或一组）图形对象（目标对象），使这些图形对象的部分或全部特性和源对象相同。

在AutoCAD 2014中可以通过以下几种方法设置图层匹配。

- 菜单栏1：执行【修改】|【特性匹配】命令。
- 菜单栏2：执行【图层】|【图层工具】|【图层匹配】命令。
- 命令行1：在命令行中输入MATCHPROP/MA命令。
- 命令行2：在命令行中输入LAYMCH命令。
- 功能区1：在【默认】选项卡中，单击【剪贴板】面板中的【特性匹配】按钮。
- 功能区2：在【默认】选项卡中，单击【图层】面板中的【匹配】按钮。

执行以上任一命令均可对图层的相关特性进行匹配操作，图10-39所示为图层匹配后的前后对比效果。

图10-39 图层匹配后的对比效果

10.4.5 课堂实例——修改图层特性

案例位置	素材>第10章>10.4.5 课堂实例——修改图层特性.dwg
视频位置	视频>第10章>10.4.5 课堂实例——修改图层特性.mp4
难易指数	★★★☆☆
学习目标	学习【设置图层颜色】、【设置图层线型】、【设置图层线宽】和【匹配图形】功能的使用

01 打开文件。单击【快速访问】工具栏中的【打开】按钮，打开本书配套光盘中的"第10章/10.4.5 课堂实例——修改图层特性.dwg"素材文件，如图10-40所示。

图10-40 素材文件

02 快捷菜单。调用LA【图层】命令，打开【图层特性管理器】选项板，新建【中心线】、【粗实线】和【剖面线】图层，如图10-41所示。

图10-41 【图层特性管理器】选项板

03 选择颜色。单击【中心线】图层中的【颜色】列，打开【选择颜色】对话框，选择【红】颜色，如图10-42所示。

图10-42 【选择颜色】对话框

04 修改颜色。单击【确定】按钮即可修改图层颜色，如图10-43所示。

图10-43 修改图层颜色

05 修改颜色。用同样的方法，将【剖面线】图层的【颜色】修改为【蓝】，如图10-44所示。

图10-44 修改其他图层颜色

06 单击按钮。单击【中心线】图层中的【线型】列，打开【选择线型】对话框，单击【加载】按钮，如图10-45所示。

图10-45 【选择线型】对话框

07 选择线型。打开【加载或重载线型】对话框，选择【CENTER】线型，如图10-46所示。

图10-46 【加载或重载线型】对话框

08 修改线型。单击【确定】按钮，返回到【选择线型】对话框，选择【CENTER】线型，单击【确定】按钮，完成【中心线】图层的修改，如图

10-47所示。

图10-47 完成线型修改

⑨ 选择线宽。单击【粗实线】图层中的【线宽】列，打开【线宽】对话框，选择【0.30mm】线宽，如图10-48所示。

图10-48 【线宽】对话框

⑩ 修改线宽。单击【确定】按钮，完成线宽的修改，如图10-49所示。

图10-49 修改线宽

⑪ 修改图形。在绘图区中选择中间的水平直线，在【图层】面板的【图层】下拉列表框中选择【中心线】图层，将选择的图形修改至【中心线】图层，效果如图10-50所示。

⑫ 修改图形。在绘图区中选择图案填充，在【图层】面板的【图层】下拉列表中选择【剖面线】图层，将选择的图形修改至【剖面线】图层，如图10-51所示。

图10-50 修改图形

图10-51 修改图形

⑬ 修改图形。在绘图区中选择最上方的水平直线，在【图层】面板的【图层】下拉列表中选择【粗实线】图层，将选择的图形修改至【粗实线】图层，效果如图10-52所示。

⑭ 匹配图形。调用MA【特性匹配】命令，将修改后的最上方水平直线的图层特性匹配到其他直线中，得到的最终效果如图10-53所示。

图10-52 修改图形

图10-53　最终效果

10.5　线型比例的修改

设置图形中的线型比例，可以改变非连续线型的外观。本节将详细讲解线型比例修改的操作方法。

10.5.1　修改全局比例

使用【线型比例】命令，可以通过改变全局比例因子来改变全局线型比例。

在AutoCAD 2014中可以通过以下几种方法启动【线型比例】命令。

- 菜单栏：执行【格式】|【线型】命令。
- 命令行：在命令行中输入LINETYPE命令。
- 功能区：在【默认】选项卡卡，单击【特性】面板中的【线型】下拉列表中的【其他】选项。

执行以上任一命令均可打开【线型管理器】对话框，如图10-54所示，在该对话框中可以修改线型的全局比例，其各选项的含义如下。

图10-54　【线型管理器】对话框

- 线型过滤器：确定在线型列表中显示哪些线型。
- 反转过滤器：根据与选定的过滤条件相反的条件显示线型。
- 加载：单击该按钮，可以显示【加载或重载线型】对话框。
- 删除：从图形中删除选定的线型，只能删除未使用的线型。不能删除BYLAYER、BYBLOCK和CONTINUOUS线型。
- 当前：将选定线型设定为当前线型。
- 隐藏细节：控制是否显示线型管理器的【详细信息】部分。
- 当前线型：显示当前线型的名称。
- 线型列表：在【线型过滤器】中，根据指定的选项显示已加载的线型。
- 详细信息：提供访问特性和附加设置的其他途径。

10.5.2　课堂实例——改变全局线型比例

案例位置	素材＞第10章＞10.5.2 课堂实例——改变全局线型比例.dwg
视频位置	视频＞第10章＞10.5.2 课堂实例——改变全局线型比例.mp4
难易指数	★☆☆☆☆
学习目标	学习【线型管理器】功能的使用

01 打开文件。单击【快速访问】工具栏中的【打开】按钮，打开本书配套光盘中的"第10章/10.5.2 课堂实例——改变全局线型比例.dwg"素材文件，如图10-55所示。

图10-55　素材文件

02 选择选项。在【默认】选项卡中，单击【特性】面板中的【线型】下拉列表中的【其他】选项，如图10-56所示。

图10-56 【线型】下拉列表

03 修改参数。打开【线型管理器】对话框，单击【显示细节】按钮，显示细节，修改【全局比例因子】为0.3，如图10-57所示。

图10-57 【线型管理器】对话框

04 选择选项。单击【确定】按钮即可改变全局线型比例，效果如图10-58所示。

图10-58 最终效果

10.5.3 改变当前对象线型比例

设置当前线型比例因子的方法与设置全局比例因子的类似，不同的是改变当前对象线型比例是把当前对象缩放比例修改，其修改方法是在【线型管理器】对话框中的【当前对象缩放比例】文本框中输入新的参数，然后单击【确定】按钮即可，如图10-59所示。

图10-59 【线型管理器】对话框

10.6 本章小结

图层的应用与管理至关重要，其主要作用是用于对绘制的图形进行管理，使得绘制出来的图形有条理，不至于杂乱无章。通过本章的学习，可以让读者更好地对图层进行创建、设置和管理操作。

10.7 课后习题

本节通过具体的实例图形练习图层的创建、设置与管理方法。

10.7.1 设置机械图图层特性

案例位置	素材＞第10章＞10.7.1 设置机械图图层特性.dwg
视频位置	视频＞第10章＞10.7.1 设置机械图图层特性.mp4
难易指数	★☆☆☆☆
学习目标	学习【图层】功能的使用

机械图图层如表 10-1所示。

表 10-1 图层要求列表

图层名	颜色	线型	线宽
粗实线	白色	Continuous	0.3
中心线	红色	Center	默认
细实线	蓝色	Dashed	默认
剖面线	蓝色	Continuous	默认
标注	蓝色	Continuous	默认

10.7.2 设置室内平面图图层模板

案例位置 素材＞第10章＞10.7.2设置室内平面图图层模板.dwg
视频位置 视频＞第10章＞10.7.2设置室内平面图图层模板.mp4
难易指数 ★☆☆☆☆
学习目标 学习【图层】功能的使用

室内平面图图层如表 10-2所示。

表 10-2 图层要求列表

图层名	颜色	线型	线宽
墙线	白色	Continuous	默认
轴线	红色	Center	默认
门窗	蓝色	Continuous	默认
阳台	蓝色	Continuous	默认
家具	绿色	Continuous	默认
标注	洋红色	Continuous	默认

第11章

AutoCAD图形的输出和打印

　　完成图形设计之后，就要通过打印机或绘图仪将图形输出到图纸上。AutoCAD 2014提供了图形输入与输出接口。不仅可以将其他应用程序中处理好的数据传送给AutoCAD，以显示其图形，还可以将在AutoCAD中绘制好的图形打印出来，或者把信息传送给其他应用程序。

学习目标

了解模型空间和图纸空间基础知识

掌握布局的创建方法

掌握打印样式的应用方法

掌握布局图的应用方法

掌握页面设置的操作方法

掌握图纸的出图方法

11.1　模型空间和图纸空间

模型空间用于建模。在模型空间中，可以绘制全比例的二维图形和三维模型，还可以添加标注、注释等内容，模型空间是一个没有界限的三维空间，并且永远是按照1∶1的比例的实际尺寸绘图。

图纸空间又称为布局空间，主要用于出图。模型建立后，需要将模型打印到纸面上形成图样。在图纸空间中，只能显示二维图形，图纸空间是一个有界限的二维空间，要受到所选输出图纸大小的限制。使用图纸空间可以方便地设置打印设备、纸张、比例尺、图样布局，并预览出实际出图效果。

在AutoCAD 2014中可以通过以下几种方法切换模型空间和图纸空间。

● 状态栏：在状态栏中，单击【模型或图纸空间】按钮 模型 。

执行以上命令可以在模型空间和图纸空间之间进行切换，图11-1和图11-2分别为模型空间和图纸空间。

图11-1　模型空间

图11-2　图纸空间

11.2　布局的创建

在AutoCAD中，每个布局都代表一张单独的打印输出图纸，在布局中可以创建浮动视口，并提供预知的打印设置。

11.2.1　布局概述

布局是一种图纸空间环境，它模拟显示图纸页面，提供直观的打印设置，主要用来控制图形的输出，布局中所显示的图形与图纸页面上打印出来的图形完全一样。

在AutoCAD 2014中可以通过以下几种方法创建布局。

● 菜单栏1：执行【工具】|【向导】|【创建布局】命令。

● 菜单栏2：执行【插入】|【布局】命令。

● 命令行：在命令行中输入LAYOUTWIZARD命令。

● 快捷菜单：用鼠标右击绘图窗口下的【模型】或【布局】选项卡，在弹出的快捷菜单中选择【新建布局】命令。

执行以上任一命令均可对布局空间进行创建操作。

11.2.2　课堂实例——为零件图创建布局

案例位置	素材＞第11章＞11.2.2 课堂实例——为零件图创建布局.dwg
视频位置	视频＞第11章＞11.2.2 课堂实例——为零件图创建布局.mp4
难易指数	★★☆☆☆
学习目标	学习【新建布局】命令的使用

01 打开文件。单击【快速访问】工具栏中的【打开】按钮 📂 ，打开本书配套光盘中的"第11章/11.2.2课堂实例——为零件图创建布局.dwg"素材文件，如图11-3所示。

02 修改名称。在命令行中输入LAYOUTWIZARD【新建布局】命令并按Enter键，打开【创建布局-开始】对话框，修改【新布局名称】为【零件图】，如图11-4所示。

图11-3 素材文件

图11-4 【创建布局-开始】对话框

03 选择打印机。单击【下一步】按钮，打开【创建布局-打印机】对话框，选择合适的打印机，如图11-5所示。

图11-5 【创建布局-打印机】对话框

04 选择图纸。单击【下一步】按钮，打开【创建布局-图纸尺寸】对话框，在【图纸尺寸】下拉列表中选择合适的图纸，如图11-6所示。

图11-6 【创建布局-图纸尺寸】对话框

05 设置方向。单击【下一步】按钮，打开【创建布局-方向】对话框，设置图纸的方向，如图11-7所示。

图11-7 【创建布局-方向】对话框

06 选择路径。单击【下一步】按钮，打开【创建布局-标题栏】对话框，在【路径】列表中选择【无】选项，如图11-8所示。

图11-8 【创建布局-标题栏】对话框

07 定义视口。单击【下一步】按钮，打开【创建布局-定义视口】对话框，选中【单个】单选项，如图11-9所示。

图11-9 【创建布局-定义视口】对话框

08 单击按钮。单击【下一步】按钮，打开【创建布局-拾取位置】对话框，单击【选择位置】按钮，如图11-10所示。

图11-10 【创建布局-拾取位置】对话框

09 在绘图区中指定角点和对角点，打开【创建布局-完成】对话框，如图11-11所示。

图11-11 【创建布局-完成】对话框

10 单击【完成】按钮，完成布局的创建，得到的最终效果如图11-12所示。

图11-12 布局效果

11.3 打印样式的应用

使用打印样式可以多方面控制对象的打印方式，打印样式也属于对象的一种特性，它用于修改打印图形的外观。本节将详细讲解打印样式的应用方法。

11.3.1 打印样式类型

打印样式主要用于在打印时修改图形的外观。每种打印样式都有其样式特性，包括泵点、连接、填充图案、抖动、灰度、笔指定和淡显等打印效果。打印样式特定的定义都以打印样式表文件的形式保存在AutoCAD的支持文件搜索路径下。

在AutoCAD中有两种类型的打印样式：【颜色相关样式（CTB）】和【命名样式（STB）】。

● 颜色相关样式（CTB）以255种颜色为基础，通过设置与图形对象颜色对应的打印样式，使得所具有该颜色的图形对象都具有相同的打印效果。例如，可以为所有用以红色绘制的图形设置相同的打印笔宽、打印线型和填充样式等特性。CTB打印样式列表文件的后缀名为"*.ctb"。

● 命名样式（STB）和线型、颜色、线宽一样，是图形对象的一个普通属性。可以在"图层特性管理器"中为某个图层指定打印样式，也可以在"特性"选项板中为单独的图形对象设置打印样式属性。STB打印样式表文件的后缀名是"*.stb"。

11.3.2 设置打印样式

使用打印样式可以多方面控制对象的打印方式，打印样式属于对象的一种特性，它用于修改打印图形的外观。用户可以设置打印样式来代替其他对象原有的颜色、线型和线宽等特性。在同一个AutoCAD图形文件中，不允许同时使用两种不同的打印样式类型，但允许使用同一类型的多个打印样式。例如，如果当前文档使用命名打印样式时，图层特性管理器中的【打印样式】属性项是不可用的，因为该属性只能用于设置颜色打印样式。在AutoCAD 2014中可以通过以下几种方法设置【打印样式】。

● 菜单栏：执行【文件】|【打印样式管理器】命令。

● 命令行：在命令行中输入STYLESMANAGER命令。

执行以上任一命令均可打开【打印样式管理器】文件夹，如图11-13所示，所有CTB和STB打印样式表文件都保存在这个对话框中。

图11-13 【打印样式管理器】文件夹

251

11.3.3 课堂实例——添加颜色打印样式

案例位置	无
视频位置	视频＞第11章＞11.3.3 课堂实例——添加颜色打印样式.mp4
难易指数	★★☆☆☆
学习目标	学习【添加打印样式表】命令的使用

01 新建文件。单击【快速访问】工具栏中的【新建】按钮 □，新建文件。

02 打开对话框。显示菜单栏，执行【工具】|【向导】|【添加打印样式表】命令，打开【添加打印样式表】对话框，如图11-14所示。

图11-14 【添加打印样式表】对话框

03 进行设置。单击【下一步】按钮，打开【添加打印样式表-开始】对话框，选中【创建新打印样式表】单选项，如图11-15所示。

图11-15 【添加打印样式表-开始】对话框

04 进行设置。单击【下一步】按钮，打开【添加打印样式表-选择打印样式表】对话框，选中【颜色相关打印样式表】单选项，如图11-16所示。

05 修改名称。单击【下一步】按钮，打开【添加打印样式表-文件名】对话框，修改【文件名】为【室内打印样式表】，如图11-17所示。

图11-16 【添加打印样式表-选择打印样式表】对话框

图11-17 【添加打印样式表-文件名】对话框

06 单击按钮。单击【下一步】按钮，打开【添加打印样式表-完成】对话框，单击【打印样式表编辑器】按钮，如图11-18所示。

图11-18 【添加打印样式表-完成】对话框

07 修改参数。打开【打印样式表编辑器-室内打印样式表】对话框，单击【表格视图】选项卡，修改【打印样式】列表框中【颜色1】的各参数，如图11-19所示。

图11-19 【打印样式表编辑器-室内打印样式表】对话框

08 用同样的方法，修改【颜色3】、【颜色5】、【颜色6】和【颜色7】的各参数，修改完成后，单击【保存并关闭】按钮，返回到【添加打印样式表-完成】对话框，单击【完成】按钮，完成颜色打印样式的添加操作。

> **技巧与提示**
>
> 在出图时，选择【输出】|【打印】菜单命令，在【打印】对话框中的【打印样式表（笔指定）】下拉列表中选择【打印线宽.ctb】文件，这样不同的颜色将被赋予不同的笔宽，可以在图纸上体现出相应的粗细效果。

11.4 布局图的应用

在布局中可以创建并放置视口对象，还可以添加标题栏或者其他对象。可以在图纸中创建多个布局以显示不同的视图，每个布局可以包含不同的打印比例和图纸尺寸。

11.4.1 布局图操作

当你打开一个新的AutoCAD图形文件时，会发现已经存在【布局1】和【布局2】。在布局图标签上右击鼠标，弹出快捷菜单，通过该菜单可以新建更多的布局图，也可以对已经创建的布局图进行重命名、删除、复制等操作。

11.4.2 课堂实例——调整办公桌椅的布局

案例位置	素材＞第11章＞11.4.2 课堂实例——调整办公桌椅的布局.dwg
视频位置	视频＞第11章＞11.4.2 课堂实例——调整办公桌椅的布局.mp4
难易指数	★★☆☆☆
学习目标	学习【调整边界】、【切换空间】、【缩放图形】和【调整比例】等功能的使用

01 打开文件。单击【快速访问】工具栏中的【打开】按钮，打开本书配套光盘中的"第11章/11.4.2课堂实例——调整办公桌椅的布局.dwg"素材文件，如图11-20所示。

02 新建布局。在【布局1】图标签上右击鼠标，在弹出快捷菜单中选择【新建布局】选项，新建【布局3】空间，如图11-21所示。

图11-20 素材文件

图11-21 新建布局

03 调整边界。单击图样空间中自动创建的一个矩形图形对象的视口边界，在4个角点上出现夹点，调整视口边界使其充满整个打印边界，如图11-22所示。

图11-22 调整视口边界

04 切换空间。单击工作区右下角【图纸/模型】切换开关，将视口切换到模型空间状态。

05 缩放图形。在命令行中输入ZOOM命令，使所有的图形对象充满整个视口，并将图形调整到合适位置，如图11-23所示。

图11-23 缩放图形

06 调整比例。此时在视口比例中显示的就是当前图形的比例尺，但是该比例尺不是整数值，还需要对该比例尺取整。在状态栏上单击【选定的视口比例】按钮，在展开的列表中设置比例为【1:16】即可，如图11-24所示。

图11-24 最终效果

11.4.3 多视口布局

无论在模型窗口，还是在布局窗口，都可以将当前的工作区由一个视口分成多个视口。在各个视口中，可以用不同的比例、角度和位置来显示同一个模型。

在AutoCAD 2014中可以通过以下几种方法启动【多视口布局】命令。

- 菜单栏：执行【视图】|【视口】命令。
- 命令行：在命令行中输入VPORTS命令。
- 功能区：在【布局】选项卡中，单击【布局视口】面板中的各个按钮。

执行以上任一命令均可开启【多视口布局】功能。

11.4.4 课堂实例——创建多视口布局

案例位置	素材>第11章>11.4.4 课堂实例——创建多视口布局.dwg
视频位置	视频>第11章>11.4.4 课堂实例——创建多视口布局.mp4
难易指数	★★☆☆☆
学习目标	学习【删除视口】、【绘制视口】和【显示内容】等功能的使用

01 打开文件。单击【快速访问】工具栏中的【打开】按钮，打开本书配套光盘中的"第11章/11.4.4 课堂实例——创建多视口布局.dwg"素材文件，如图11-25所示。

图11-25 素材文件

02 删除视口。切换至【布局1】布局窗口，删除所有视口，如图11-26所示。

图11-26 删除视口

03 绘制视口。在命令行中输入VPORTS，根据命令行提示绘制矩形视口，如图11-27所示。

04 显示内容。单击状态栏中的【图纸】按钮，激活模型空间，调用【平移】、【缩放】等视图命令，适当调整视口中的显示内容，如图11-28所示。

图11-27　绘制视口

图11-28　显示内容

05 绘制视口。单击状态栏中的【模型】按钮，退出模型空间。再用同样的方法绘制另外的一个视口，如图11-29所示。

图11-29　绘制视口

06 显示内容。单击状态栏中的【图纸】按钮，激活模型空间之后适当地调整显示内容。

07 完成创建。单击状态栏中的【模型】按钮，退出模型空间。至此新视口设置完成，最终效果如图11-30所示。

图11-30　最终效果

11.5　页面设置

在设置好布局视口后，就需要对图纸的页面进行设置，本节将详细讲解页面设置的操作方法。

11.5.1　应用页面设置

页面设置是出图准备过程中的最后一个步骤。对于将要打印的图形，在进行布局之前先要对布局的页面进行设置，以确定出图的纸张大小等参数。页面设置包括打印设备、纸张、打印区域、打印方向等参数的设置。页面设置可以命名保存，可以将同一个命名页面设置应用到多个布局图中，也可以从其他图形中输入命名页设置并将应用到当前图形的布局中，这样就避免了在每次打印前都反复进行打印设置的麻烦。

在AutoCAD 2014中可以通过以下几种方法启动【页面设置】命令。

● 菜单栏：执行【文件】|【页面设置管理器】命令。

● 命令行：在命令行中输入PAGESETUP命令。

● 功能区：在【输出】选项卡中，单击【打印】面板中的【页面设置管理器】按钮 🗔。

执行以上任一命令均可打开【页面设置管理器】对话框，在该对话框中可以对页面设置进行创建和其他编辑操作。

11.5.2 课堂实例——新建页面设置

案例位置 素材＞第11章＞11.5.2 课堂实例——新建页面设置.dwg
视频位置 视频＞第11章＞11.5.2 课堂实例——新建页面设置.mp4
难易指数 ★★☆☆☆
学习目标 学习【页面设置管理器】命令的使用

⓪① 打开对话框。在命令行中输入PAGESETUP
【页面设置管理器】命令并按Enter键，打开【页面
设置管理器】对话框，如图11-31所示。

图11-31 【页面设置管理器】对话框

⓪② 修改名称。单击【新建】按钮，将打开【新
建页面设置】对话框，修改【新页面设置名】为
【室内页面】，如图11-32所示。

图11-32 【新建页面设置】对话框

⓪③ 选择打印设备。单击【确定】按钮，打开
【页面设置-模型】对话框，在【打印机/绘图仪】
选项组中选择【DWF6.ePlot.pc3】的打印设备，如
图11-33所示。

⓪④ 修改参数。在【图纸尺寸】下拉列表中选择
【ISOA4】纸张。在【图形方向】选项组中选择

【横向】。勾选【上下颠倒打印】复选框，可以允
许在图纸中上下颠倒打印图纸，如图11-34所示。

图11-33 【页面设置-模型】对话框

图11-34 设置图纸尺寸和图形方向

⓪⑤ 修改打印范围。在【打印范围】下拉列表中
选择【图形界限】，如图11-35所示。

图11-35 【打印区域】选项组

⓪⑥ 修改比例。取消勾选【打印比例】选项组中
的【布满图形】复选框，在【比例】下拉列表中，
选择【1:1】，如图11-36所示。

图11-36 【打印比例】选项组

07 修改打印偏移。在【打印偏移】选项卡中设置X和Y偏移值均为0，如图11-37所示。

图11-37 【打印偏移】选项组

08 修改打印样式。在【打印样式】下拉列表中选择【acad.ctb】，如图11-38所示，单击【确定】按钮保存并退出。

图11-38 【打印样式表】下拉列表框

11.6　出图

在完成上述的所有设置工作后，就可以开始打印出图了。

在AutoCAD 2014中可以通过以下几种方法启动【打印】命令。

- 菜单栏：执行【文件】|【打印】命令。
- 命令行：在命令行中输入PLOT命令。
- 功能区：在【输出】选项卡中，单击【打印】面板中的【打印】按钮。
- 快捷键：按Ctrl+P组合键。

执行以上任一命令均可打开【打印】对话框，如图11-39所示。该对话框与【页面设置】对话框相似，可以进行出图前的最后设置。

图11-39 【打印】对话框

11.7　本章小结

在绘制完成图形对象后，需要添加尺寸标注说明才能完善图形。本章详细讲解了尺寸标注样式、线性、对齐、半径、直径、连续、基准、角度、弧长、多重引线和形位公差标注的应用方法，帮助用户完善图形。

11.8　课后习题——多比例打印图形

案例位置	素材＞第11章＞11.8多比例打印图形.dwg
视频位置	视频＞第11章＞11.8多比例打印图形.mp4
难易指数	★★☆☆☆
学习目标	学习【删除视口】、【插入图框】、【图层】以及【创建视口】等功能的使用

本节通过具体的实例图形练习多比例打印图形的操作方法。

多比例打印图形的操作流程如图11-40、图11-41、图11-42、图11-43、图11-44和图11-45所示。

图11-40 素材文件

图 11-41 删除视口并插入图框

图 11-44 创建第2个视口并显示图形

图 11-42 新建并置为当前图层

图 11-45 打印预览图形

图 11-43 创建视口并显示图形

第12章

绘制轴测图

机械工程图中的轴测图，由于其表达的立体感较强，多用于表达较复杂的机件结构、传动原理、空间管路的布置和机器设备的外形图等方面。对于轴测图无须专业知识即可看懂，而且绘制起来也比较容易。本章将详细介绍轴测图的基础知识和一些常用轴测图的绘制方法，以供读者掌握。

学习目标

了解轴测图的基础知识

熟悉等轴测绘图环境的设置方法

掌握等轴测图的绘制方法

12.1 轴测图的概念

用平行投影法将物体连同确定该物体的直角坐标系一起沿不平行于任一坐标平面的方向投射到一个投影面上,所得到的图形称作轴测图。

为使轴测图具有良好的直观性,投射方向最好不要与坐标轴和坐标面平行,否则坐标轴和坐标面的投影将会产生积聚性,这样就不能表达物体上平行于该坐标轴和坐标面的线段和表面的实际大小,进而削弱了物体在轴测图中的所要表达的立体感。

轴测图具有基本特性和平行投影特性,下面将分别进行介绍。

1. 基本特性

轴测图的基本特性主要有以下两点。

● 相互平行的两直线,其投影仍保持平行。

● 空间平行于某坐标轴的线段,其投影长度等于该坐标轴的轴向伸缩系数与线段长度的乘积。

2. 平行投影特性

轴测图的平行投影特性主要有以下3点。

● 平行性:物体上互相平行的线段,在轴测图上仍互相平行。

● 定比性:物体上两平行线段或同一直线上的两线段长度之比,在轴测图上保持不变。

● 实形性:物体上平行轴测投影面的直线和平面,在轴测图上反映实长和实形。

轴测图根据投射线方向和轴测投影面的位置不同可分为两大类。

● 正轴测图:投射线方向垂直于轴测投影面。它分为正等轴测图(简称正轴测)、正二轴测图(简称正二测)和正三轴测图(简称正三测)。在正轴测图中,最常用的是正等测,图12-1所示为绘制正等轴测视图的参数。

● 斜轴测图:投射线方向倾斜于轴测投影面。它分为斜等轴测图(简称斜等测)、斜二轴测图(简称斜二测)和斜三轴测图(简称斜三测)。在斜轴测图中最常用的就是斜二测,图12-2所示为绘制斜二轴测视图的参数。

图12-1 绘制正等轴测视图的参数

图12-2 绘制斜二轴测视图的参数

12.2 等轴测绘图环境的设置

AutoCAD为绘制轴测图创造了一个特定的环境,即等轴测绘图模式。在这个环境中,用户可以更加方便地构建轴测图。使用DSETTINGS命令或SNAP命令可设置等轴测环境。

在AutoCAD 2014中可以通过以下几种方法设置等轴测环境。

● 菜单栏:执行【工具】|【绘图设置】命令。

● 命令行:在命令行中输入DSETTINGS/DS命令。

● 快捷菜单:使用鼠标右键单击状态栏中的【捕捉模式】按钮,然后在打开的快捷菜单中选择【设置】命令,如图12-3所示。

图12-3 快捷菜单

执行以上任一命令均可打开【草图设置】对话框，在其中的【捕捉与栅格】选项卡中选中【等轴测捕捉】单选项，如图12-4所示，单击【确定】按钮即可完成等轴测绘图环境的设置。

图12-4 【捕捉与栅格】选项卡

12.3 等轴测图的绘制

将绘图模式设置为等轴测图模式后，用户可以方便地绘制出直线、圆、圆弧和文本的轴测图。运用这些基本的图形对象可以组成复杂形体（组合体）的轴测投影图。

在绘制等轴测图时，切换绘图平面的方法有以下3种。

- 功能键：按F5功能键键。
- 组合键：按Ctrl+E组合键。
- 命令行：在命令行中输入ISOPLANE，输入首字母L、T、R来转换相应的轴测面，也可以直接按Enter键。

执行以上任一方法均可切换绘图平面。

12.3.1 轴测直线

在轴测模式下绘制直线的常用方法有以下3种。

1. 极坐标绘制直线

当所绘制直线与不同轴测轴平行时，输入的极坐标值的极坐标角度将不同。

- 当所绘制的直线与X轴平行时，极坐标角度应输入30°或−150°。
- 当所绘制的直线与Y轴平行时，极坐标角度应输入150°或−30°。
- 当所绘制的直线与Z轴平行时，极坐标角度应输入90°或−90°。
- 当所绘制的直线与任何轴都不平行时，必须找出直线两点，然后连线。

2. 正交模式绘制直线

根据投影特性，对于与直角坐标轴平行的直线，切换至当前轴测面后打开【正交】模式，可将它们绘制与相应轴测轴平行。对于与3个直角坐标轴均不平行的一般位置直线，则可关闭【正交】模式，沿轴向测量获得该直线两个端点的轴测投影，然后相连即得到一般位置直线轴测图。对于组成立体的平面多边形，其轴测图是由边直线的轴测投影连接而成的。其中，矩形的轴测图是平行四边形。

3. 极轴追踪绘制直线

利用极轴追踪、自动跟踪功能绘制直线。打开极轴追踪、对象捕捉和自动追踪功能，并打开【草图设置】对话框中的【极轴追踪】选项卡，在其中设置极轴追踪角度。例如，设置极轴追踪的角度增量为30°，这样就能很方便地绘制出30°、90°或150°方向的直线。

12.3.2 课堂实例——绘制轴测直线

案例位置	素材＞第12章＞12.3.2 课堂实例——绘制轴测直线.dwg
视频位置	视频＞第12章＞12.3.2 课堂实例——绘制轴测直线.mp4
难易指数	★★★☆☆
学习目标	学习【草图设置】、【直线】和【复制】等命令的使用

01 新建文件。单击【快速访问】工具栏中的【新建】按钮，新建空白文件。

02 点选按钮。调用DS【草图设置】命令，打开【草图设置】对话框，切换至【捕捉和栅格】选项卡，在【捕捉类型】选项组中选中【等轴测捕捉】单选项，如图12-5所示。

图12-5 【捕捉和栅格】选项卡

03 修改参数。切换至【极轴追踪】选项卡，勾选【启用极轴追踪】复选框，修改【增量角】为30，如图12-6所示，单击【确定】按钮，完成等轴测环境的设置。

图12-6 【极轴追踪】选项卡

04 绘制直线。调用L【直线】命令，结合【极轴追踪】功能，绘制封闭直线，如图12-7所示。

图12-7 绘制直线

05 绘制直线。调用L【直线】命令，结合【端点捕捉】和【90°极轴追踪】功能，绘制直线，如图12-8所示。

图12-8 绘制直线

06 复制图形。调用CO【复制】命令，选择合适的直线进行复制操作，如图12-9所示。

图12-9 复制图形

07 修改图形。调用TR【修剪】和E【删除】命令，修剪并删除图形，如图12-10所示。

图12-10 修改图形

08 复制图形。调用CO【复制】命令，选择合适的直线进行复制操作，如图12-11所示。

图12-11 复制图形

09 修改图形。调用TR【修剪】和E【删除】命令，修剪并删除图形，如图12-12所示。

图12-12 修改图形

⑩ 复制图形。调用CO【复制】命令，选择合适的直线进行复制操作，如图12-13所示。

图12-13 复制图形

⑪ 修改图形。调用TR【修剪】和E【删除】命令，修剪并删除图形，如图12-14所示。

图12-14 修改图形

⑫ 完善图形。调用L【直线】命令，结合【对象捕捉】功能，连接直线，得到的最终效果如图12-15所示。

图12-15 最终效果

12.3.3 轴测圆和圆弧

圆的轴测投影是椭圆，当圆位于不同的轴测面时，椭圆长、短轴的位置将是不同的。手工绘制圆轴测投影比较麻烦，但在AutoCAD中可以直接选择【椭圆】工具中的【等轴测圆】选项来绘制。激活等轴测绘图模式后，在命令行输入ELLIPSE命令并按Enter键，命令行操作如下。

> 命令: ellipse ✓
> //调用【椭圆】命令
> 指定椭圆轴的端点或 [圆弧(A)/中心点(C)/等轴测圆(I)]: I✓
> //选择【等轴测圆（I）】选项
> 指定等轴测圆的圆心:
> //在绘图区捕捉等轴测圆圆心
> 指定等轴测圆的半径或 [直径(D)]: 4✓
> //输入等轴测圆的半径，按Enter键结束命令

12.3.4 课堂实例——绘制轴测圆和圆弧

案例位置 素材＞第12章＞12.3.4 课堂实例——绘制轴测圆和圆弧.dwg
视频位置 视频＞第12章＞12.3.4 课堂实例——绘制轴测圆和圆弧.mp4
难易指数 ★★★★★
学习目标 学习【草图设置】、【直线】、【椭圆】和【复制】等命令的使用

① 新建文件。单击【快速访问】工具栏中的【新建】按钮，新建空白文件。

② 点选按钮。调用DS【草图设置】命令，打开【草图设置】对话框，切换至【捕捉和栅格】选项

263

卡，在【捕捉类型】选项组中选中【等轴测捕捉】单选项。

⑬ 修改参数。切换至【极轴追踪】选项卡，勾选【启用极轴追踪】复选框，修改【增量角】为30，单击【确定】按钮，完成等轴测环境的设置。

⑭ 绘制直线。调用L【直线】命令，结合【极轴追踪】功能，绘制封闭直线，如图12-16所示。

图12-16 绘制直线

⑮ 复制图形。调用CO【复制】命令，将新绘制的直线进行复制操作，如图12-17所示。

图12-17 复制图形

⑯ 绘制圆。调用EL【椭圆】命令，结合【端点捕捉】功能，绘制两个半径均为14的等轴测圆，如图12-18所示。

图12-18 绘制直线

⑰ 修改图形。调用TR【修剪】命令，修剪多余的图形；调用E【删除】命令，删除多余的图形，如图12-19所示。

图12-19 修改图形

⑱ 复制图形。调用CO【复制】命令，选择修改后的所有图形为复制对象，向上进行复制操作，如图12-20所示。

图12-20 复制图形

⑲ 绘制直线。调用L【直线】命令，结合【端点捕捉】功能，连接直线，如图12-21所示。

图12-21 连接直线

⑳ 修改图形。调用TR【修剪】命令，修剪多余的图形；调用E【删除】命令，删除多余的图形，如图12-22所示。

图12-22 修改图形

㉑ 复制图形。调用CO【复制】命令，选择合适的直线为复制对象，分别进行复制操作，如图12-23所示。

图12-23 复制图形

⑫ 延伸图形。调用EX【延伸】命令，延伸相应的图形，如图12-24所示。

图12-24 延伸图形

⑬ 绘制圆。调用EL【椭圆】命令，结合【端点捕捉】功能，绘制两个半径均为6的等轴测圆，如图12-25所示。

图12-25 绘制等轴测圆

⑭ 修改图形。调用TR【修剪】命令，修剪多余的图形；调用E【删除】命令，删除多余的图形，如图12-26所示。

图12-26 修改图形

⑮ 绘制直线。调用L【直线】命令，结合【中点捕捉】和【90°极轴追踪】功能，绘制直线，如图12-27所示。

图12-27 绘制直线

⑯ 复制图形。调用CO【复制】命令，选择合适的直线为复制对象，进行复制操作，如图12-28所示。

图12-28 复制图形

⑰ 绘制圆。按F5键将视图切换至右视图，调用EL【椭圆】命令，结合【端点捕捉】功能，绘制两个等轴测圆，半径分别为10、18，如图12-29所示。

图12-29 绘制等轴测圆

⑱ 复制图形。调用CO【复制】命令，选择新绘制的大等轴测圆为复制对象，将其进行复制操作，

如图12-30所示。

⑲ 移动图形。调用M【移动】命令，将新绘制的小等轴测圆进行移动操作，如图12-31所示。

图12-30 复制图形　　　　　图12-31 移动图形

⑳ 绘制直线。调用L【直线】命令，结合【端点捕捉】功能，连接直线，如图12-32所示。

㉑ 修改图形。调用TR【修剪】命令，修剪多余的图形；调用E【删除】命令，删除多余的图形，如图12-33所示。

图12-32 连接直线　　　　　图12-33 修改图形

㉒ 绘制直线。调用L【直线】命令，结合【端点捕捉】功能，连接直线，如图12-34所示。

㉓ 修改图形。调用TR【修剪】命令，修剪多余的图形；调用E【删除】命令，删除多余的图形，得到的最终效果如图12-35所示。

图12-34 连接直线　　　　　图12-35 最终效果

12.3.5 在轴测图中输入文字

在等轴测图中不能直接生成文字的等轴测投影。如果用户要在要在轴测图中输入文本，并且使该文本与相应的轴测面保持协调一致，则必须将文本和所在的平面一起变换为轴测图，那么只需要改变文本倾斜角与旋转角为30°的倍数。

一般在轴测面上编写文字有以下几条规律。

● 在右轴测面上编写，文字需采用30°倾斜角，同时旋转角也为30°。

● 在左轴测面上编写，文字需采用-30°倾斜角，同时旋转角也为-30°。

● 在上轴测面且文字平行于X轴时，文字需采用-30°倾斜角，同时旋转角为30°。

● 在上轴测面且文字平行于Y轴时，文字需采用30°倾斜角，同时旋转角为-30°。

12.3.6 标注轴测图尺寸

根据国家标准，在轴测图中标注尺寸时应遵循以下几点规则。

● 在轴测图中，只有与轴测轴平行的方向进行测量才能得到真实的距离值，因而在创建轴测图的尺寸标注时，应使用【对齐】样式标注。

● 轴测图的线性尺寸，一般应沿轴测轴方向标注，尺寸数值为零件的基本尺寸；尺寸数字应按相应的轴测图形标注在尺寸线的上方，尺寸线必须和所标注的线段平行，尺寸界线一般应平行于某一轴测轴；如果图形中出现数字字头朝下的，应用引出线引出标注，将数字按水平位置注写。

● 标注圆直径时，尺寸线和尺寸界线应分别平行于圆所在平面内的轴测轴，标注圆弧半径和较小圆的直径时，尺寸线应从（或通过）圆心引出标注，但注写尺寸数字的横线最好平行于轴测轴。

● 标注角度尺寸时，尺寸线应画成到该坐标平面的椭圆弧，角度数字一般写在尺寸线的中断处且字头向上。

不同于平面图中的尺寸标注，轴测图的尺寸标注要求和所在的等轴测面平行，所以需要跟文字编写一样将尺寸线、尺寸界线倾斜一个角度，使它们与相应的平面平行，看起来更协调、美观。对于轴测图来说，标注文本一般分两种类型，一种倾斜角度为30°，一种倾斜角度为−30°，可以在标注样式中选择不同倾角的文字样式。

12.3.7 课堂实例——标注轴测图尺寸

案例位置　素材＞第12章＞12.3.7 课堂实例——标注轴测图尺寸.dwg
视频位置　视频＞第12章＞12.3.7 课堂实例——标注轴测图尺寸.mp4
难易指数　★★★☆☆
学习目标　学习【文字样式】、【标注样式】、【对齐】和【倾斜】命令的使用

01 打开文件。单击【快速访问】工具栏中的【打开】按钮，打开本书配套光盘中的"第12章/12.3.7课堂实例——标注轴测图尺寸.dwg"素材文件，如图12-36所示。

图12-36 素材文件

02 新建文字样式。调用ST【文字样式】命令，系统打开【文字样式】对话框，单击【新建】按钮，新建【30】文字样式，如图12-37所示。

图12-37 【文字样式】对话框

03 新建文字样式。采用同样的方法，新建【−30】文字样式，如图12-38所示。

图12-38 新建文字样式

04 新建标注样式。调用D【标注样式】命令，打开【标注样式管理器】对话框，单击【新建】按钮，打开【创建新标注样式】对话框，修改【新样式名】为30，如图12-39所示。

图12-39 【创建新标注样式】对话框

05 修改参数。单击【继续】按钮，打开【新建标注样式：30】对话框，切换至【文字】选项卡，修改【文字样式】为30，如图12-40所示。

06 单击按钮。单击【确定】按钮，返回到【标注样式管理器】对话框，单击【新建】按钮，如图12-41所示。

图12-40 【新建标注样式】对话框

图12-41 【标注样式管理器】对话框

⑦ 新建文字样式。打开【创建新标注样式】对话框，修改【新样式名】为-30，单击【继续】按钮，打开【新建标注样式：-30】对话框，切换至【文字】选项卡，修改【文字样式】为-30，如图12-42所示。

图12-42 【新建标注样式】对话框

⑧ 置为当前标注。单击【确定】按钮，返回到【标注样式管理器】对话框，选择【ISO-25】标注样式，单击【置为当前】按钮，将其置为当前，如图12-43所示，单击【关闭】按钮，关闭对话框。

图12-43 【标注样式管理器】对话框

⑨ 标注尺寸。在【注释】选项卡，单击【注释】面板中的【对齐】标注按钮，依次选取尺寸界限并进行标注，如图12-44所示。

图12-44 标注尺寸

⑩ 编辑X轴方向尺寸。选择所有X轴方向标注的尺寸转换到【-30】标注样式。在【注释】选项卡，单击【标注】面板中的【倾斜】按钮，选取X轴方向尺寸并根据命令行提示输入150进行编辑，结果如图12-45所示。

图12-45 X轴方向尺寸效果

⑪ 编辑Y轴方向尺寸。选择所有Y轴方向的尺寸切换到【30】标注样式。在【注释】选项卡，单击【标注】面板中的【倾斜】按钮，选取Y轴方向要编辑的尺寸，并根据命令提示输入30进行编辑，如图12-46所示。

图12-46 Y轴方向尺寸效果

⑫ 完善尺寸。分别选择其他的尺寸标注，修改其倾斜方向和标注样式，并双击相应的尺寸标注，打开文本输入框，输入%%C，得到最终的图形效果，如图12-47所示。

图12-47 最终效果

12.3.8 课堂实例——绘制支架轴测图

案例位置 素材＞第12章＞12.3.8 课堂实例——绘制支架轴测图.dwg
视频位置 视频＞第12章＞12.3.8 课堂实例——绘制支架轴测图.mp4
难易指数 ★★★★★
学习目标 学习【草图设置】、【直线】、【椭圆】、【复制】和【对齐】等命令的使用

① 修改参数。新建文件。调用DS【草图设置】命令，打开【草图设置】对话框，切换至【捕捉和栅格】选项卡，在【捕捉类型】选项组中选中【等轴测捕捉】单选项。切换至【极轴追踪】选项卡，勾选【启用极轴追踪】复选框，修改【增量角】为30，单击【确定】按钮，完成等轴测环境的设置。

② 绘制直线。调用L【直线】命令，结合【极轴追踪】功能，绘制封闭直线，如图12-48所示。

图12-48 绘制直线

③ 圆角图形。调用F【圆角】命令，修改【圆角半径】为4，拾取相应的直线进行圆角操作，如图12-49所示。

图12-49 圆角图形

④ 复制图形。调用CO【复制】命令，依次拾取合适的直线，对其进行复制操作，如图12-50所示。

图12-50 复制图形

⑤ 绘制圆。调用EL【椭圆】命令，结合【端点捕捉】功能，绘制两个半径均为6.5的等轴测圆，如图12-51所示。

图12-51 绘制等轴测圆

⑥ 复制图形。调用CO【复制】命令，选择所有图形为复制对象，将其向上进行复制操作，如图12-52所示。

图12-52 复制图形

⑦ 绘制直线。调用L【直线】命令，结合【对象捕捉】功能，连接直线，如图12-53所示。

图12-53 绘制直线

⑧ 修改图形。调用TR【修剪】和E【删除】命令，修剪并删除多余的图形，如图12-54所示。

图12-54 修改图形

⑨ 绘制直线。调用L【直线】命令，结合【对象捕捉】和【正交】功能，绘制直线，如图12-55所示。

图12-55 绘制直线

⑩ 绘制圆。调用EL【椭圆】命令，结合【端点捕捉】功能，分别绘制半径为12和6.5的等轴测圆，如图12-56所示。

图12-56 绘制等轴测圆

⑪ 复制图形。调用CO【复制】命令，选择大等轴测圆为复制对象，将其向下进行复制操作，如图12-57所示。

图12-57 复制图形

⑫ 绘制直线。调用L【直线】命令，结合【象限点捕捉】功能，连接直线，如图12-58所示。

图12-58 连接直线

⑬ 复制图形。调用CO【复制】命令，依次选择合适的图形为复制对象，将其进行复制操作，如图12-59所示。

图12-59 复制图形

⑭ 绘制直线。调用L【直线】命令，结合【极轴追踪】和【对象捕捉】功能，绘制直线，如图12-60所示。

图12-60 绘制直线

⑮ 复制图形。调用CO【复制】和M【移动】命令，选择新绘制的直线为复制对象，将其进行移动复制操作，如图12-61所示。

图12-61 复制图形

⑯ 绘制直线。调用L【直线】和EX【延伸】

命令，结合【对象捕捉】功能，连接直线，如图12-62所示。

图12-62 连接直线

⑰ 修改图形。调用TR【修剪】和E【删除】命令，修剪并删除多余的图形，如图12-63所示。

图12-63 修改图形

⑱ 圆角图形。调用F【圆角】命令，分别修改【圆角半径】为10和4，圆角图形，如图12-64所示。

图12-64 圆角图形

271

⑲ 设置文字样式。调用ST【文字样式】命令，打开【文字样式】对话框，单击【新建】按钮，新建文字样式，并输入倾斜角度30°和-30°，如图12-65所示。

图12-65 【文字样式】对话框

⑳ 设置标注样式。调用D【标注样式】命令，打开【标注样式管理器】对话框，新建标注样式，如图12-66所示。

图12-66 【标注样式管理器】对话框

㉑ 标注尺寸。在【注释】选项卡，单击【标注】面板中的【对齐】标注按钮，依次选取尺寸界限并进行标注，此时的标注为默认标注【标注】，如图12-67所示。

图12-67 标注尺寸

㉒ 完善图形。分别选择尺寸标注对象，修改其倾斜角度和标注样式，并双击相应的尺寸标注，打开文本输入框，输入%%C，得到最终的图形效果，如图12-68所示。

图12-68 最终效果

12.4　本章小结

　　轴测图是一种立体感很强的图形，在机械图形中经常用到。本章详细讲解了设置等轴测环境和绘制等轴测图中的直线、圆、圆弧、文字以及添加尺寸标注的方法。通过本章的学习，可以帮助读者快速掌握轴测图的绘图要点。

12.5　课后习题

　　本节通过具体的实例图形练习轴测图的绘制方法。

12.5.1　绘制椭圆压盖轴测图

案例位置	素材＞第12章＞12.5.1 绘制椭圆压盖轴测图.dwg
视频位置	视频＞第12章＞12.5.1 绘制椭圆压盖轴测图.mp4
难易指数	★★★★★
学习目标	学习【草图设置】、【直线】、【椭圆】、【复制】和【修剪】等命令的使用

　　椭圆压盖轴测图如图12-69所示。椭圆压盖轴测图的绘制流程如图12-70、图12-71、图12-72、图12-73、图12-74、图12-75、图12-76、图12-77、图12-78和图12-79所示。

图12-69 椭圆压盖轴测图

图 12-70 绘制并复制等轴测圆和直线

图 12-71 连接直线

图 12-72 复制图形

图 12-73 绘制并复制等轴测圆

图 12-74 绘制直线

图 12-75 修剪并删除图形

图 12-76 绘制并移动等轴测圆

图 12-77 连接直线

273

图 12-78 修剪并删除图形

图 12-79 填充图形

12.5.2 绘制支撑座轴测图

案例位置　素材＞第12章＞12.5.2 绘制支撑座轴测图.dwg
视频位置　视频＞第12章＞12.5.2 绘制支撑座轴测图.mp4
难易指数　★★★★★
学习目标　学习【草图设置】、【直线】、【椭圆】、【复制】、【修剪】等命令的使用

支撑座轴测图如图12-80所示。

图12-80 支撑座轴测图

支撑座轴测图的绘制流程如图12-81、图12-82、图12-83、图12-84、图12-85、图12-86、图12-87和图12-88所示。

图 12-81 绘制底面轮廓

图 12-82 复制并修剪底面

图 12-83 绘制底面上的图形轮廓

图 12-84 绘制并复制等轴测圆

图 12-85　修剪图形

图 12-88　修剪并删除图形

图 12-86　绘制平面轮廓

图 12-87　绘制4个菱角倒槽

第13章

三维绘图的基础操作

　　AutoCAD不仅具有强大的二维绘图功能，而且还具备同样强大的三维绘图功能。使用三维绘图功能可以绘制三维的线、实体、平面以及曲面等。在进行三维绘图之前，需要了解设置三维坐标系、视点设置、三维实体显示控制、三维曲面和三维网格的绘制等内容。

学习目标

了解三维建模工作空间的基础知识

熟悉三维坐标系的设置方法

掌握视点的设置方法

熟悉三维实体的显示控制方法

掌握三维曲面的绘制方法

掌握三维网格的绘制方法

13.1　三维建模工作空间

AutoCAD三维建模空间是一个三维立体空间，其界面与草图与注释空间的相似，在此空间中可以在任意位置构建三维模型，三维建模功能区的选项卡有：【常用】、【网格建模】、【渲染】、【插入】、【注释】、【视图】、【管理】、和【输出】，每个选项卡下都有与之对应的内容。由于此空间侧重的是实体建模，所以功能区中还提供了【三维建模】、【视觉样式】、【光源】、【材质】、【渲染】和【导航】等面板，这些都为创建、观察三维图形以及附着材质、创建动画、设置光源等操作提供了非常便利的环境。

在AutoCAD 2014中，单击打开默认工作界面上的【工作空间】列表框，在下拉列表中选择【三维建模】工作空间，如图13-1所示，切换AutoCAD 2014默认空间到【三维基础】工作空间，如图13-2所示。

图13-1　下拉列表

图13-2　【三维基础】工作空间

13.2　三维坐标系的设置

AutoCAD的三维坐标系由原点引出的相互垂直的3个坐标轴构成，这3个坐标轴分别称为X轴、Y轴、Z轴，交点为坐标系的原点，也就是各个坐标轴的坐标零点。从原点出发，沿坐标轴正方向上的点用正坐标值度量，沿坐标轴负方向上的点用负的坐标值度量。在三维空间中，任意一点的位置由它的三维坐标（X，Y，Z）唯一确定。

13.2.1　世界坐标系

【世界坐标系】是系统默认的初始坐标系，它的原点及各个坐标轴方向固定不变，对于二维图形绘制，世界坐标系能够满足要求。在【常用】选项卡中，单击【坐标】面板中的【世界】按钮，可以用来切换回模型或视图的世界坐标系，图13-3所示为切换世界坐标系的前后对比效果。

图13-3　切换世界坐标系的前后对比效果

13.2.2　用户坐标系

在AutoCAD中，用户坐标系为坐标输入、操作平面和观察提供一种可变动的坐标系。用户坐标系（User Coordinate System）是指当前可以实施绘图操作的默认的坐标系，在任何情况下都有且仅有一个当前用户坐标系。用户坐标系由用户来指定，定义一个用户坐标系即改变原点（0，0，0）的位置以及XY平面和Z轴的方向，成一个坐标系。它的建立使得三维建模绘图变得很方便。

为了更好地辅助绘图，经常需要修改坐标系的原点位置和坐标方向，这就需要使用可变的用户坐标系。在默认情况下，用户坐标系统和世界坐标系统重合，用户可以在绘图过程中根据具体需要来定义UCS。

用户坐标系具有很大的灵活性和适应性。在创建过程中，某些特征的生成方向是固定的，并且特征之间的相对位置不可更改。例如，在创建螺纹时，螺纹实体总是沿Z轴方向生成，这时候需要灵活变换坐标系的位置和方向来满足设计要求，图13-4所示为用户坐标系的灵活性效果。

图13-4 用户坐标系的灵活性

13.2.3 控制坐标系图标

使用【坐标系图标】功能可以控制坐标系图标的可见性。

在AutoCAD 2014中可以通过以下几种方法启动【坐标系图标】命令。

● 命令行：在命令行中输入UCSICON命令。

● 功能区：在【视图】选项卡中，单击【坐标】面板中的【UCS图标，特性……】按钮圆。

执行以上任一方法均可启动【坐标系图标】命令。执行【坐标系图标】命令后，其命令行提示如下。

命令: UCSICON↙
//调用【坐标系图标】命令
输入选项 [开(ON)/关(OFF)/全部(A)/非原点(N)/原点(OR)/可选(S)/特性(P)] <开>:

其中各选项的含义如下。

● 开（ON）/关（OFF）：这两个选项可以控制UCS图标的显示与隐藏。

● 全部（A）：可以将对图标的修改应用到所有活动视口，否则【UCSICON】命令只影响当前视口。

● 非原点（N）：此时不管UCS原点位于何处，都始终在视口的左下角处显示UCS图标。

● 原点（OR）：UCS图标将在当前坐标系的原点处显示，如果原点不在屏幕上，UCS图标将显示在视口的左下角处。

● 特性（P）：在弹出的【UCS图标】对话框中可以设置UCS图标的样式、大小和颜色等特性，如图13-5所示。

图13-5 【UCS图标】对话框

在【UCS图标】对话框中各选项的含义如下。

● 【UCS图标样式】选项组：用于指定二维或三维UCS图标的显示及其外观。

- 【预览】选项组：用于显示UCS图标在模型空间中的预览。

- 【UCS图标大小】选项组：按视口大小的百分比控制UCS图标的大小。默认值为50，有效范围为5~95。注意，UCS图标的大小与显示它的视口大小成比例。

- 【UCS图标颜色】选项组：用于控制UCS图标在模型空间视口和布局选项卡中的颜色。

13.2.4 课堂实例——新建UCS坐标系

案例位置	素材>第13章>13.2.4课堂实例——新建UCS坐标系.dwg
视频位置	视频>第13章>13.2.4课堂实例——新建UCS坐标系.mp4
难易指数	★☆☆☆☆
学习目标	学习【坐标系】命令的使用

01 打开文件。单击【快速访问】工具栏中的【打开】按钮，打开本书配套光盘中的"第13章/13.2.4课堂实例——新建UCS坐标系.dwg"素材文件，如图13-6所示。

图13-6 素材文件

02 新建坐标系。在命令行中输入UCS【坐标系】命令并按Enter键，创建坐标系，如图13-7所示，其命令行提示如下。

命令: UCS↙
//调用【坐标系】命令
当前 UCS 名称: *世界*

指定 UCS 的原点或 [面(F)/命名(NA)/对象(OB)/上一个(P)/视图(V)/世界(W)/X/Y/Z/Z 轴(ZA)] <世界>:
//在绘图区中指定原点，如图13-8所示
指定 X 轴上的点或 <接受>: 90↙
//输入X轴上的点参数
指定 XY 平面上的点或 <接受>:
//指定点，按Enter键结束

图13-7 指定原点

图13-8 最终效果

13.3 视点的设置

三维视图的设置主要包括视点、平面视图以及视觉样式这3个方面，变换视图和视觉样式主要有两种作用：一方面是为了将观察方向定位在模型的某一角度，以便创建下一个特征；另一方面是为了修改实体模型的显示效果。在三维建模环境中，为了创建和编辑三维图形各部分的结构特征，需要不断地调整显示方式和视图位置，以方便绘图和模型编辑。

13.3.1 设置视点

视点用于在三维模型空间中观察模型的位置。建立三维视图时离不开观察视点的调整，通过不同的观察视点可以观察立体模型的不同侧面效果。视点的设置包含有【视点预设】和【设置视点】命令两种设置方式。

1. 通过【视点预设】命令设置

使用【视点预设】命令设置视点，设置视点后，用户可以在最终输入渲染或着色模型时指定精确的查看方向。

在AutoCAD 2014中可以通过以下几种方法启动【视点预设】命令。

- 菜单栏：执行【视图】|【三维视图】|【视点预设】命令。
- 命令行：在命令行中输入DDVPOINT命令。

执行以上任一命令后均可打开【视点预设】对话框，如图13-9所示，在该对话框中可以对视点进行设置，图13-10所示为视点预设后的前后对比效果。

图13-9 【视点预设】对话框

图13-10 视点预设后的前后对比效果

在【视点预设】对话框中各选项的含义如下。

- 绝对与WCS：相对于WCS设定观察方向。
- 相对于UCS：相对于当前UCS设定的观察方向。
- X轴：指定与X轴的角度。
- XY平面：指定与XY平面的角度。
- 设置为平面视图：设定查看角度以相对于选定坐标系显示平面视图（XY平面）。

2. 通过【设置视点】命令设置

使用【视点】命令可以直接通过键盘输入视点空间矢量（此时视图被定义为观察者从空间向原点方向观察），也可以通过罗盘来动态设置视点。

在AutoCAD 2014中可以通过以下几种方法启动【设置视点】命令。

- 菜单栏：执行【视图】|【三维视图】|【视点】命令。
- 命令行：在命令行中输入VPOINT命令。

在命令执行过程中，需要确定视图方向和视点位置。

如图13-11所示，捕捉相应的位置为视点位置，对模型进行视点设置。执行【视点】命令后，命令行提示如下。

```
命令: vpoint↙
//调用【视点】命令
当前视图方向: VIEWDIR=-1.0000,-1.0000,1.0000
指定视点或 [旋转(R)]<显示指南针和三轴架>:
//指定视点位置即可
```

图13-11 设置视点的前后对比效果

在【视点】命令行中各选项的含义如下。

- 指定视点：直接指定X轴、Y轴和Z轴的坐标，AutoCAD将以视点到坐标原点的方向进行观察，从而确定三维视图。

- 旋转：可以分别指定观察方向与坐标系X轴的夹角和XY平面的夹角。

- 显示指南针和三轴架：如果不输入任何坐标值而直接按Enter键，系统将出现坐标球和三轴架。坐标球是一个展开的球体，中心点是北极（0，0，1），内环是赤道（n，n，0），整个外环是南极（0，0，-1）。当光环位于内环时，相当于视点在球体的上半球体；光标位于内环与外环之间，表示视点在球体的下半球体，随着光标的移动，三轴架也随着变化，即视点位置在不断变化。用户可以根据需要在找到合适的观察方向后，单击鼠标左键确定。

13.3.2 设置UCS平面视图

- 平面视图是从Z轴正方向垂直向下观察模型的一种方式，此时观察方向垂直指向XY平面，X轴指向右，Y轴指向上。创建平面视图时，选取的平面可以是基于当前用户坐标系、以前保存的用户坐标系或世界坐标系，且平面视图仅能影响当前视口中的视图。

在AutoCAD 2014中可以通过以下几种方法启动【设置平面视图】命令。

- 菜单栏：执行【视图】|【平面视图】命令。
- 命令行：在命令行中输入PLAN命令。

执行以上任一方法均可启动【设置平面视图】命令。执行【设置平面视图】命令后，命令行提示如下。

命令: PLAN↙
//调用【设置平面视图】命令
输入选项 [当前 UCS(C)/UCS(U)/世界(W)] <当前 UCS>:

其中各选项的含义如下。

- 当前UCS（C）：它是由X、Y、Z这3个坐标轴组成的坐标系，平面视图是默认XY平面投影的视图，它是默认选项，可以生成基于当前UCS的

平面视图，并自动进行范围缩放，以使所有图形都显示在当前视口中。

- UCS（U）：可以生成基于以前已命名的UCS的平面视图。

- 世界（W）：可以生成基于WCS的平面视图，并自动进行范围缩放，以使所有图形都显示在当前视口中。它不受当前UCS的影响。

> **技巧与提示**
> PLAN命令只影响当前视口中的视图，不影响当前的UCS并且在图纸空间中不能使用此命令。

13.3.3 快速设置特殊视点

AutoCAD 2014提供了三维视图命令，用于三维视图与二维视图之间的转换。在进行三维绘图时，经常要用到一些特殊的视点（俯视、左视等），使用【视点】命令进行相应坐标值的输入会比较麻烦。AutoCAD将这些常用的特殊视点列出来，用户可以在使用时对这些视点进行快速设置。

在AutoCAD 2014中可以通过以下几种方法快速设置特殊视点。

- 菜单栏：执行【视图】|【三维视图】命令，如图13-12所示。

- 功能区：切换至【视图】选项卡，单击【视图】面板中的各个工具按钮，如图13-13所示。

- 视图快捷控件：在绘图区中展开视图快捷控件，如图13-14所示。

执行以上任一方法均可快速设置特殊视点。

图13-12 【三维视图】菜单栏

图13-13 【视图】面板

图13-14 视图快捷控件

各个视点及其含义如下。

- 俯视：从上往下观察视图的视点。
- 仰视：从下往上观察视图的视点。
- 左视：从左往右观察视图的视点。
- 右视：从右往左观察视图的视点。
- 前视：从前往后观察视图的视点。
- 后视：从后往前观察视图的视点。
- 西南等轴测：从西南方向以等轴测方式观察视图。
- 东南等轴测：从东南方向以等轴测方式观察视图。
- 东北等轴测：从东北方向以等轴测方式观察视图。
- 西北等轴测：从西北方向以等轴测方式观察视图。

13.3.4 ViewCube（视角立方）

使用ViewCube可以调整视图方向以及在标准视图与等距视图间进行切换，如图13-15所示。ViewCube工具是一种可单击、可拖动的常驻界面，用户可以用它在模型的标准视图和等轴测视图之间切换。ViewCube工具打开以后，以不活动状态和活动状态显示在窗口一角。单击【ViewCube】工具的预定义区域或拖动工具，界面图形就会自动转换到相应的方向视图。单击ViewCube工具旁边的两个弯箭头按钮，可以绕视图中心将当前视图顺时针或逆时针旋转90°。

图13-15 ViewCube工具

13.3.5 课堂实例——利用View-Cube工具切换视图

案例位置	素材＞第13章＞13.3.5 课堂实例——利用ViewCube工具切换视图.dwg
视频位置	视频＞第13章＞13.3.5 课堂实例——利用ViewCube工具切换视图.mp4
难易指数	★★☆☆☆
学习目标	学习【ViewCube】工具的使用

01 打开文件。单击【快速访问】工具栏中的【打开】按钮，打开本书配套光盘中的"第13章/13.3.5 课堂实例——利用ViewCube工具切换视图.dwg"素材文件，如图13-16所示。

图13-16 素材文件

02 单击平面。在ViewCube工具上，单击【上】平面，如图13-17所示。

图13-17 选择视图平面

03 调整视图。将模型的视图方向调整到俯视的方向，如图13-18所示。

图13-18 俯视效果

04 单击角点。在ViewCube工具上，单击【上】平面的右下角的点，如图13-19所示。

图13-19 选择角点

05 调整视图。将模型的视图方向调整到东南等轴测的方向，如图13-20所示。

图13-20 东南等轴测效果

06 单击边线。在ViewCube工具上，单击【前】、【右】两平面相交边线，如图13-21所示。

图13-21 选择相交边线

07 调整视图。将模型的视图方向调整到自定义视图的方向，如图13-22所示。

图13-22 自定义视图效果

08 调整视图。在ViewCube工具上，单击【右】平面，将模型的视图方向调整到右视图的方向，如图13-23所示。

图13-23 右视图效果

09 调整视图。在ViewCube工具上，单击【右】平面右侧的三角形箭头，将模型的视图方向调整到后视图的方向，如图13-24所示。

图13-24 后视图效果

⑩ 调整视图。在ViewCube工具上，单击【后】平面上的左下角的点，将模型的视图方向调整到自定义视图的方向，如图13-25所示。

图13-25 自定义视图效果

图13-26 设置曲面光滑度后的前后对比效果

13.4 三维实体的显示控制

使用三维网格编辑工具可以优化三维网格，调整网格平滑度、编辑网格面和控制实体显示模型质量等。

13.4.1 控制曲面光滑度

当使用【消隐】、【视觉样式】等命令时，AutoCAD将会使用很多的小矩形面来替代三维实体的真实曲面，这时可以通过设置【渲染对象的平滑度】功能来控制三维实体的曲面光滑度，平滑度越高则显示将越平滑，但是系统也需要更长的时间来运行重生成、平移或缩放对象的操作。

在AutoCAD 2014中可以通过以下方法设置曲面的光滑度。

● 功能区：在【常用】选项卡中，单击【网格】面板上的【提高平滑度】按钮■或【降低平滑度】按钮■。

执行以上命令后，可以对曲面的光滑度进行调整，图13-26所示为设置曲面光滑度后的前后对比效果。

13.4.2 控制曲面网格数量

在AutoCAD中，每个实体的曲面都是由曲面轮廓线表示的，轮廓曲面素线越多，其显示效果越好，但渲染图形时所需时间也越长。曲面轮廓素线的数目默认值是4，如果需要对其进行设置，使用ISOLINES系统变量可以控制对象上每个曲面的轮廓线数目。

在AutoCAD 2014中可以通过以下方法控制曲面网格数量：

● 命令行：在命令行中输入ISOLINES命令。

执行以上命令后，其命令行提示如下。图13-27所示为控制曲面网格数量的前后对比效果。

命令: ISOLINES↙
//调用【控制曲面网格数量】命令
输入 ISOLINES 的新值 <4>: 20↙
//输入参数值

图13-27 控制曲面网格数量后的前后对比效果

13.4.3 控制曲面网格显示密度

网格密度控制曲面上镶嵌面的数量，它包含M乘以N个顶点的矩阵定义，类似于由行和列组成的栅格。SURFTAB1为【直纹曲面】和【平移曲面】设置要生成的列表数目，同时为【旋转曲面】和【边界曲面】设置在M方向上的网格密度。SURFTAB2为【旋转曲面】和【边界曲面】设置在M方向上的网格密度，图13-28所示为控制曲面网格显示密度的前后对比效果。

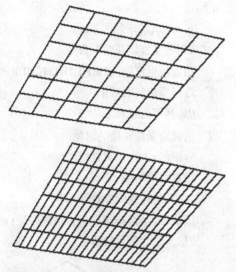

图13-28 控制曲面网格显示密度的前后对比效果

13.4.4 控制实体模型显示质量

在二维线框模式下，三维实体的曲面用曲线来表示，并将这些曲面称为网格。用户可以在【选项】对话框中来控制三维实体的显示质量，在绘图区单击鼠标右键，在右键快捷菜单中选择【选项】选项，打开【选项】对话框，切换至【显示】选项卡，在【显示精度】选项组中修改各参数，可以控制实体模型的显示质量，如图13-29所示。

图13-29 【选项】对话框

13.4.5 绘制三维螺旋线

【螺旋线】是指一个固定点向外以底面所在平面的法线方向，以指定的半径、高度或圈数旋绕而形成的规律曲线，一般常用作切除螺栓螺纹特征的扫描路径。

在AutoCAD 2014中可以通过以下几种方法启动【螺旋线】命令。

- 菜单栏：执行【绘图】|【螺旋】命令。
- 命令行：在命令行中输入HELIX命令。
- 功能区：在【常用】选项卡中，单击【绘图】面板中的【螺旋】按钮 。

在命令执行过程中，需要确定底面中心点、底面半径、顶面半径和螺旋高度等。

如图13-30所示，捕捉相应的点为底面圆心点、修改底面半径、顶面半径和螺旋高度参数，进行螺旋线的绘制操作。执行【螺旋】命令后，命令行提示如下。

> 命令: Helix↙
> //调用【螺旋】命令
> 圈数 = 3.0000　　扭曲=CCW
> 指定底面的中心点:
> //任意指定一点
> 指定底面半径或 [直径(D)] <1.0000>: 400↙
> //输入底面半径参数
> 指定顶面半径或 [直径(D)] <400.0000>:
> //输入顶面半径参数
> 指定螺旋高度或 [轴端点(A)/圈数(T)/圈高(H)/扭曲(W)] <1.0000>: 500↙
> //输入螺旋高度参数，按Enter键即可

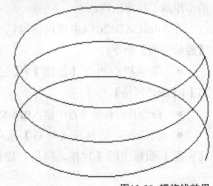

图13-30 螺旋线效果

其命令行中各选项的含义如下。

- 指定底面的中心点：设置螺旋基点的中心。
- 指定底面半径：指定螺旋底面的半径。
- 直径（D）：指定螺旋底面或顶面的直径。
- 指定顶面半径：指定螺旋顶面的半径。默认值始终是底面半径的值。
- 指定螺旋高度：指定螺旋高度。
- 轴端点（A）：指定螺旋轴的端点位置。轴端点可以位于三维空间的任意位置。轴端点定义了螺旋的长度和方向。
- 圈数（T）：指定螺旋的圈（旋转）数，螺旋的圈数不能超过500。
- 圈高（H）：指定螺旋内一个完整圈的高度。
- 扭曲（W）：指定螺旋扭曲的方向。

13.5 三维曲面的绘制

在二维模型空间和三维模型空间中可以创建三维曲面图形，该曲面主要在三维空间中使用。曲面使用平面镶嵌面来表示对象的曲面，不仅定义了三维对象的边界，而且还定义了表面，类似于使用行和列组成的栅格。常见的曲面模型有旋转曲面、直纹曲面、边界曲面和平移曲面。

13.5.1 绘制旋转曲面

使用【旋转曲面】命令可以将曲线或轮廓（如直线、圆弧、椭圆、椭圆弧、多边形和闭合多段线等）绕指定的旋转轴旋转一定的角度，从而创建出旋转曲面。旋转轴可以是直线，也可以是开放的二维或三维多段线。

在AutoCAD 2014中可以通过以下方法启动【旋转曲面】命令。

- 菜单栏：执行【绘图】|【建模】|【网格】|【旋转网格】命令。
- 命令行：在命令行中输入REVSURF命令。
- 功能区：切换至【网格】选项卡，单击【图元】面板中的【建模，网格，旋转曲面】按钮 。

在命令执行过程中，需要确定旋转对象、旋转轴、起点角度和包含角。

如图13-31所示，选择多段线为旋转对象，拾取右上方的倾斜直线为旋转轴，修改【起点角度】和【包含角】分别为0、360，对其进行旋转曲面的绘制操作。执行【旋转曲面】命令后，命令行提示如下。

命令: revsurf↙
//调用【旋转曲面】命令
当前线框密度: SURFTAB1=6 SURFTAB2=6
选择要旋转的对象:
//选择多段线对象
选择定义旋转轴的对象:
//选择右上方倾斜直线
指定起点角度 <0>:
//输入起点角度参数
指定包含角 (+=逆时针，-=顺时针) <360>:
//输入包含角参数即可

图13-31 绘制旋转曲面的前后对比效果

其中各选项的含义如下。

- 选择要旋转的对象：选择直线、圆弧、圆或二维/三维多段线为旋转对象。
- 用于定义旋转轴的对象：选择直线或打开二维或三维多段线。轴方向不能平行于原始对象的平面。

- 起点角度：如果设定为非零值，将以生成路径曲线的某个偏移开始网格旋转。
- 指定包含角：用于指定网格绕旋转轴延伸的距离。

13.5.2 绘制平移曲面

使用【平移曲面】命令可以创建多边形曲面，该曲面表示通过指定的方向和距离（方向矢量）拉伸直线或曲面（路径曲线）定义的常规平移曲面。

在AutoCAD 2014中可以通过以下几种方法启动【平移曲面】命令。

- 菜单栏：执行【绘图】|【建模】|【网格】|【平移网格】命令。
- 命令行：在命令行中输入TABSURF命令。
- 功能区：切换至【网格】选项卡，单击【图元】面板中的【建模,网格,平移曲面】按钮图。

在命令执行过程中，需要确定轮廓曲线和方向矢量对象。

如图13-32所示，选择曲线为轮廓曲线，拾取直线为方向矢量，对其进行平移曲面的绘制操作。执行【平移曲面】命令后，命令行提示。

> 命令: tabsurf✓
> //调用【平移曲面】命令
> 当前线框密度: SURFTAB1=15
> 选择用作轮廓曲线的对象:
> //选择曲线对象
> 选择用作方向矢量的对象:
> //选择直线对象即可

图13-32 绘制平移曲面的前后对比效果

其中各选项的含义如下。

- 选择用作轮廓曲线的对象：指定沿路径扫掠的对象。

- 选择用作方向矢量的对象：指定用于定义扫掠方向的直线或开放多段线。

13.5.3 绘制直纹曲面

使用【直纹曲面】命令，可以在两条直线或曲线之间创建一个曲面的多边形网格。

在AutoCAD 2014中可以通过以下几种方法启动【直纹曲面】命令。

- 菜单栏：执行【绘图】|【建模】|【网格】|【直纹网格】命令。
- 命令行：在命令行中输入RULESURF命令。
- 功能区：切换至【网格】选项卡，单击【图元】面板中的【建模,网格,直纹曲面】按钮图。

在命令执行过程中，需要确定两条或两条以上的定义曲线。

如图13-33所示，依次拾取圆为定义曲线对象，对其进行直纹曲面的绘制操作。执行【直纹曲面】命令后，命令行提示如下。

> 命令: rulesurf✓
> //调用【直纹曲面】命令
> 当前线框密度: SURFTAB1=20
> 选择第1条定义曲线:
> //拾取上方圆对象
> 选择第2条定义曲线:
> //拾取下方圆对象即可

图13-33 绘制直纹曲面的前后对比效果

其中各选项的含义如下。

- 第1条定义曲线：指定对象以及新网格对象的起点。
- 第2条定义曲线：指定对象以及新网格对

象扫掠的起点。

13.5.4 绘制边界曲面

使用【边界曲面】命令可以把由4条首尾相连的线创建一个三维多边形曲面。在创建边界曲面时，需要依次选择4条边界。边界可以是圆弧、直线、多段线、样条曲线和椭圆弧，并且必须形成闭合环和共享端点。

在AutoCAD 2014中可以通过以下几种方法启动【边界曲面】命令。

● 菜单栏：执行【绘图】|【建模】|【网格】|【边界网格】命令。

● 命令行：在命令行中输入EDGESURF命令。

● 功能区：切换至【网格】选项卡，单击【图元】面板中的【建模，网格，边界曲面】按钮。

在命令执行过程中，需要确定多条曲面边界对象。

如图13-34所示，依次拾取圆为定义曲线对象，对其进行直纹曲面的绘制操作。执行【直纹曲面】命令后，命令行提示如下。

命令: edgesurf↙
//调用【边界曲面】命令
当前线框密度: SURFTAB1=6 SURFTAB2=6
选择用作曲面边界的对象 1:
//拾取曲面边界对象
选择用作曲面边界的对象 2:
//拾取曲面边界对象
选择用作曲面边界的对象 3:
//拾取曲面边界对象
选择用作曲面边界的对象 4:
//拾取曲面边界对象即可

图13-34 绘制边界曲面的前后对比效果

13.5.5 课堂实例——绘制相机外壳模型

案例位置	素材＞第13章＞13.5.5 课堂实例——绘制相机外壳模型.dwg
视频位置	视频＞第13章＞13.5.5 课堂实例——绘制相机外壳模型.mp4
难易指数	★★★★★
学习目标	学习【坐标系】命令的使用

01 新建图层。新建空白文件。调用LA【图层】命令，打开【图层特性管理器】选项板，新建【轮廓线】和【中心线】图层，如图13-35所示。

图13-35 【图层特性管理器】选项板

02 绘制图形。将【中心线】图层置为当前。调用L【直线】命令，绘制两条中心线，如图13-36所示。

图13-36 绘制中心线

03 偏移图形。调用O【偏移】命令，将新绘制的垂直中心线向左右两侧进行偏移操作，如图13-37所示。

图13-37 偏移图形

04　偏移图形。调用O【偏移】命令，将新绘制的水平中心线向上进行偏移操作，如图13-38所示。

图13-38　偏移图形

05　绘制图形。将【轮廓线】图层置为当前。调用SPL【样条曲线】命令，结合【端点捕捉】功能，绘制样条曲线，如图13-39所示。

图13-39　绘制样条曲线

06　修改图形。调用E【删除】命令，删除多余的图形；调用L【直线】命令，结合【端点捕捉】功能，连接直线，如图13-40所示。

图13-40　连接直线

07　绘制直线。将视图切换至【西南等轴测】视图，调用L【直线】命令，结合【对象捕捉】功能，连接直线，如图13-41所示。

08　创建坐标系。调用UCS【坐标系】命令，创建新的坐标系，如图13-42所示。

图13-41　绘制直线　　　　图13-42　创建坐标系

09　绘制图形。将视图切换至【俯视】视图，将新绘制的轮廓曲线进行隐藏操作。将【中心线】图层置为当前，调用L【直线】和O【偏移】命令，绘制中心线对象，如图13-43所示。

图13-43　绘制中心线

10　完善曲线。将【轮廓线】图层置为当前。调用SPL【样条曲线】、E【删除】和L【直线】命令，结合【对象捕捉】功能，完善轮廓曲线，如图13-44所示。

图13-44　完善轮廓曲线

11　旋转坐标系。将视图切换至【西南等轴测】视图，显示隐藏的对象。调用UCS【坐标系】命令，将坐标系绕X轴旋转90°，如图13-45所示。

图13-45　旋转坐标系

12　绘制圆弧。将视图切换至【前视】视图，调用A【圆弧】命令，以【起点、端点、半径】的方式，绘制两个半径均为191.5的圆弧，如图13-46所示。

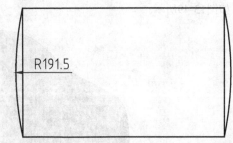

图13-46　绘制圆弧

13　创建网格曲面。将视图切换至【西南等轴测】视图，调用SURFNETWORK【网格】命令，在绘图区选择两个圆弧为第1个方向的曲线，选择两个样条曲线为第2个方向的曲线，创建网格曲面，如图13-47所示。

图13-47 创建网格曲面

⑭ 绘制平面。调用PLANESURF【平面】命令，激活【对象（O）】选项，选择网络曲面两端的封闭线，绘制平面，如图13-48所示。

图13-48 绘制平面

⑮ 圆角图形。调用UNI【并集】命令，合并所有曲面对象。调用F【圆角】命令，修改【圆角半径】为5，拾取轮廓曲线对象，进行圆角操作，隐藏相应的曲线对象，并以【概念】模式显示模型，如图13-49所示。

图13-49 圆角图形

⑯ 移动坐标系。调用UCS【坐标系】命令，将坐标系沿Z轴向下移动-40，如图13-50所示。

图13-50 移动坐标系

⑰ 绘制圆。将视图切换至【前视】视图，调用C【圆】命令，绘制圆对象，【二维线框】视觉样式效果如图13-51所示。

图13-51 绘制圆

⑱ 拉伸曲面。将视图切换至【西南等轴测】视图，调用EXT【拉伸】命令，将新绘制的圆进行50的拉伸操作，如图13-52所示。

图13-52 拉伸曲面

⑲ 修剪曲面。切换至【曲面】选项卡，单击【编辑】面板中的【修剪】按钮，选择网格曲面

为要修剪的曲面，选择拉伸曲面为剪切曲面，拾取需要修剪的内部区域，修剪曲面对象，如图13-53所示。

图13-53 修剪曲面

⑳ 修剪曲面。切换至【曲面】选项卡，单击【编辑】面板中的【修剪】按钮，选择拉伸曲面为要修剪的曲面，选择网格曲面为剪切曲面，拾取需要修剪的拉伸曲面区域，修剪曲面对象，并隐藏圆对象，如图13-54所示。

图13-54 修剪曲面

㉑ 圆角边。调用UNI【并集】命令，合并所有曲面，调用FILLETEDGE【圆角边】命令，修改【圆角半径】为5，圆角边对象，如图13-55所示。

图13-55 圆角边对象

㉒ 绘制图形。将视图切换至【前视】视图，调用REC【矩形】、C【圆】和M【移动】命令，绘制矩形和圆对象，如图13-56所示。

图13-56 绘制矩形和圆

㉓ 修剪曲面。切换至【曲面】选项卡，单击【编辑】面板中的【修剪】按钮，选择网格曲面为要修剪的曲面，选择新绘制的矩形和圆为剪切曲线，拾取需要修剪的内部区域，修剪曲面对象，并隐藏矩形和圆对象，如图13-57所示。

㉔ 切换视图。调用UCS【坐标系】命令，将坐标系绕Y轴旋转90°，将视图切换至【右视】视图。

㉕ 绘制图形。调用L【直线】和A【圆弧】命令，绘制轮廓曲线，调用JOIN【合并】命令，将绘制的图形合并为多段线，如图13-58所示。

图13-57 修剪曲面

图13-58 绘制轮廓曲线

㉖ 拉伸实体。将视图切换至【西南等轴测】视图，调用EXT【拉伸】命令，将新绘制的轮廓曲线进行-72的拉伸实体操作，如图13-59所示。

图13-59 拉伸实体

㉗ 差集图形。调用SU【差集】命令，在绘图区选择网络曲面为要减去的曲面，选择拉伸实体为剪切实体，差集运算图形，效果如图13-60所示。

图13-60 差集运算图形

㉘ 绘制图形。调用UCS【坐标系】命令，将坐标系绕X轴旋转90°，将视图切换至【俯视】视图。调用L【直线】和A【圆弧】命令，绘制轮廓曲线，调用JOIN【合并】命令，将绘制的图形合并为多段线，如图13-61所示。

图13-61 绘制轮廓曲线

㉙ 拉伸实体。将视图切换至【西南等轴测】视图，调用EXT【拉伸】命令，将新绘制的轮廓曲线进行-30的拉伸操作，效果如图13-62所示。

图13-62 拉伸实体

㉚ 差集图形。调用SU【差集】命令，在绘图区选网络曲面为要减去的曲面，选择拉伸实体为剪切实体，差集运算图形，如图13-63所示。

图13-63 差集图形

㉛ 加厚曲面。调用THICKEN【加厚】命令，在绘图区选择网络曲面为要加厚的曲面，创建厚度为2的壳体，最终结果如图13-64所示。

图13-64 加厚曲面

13.6 三维网格的绘制

三维模型除了规则的几何体之外，还有许多不规则的形体，如曲面等。使用【三维网格】命令可以绘制这些非规则的曲面，可以创建的三维网格有网格长方体、网格圆柱体、网格球体、网格棱锥体和网格圆锥体等。

13.6.1 设置网格特性

在创建网格对象之前和之后可以设定各种网格特性的控制参数。在创建网格对象及其子对象之后，如果要修改其特性，可以在该对象上双击，打开【特性】面板，修改选定的网格对象的平滑度；应用或删除锐化面和边，修改锐化保留级别。创建的网格图元对象平滑度默认值为0，可以使用MESH命令的【设置】选项更改此默认设置。

在AutoCAD 2014中可以通过以下方法设置网格特性。

- 功能区：在【网格】选项卡中，单击【图元】面板中的【网格图元选项】按钮，如图13-65所示。

图13-65 【图元】面板

执行以上命令可以打开【网格图元选项】对话框，如图13-66所示，在该对话框中可以对网格的各个参数进行修改。

图13-66 【网格图元选项】对话框

在【网格图元选项】对话框中各选项的含义如下。

- 【网格】下拉列表：通过指定每侧的细分数为每种类型的网格图元指定初始网格密度。
- 【镶嵌细分】选项组：对于每个选定的网格图元类型，设置每个侧面的默认细分数。
- 【预览】窗口：显示【镶嵌细分】设置的线框样例。
- 【范围缩放】按钮：单击该按钮，可以设置预览显示以使图像布满整个【预览】窗口。
- 【平移】按钮：单击该按钮，可以在【预览】窗口内水平和竖直移动图像。也可以通过在移动鼠标时按住鼠标滚轮来进行平移。
- 【缩小】按钮：单击该按钮，可以更改预览图像的缩放比例。选中此按钮时，按住鼠标左键并向上拖动可进行放大，向下拖动可进行缩小。
- 【动态观察】按钮：单击该按钮，可以使用鼠标拖动图像时在【预览】窗口内旋转预览图像。
- 【预览的平滑度】列表框：更改预览图像以反映指定的特定平滑度。

- 【自动更新】复选框：勾选该复选框，可以设置预览图像是否根据指定的选项自动更新。

13.6.2 绘制网格长方体

在绘制网格长方体时，其底面将绘制为与当前UCS的XY平面平行，并且其初始位置的长、宽、高分别与当前UCS的*X*、*Y*、*Z*轴平行。在指定长方体的长、宽、高时，正值表示向相应的坐标值正方形延伸，负值表示向相应的坐标值的负方向延伸。最后，需要指定长方体表面绕Z轴的旋转角度，以确定其最终位置。

在AutoCAD 2014中可以通过以下几种方法启动【网格长方体】命令。

- 菜单栏：执行【绘图】|【建模】|【网格】|【图元】|【长方体】命令。
- 命令行：在命令行中输入MESH命令。
- 功能区：在【网格】选项卡中，单击【图元】面板中的【网格长方体】按钮▤。

在命令执行过程中，需要指定网格长方体的第一角点、其他角点和高度。

如图13-67所示，指定原点为第1个角点，指定（@100，200，100）为其他角点，对其进行网格长方体的绘制操作。执行【图元网格】命令后，命令行提示如下。

命令: MESH↙

//调用【图元网格】命令

当前平滑度设置为: 0

输入选项 [长方体(B)/圆锥体(C)/圆柱体(CY)/棱锥体(P)/球体(S)/楔体(W)/圆环体(T)/设置(SE)] <长方体>: BOX↙

//选择【长方体（B）】选项

指定第1个角点或 [中心(C)]: 0,0,0↙

//输入第一角点坐标

指定其他角点或 [立方体(C)/长度(L)]: @100,200,100↙

//输入其他角点坐标，按Enter键即可

图13-67 网格长方体

13.6.3 绘制网格圆柱体

在AutoCAD 2014中可以通过以下几种方法启动【网格圆柱体】命令。

- 菜单栏：执行【绘图】|【建模】|【网格】|【图元】|【圆柱体】命令。
- 命令行：在命令行中输入MESH命令。
- 功能区：在【网格】选项卡中，单击【图元】面板中的【网格圆柱体】按钮▯。

在命令执行过程中，需要指定底面中心点、底面半径和高度。

如图13-68所示，指定原点为底面中心点，修改【底面半径】和【高度】参数分别为50和80，对其进行网格圆柱体的绘制操作。执行【图元网格】命令后，命令行提示如下。

命令: MESH↙

//调用【图元网格】命令

当前平滑度设置为: 0

输入选项 [长方体(B)/圆锥体(C)/圆柱体(CY)/棱锥体(P)/球体(S)/楔体(W)/圆环体(T)/设置(SE)] <长方体>: CYLINDER↙

//选择【圆柱体（CY）】选项

指定底面的中心点或 [三点(3P)/两点(2P)/切点、切点、半径(T)/椭圆(E)]: 0,0,0↙

//指定圆心点坐标

指定底面半径或 [直径(D)]: 50↙

//输入底面半径参数

指定高度或 [两点(2P)/轴端点(A)] <100.0000>: 80↙

//输入高度参数，按Enter键结束即可

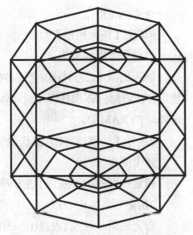

图13-68 网格圆柱体

其命令行中各选项的含义如下。

- 三点（3P）：通过指定三点设定网格圆柱体的位置、大小和平面。第3个点设定网格圆柱体底面的大小和平面旋转。
- 两点（2P）：通过指定两点设定网格圆柱体底面的直径。
- 切点、切点、半径（T）：定义具有指定半径，且半径与两个对象相切的网格圆柱体的底面。
- 椭圆（E）：指定网格圆柱体的椭圆底面。
- 直径（D）：设定圆柱体的底面直径。
- 轴端点（A）：设定圆柱体顶面的位置。轴端点的方向可以为三维空间中的任意位置。

13.6.4 绘制网格楔体

在AutoCAD 2014中可以通过以下几种方法启动【网格楔体】命令。

- 菜单栏：执行【绘图】|【建模】|【网格】|【图元】|【楔体】命令。
- 命令行：在命令行中输入MESH命令。
- 功能区：在【网格】选项卡中，单击【图元】面板中的【网格楔体】按钮 。

在命令执行过程中，需要指定第一角点、其他角度和高度。

如图13-69所示，指定原点为第一角点，输入（@80，-70，0）为其他角点，修改【高度】为70，对其进行网格楔体的绘制操作。执行【图元网格】命令后，命令行提示如下。

命令: MESH↙
//调用【图元网格】命令
当前平滑度设置为: 0
输入选项 [长方体(B)/圆锥体(C)/圆柱体(CY)/棱锥体(P)/球体(S)/楔体(W)/圆环体(T)/设置(SE)] <楔体>: WEDGE↙
//选择【楔体（W）】选项
指定第1个角点或 [中心(C)]: 0,0,0↙
//指定原点为第一角点
指定其他角点或 [立方体(C)/长度(L)]: @80,-70,0↙
//输入其他角点参数
指定高度或 [两点(2P)] <84.4313>: 70↙
//输入高度参数，按回车键结束

图13-69 网格楔体

13.6.5 绘制网格球体

在AutoCAD 2014中可以通过以下几种方法启动【网格球体】命令。

- 菜单栏：执行【绘图】|【建模】|【网格】|【图元】|【球体】命令。
- 命令行：在命令行中输入MESH命令。
- 功能区：在【网格】选项卡中，单击【图元】面板中的【网格球体】按钮 。

在命令执行过程中，需要指定中心点和半径参数。

如图13-70所示，指定原点为中心点，修改【半径】为70，对其进行网格球体的绘制操作。执行【图元网格】命令后，命令行提示如下。

命令: MESH↙

//调用【图元网格】命令

当前平滑度设置为: 0

输入选项 [长方体(B)/圆锥体(C)/圆柱体(CY)/棱锥体(P)/球体(S)/楔体(W)/圆环体(T)/设置(SE)] <楔体>: _SPHERE↙

//选择【球体（S）】选项

指定中心点或 [三点(3P)/两点(2P)/切点、切点、半径(T)]: 0,0,0↙

//指定原点为中心点

指定半径或 [直径(D)] <50.0000>: 70↙

//输入半径参数，按Enter键结束

图13-70 网格球体

命令: MESH↙

//调用【图元网格】命令

当前平滑度设置为: 0

输入选项 [长方体(B)/圆锥体(C)/圆柱体(CY)/棱锥体(P)/球体(S)/楔体(W)/圆环体(T)/设置(SE)] <球体>: PYRAMID↙

//选择【棱锥体（P）】选项

4 个侧面 外切

指定底面的中心点或 [边(E)/侧面(S)]: 0,0,0↙

//指定原点为中心点

指定底面半径或 [内接(I)] <50.0000>: 60↙

//指定底面半径参数

指定高度或 [两点(2P)/轴端点(A)/顶面半径(T)] <70.0000>: 100↙

//指定高度参数，按Enter键结束

图13-71 网格棱锥体

13.6.6 绘制网格棱锥体

在AutoCAD 2014中可以通过以下几种方法启动【网格棱锥体】命令。

- 菜单栏：执行【绘图】|【建模】|【网格】|【图元】|【棱锥体】命令。
- 命令行：在命令行中输入MESH命令。
- 功能区：在【网格】选项卡中，单击【图元】面板中的【网格棱锥体】按钮△。

在命令执行过程中，需要指定底面中心点、底面半径和高度。

如图13-71所示，指定原点为底面中心点，修改【底面半径】和【高度】分别为60和100，对其进行网格棱锥体的绘制操作。执行【图元网格】命令后，命令行提示如下。

13.6.7 绘制网格圆锥体

在AutoCAD 2014中可以通过以下几种方法启动【网格圆锥体】命令。

- 菜单栏：执行【绘图】|【建模】|【网格】|【图元】|【圆锥体】命令。
- 命令行：在命令行中输入MESH命令。
- 功能区：在【网格】选项卡中，单击【图元】面板中的【网格圆锥体】按钮△。

在命令执行过程中，需要底面中心点、底面半径和高度。

如图13-72所示，指定原点为底面中心点，修改【底面半径】和【高度】分别为75和80，对其进行网格圆锥体的绘制操作。执行【图元网格】命令后，命令行提示如下。

命令: MESH↙

//调用【图元网格】命令

当前平滑度设置为: 0

输入选项 [长方体(B)/圆锥体(C)/圆柱体(CY)/棱锥体(P)/球体(S)/楔体(W)/圆环体(T)/设置(SE)] <棱锥体>: CONE↙

//选择【圆锥体（C）】选项

指定底面的中心点或 [三点(3P)/两点(2P)/切点、切点、半径(T)/椭圆(E)]: 0,0,0↙

//指定原点为底面中心点

指定底面半径或 [直径(D)] <50.0000>: 75↙

//指定底面半径参数

指定高度或 [两点(2P)/轴端点(A)/顶面半径(T)] <70.0000>: 80↙

//指定高度参数，按Enter键结束

图13-72　网格圆锥体

13.6.8　绘制网格圆环体

在AutoCAD 2014中可以通过以下几种方法启动【网格圆环体】命令。

● 菜单栏：执行【绘图】|【建模】|【网格】|【图元】|【圆环体】命令。

● 命令行：在命令行中输入MESH命令。

● 功能区：在【网格】选项卡中，单击【图元】面板中的【网格圆环体】按钮 。

在命令执行过程中，需要指定中心点、半径和圆管半径。

如图13-73所示，指定原点为中心点，修改【半径】和【圆管半径】分别为50和5，对其进行网格圆环体的绘制操作。执行【图元网格】命令后，命令行提示如下。

命令: MESH↙

//调用【图元网格】命令

当前平滑度设置为: 0

输入选项 [长方体(B)/圆锥体(C)/圆柱体(CY)/棱锥体(P)/球体(S)/楔体(W)/圆环体(T)/设置(SE)] <圆锥体>: TORUS↙

//选择【圆环体（T）】选项

指定中心点或 [三点(3P)/两点(2P)/切点、切点、半径(T)]: 0,0,0↙

//指定原点为底面中心点

指定半径或 [直径(D)] <75.0000>: 50↙

//指定半径参数

指定圆管半径或 [两点(2P)/直径(D)]: 5↙

//指定圆管半径参数，按Enter键结束

图13-73　网格圆环体

13.6.9　课堂实例——创建基本三维网格

案例位置　素材>第13章>13.6.9 课堂实例——创建基本三维网格.dwg
视频位置　视频>第13章>13.6.9 课堂实例——创建基本三维网格.mp4
难易指数　★☆☆☆☆
学习目标　学习【图元网格】命令的使用

01 绘制网格长方体。新建文件。调用MESH【图元网格】命令，激活【长方体】选项，绘制网格长方体，如图13-74所示，其命令行提示如下。

命令: MESH↙

//调用【图元网格】命令

当前平滑度设置为: 0

输入选项 [长方体(B)/圆锥体(C)/圆柱体(CY)/棱锥体(P)/球体(S)/楔体(W)/圆环体(T)/设置(SE)] <长方体>: BOX↙

//输入【长方体（B）】选项

指定第1个角点或 [中心(C)]: 0,0,0✓
//输入第一角点坐标
指定其他角点或 [立方体(C)/长度(L)]: @100,-70,0✓
//输入其他角点坐标
指定高度或 [两点(2P)] <80>: 10✓
//输入高度参数，按Enter键结束即可

图13-74 绘制网格长方体

02 绘制网格球体。调用MESH【图元网格】命令，激活【球体】选项，绘制网格球体，如图13-75所示，命令行提示如下。

命令: MESH✓
//调用【图元网格】命令
当前平滑度设置为: 0
输入选项 [长方体(B)/圆锥体(C)/圆柱体(CY)/棱锥体(P)/球体(S)/楔体(W)/圆环体(T)/设置(SE)] <球体>: SPHERE✓
//输入【球体（S）】选项
指定中心点或 [三点(3P)/两点(2P)/切点、切点、半径(T)]: from 基点: <偏移>: @7,-13,13✓
//输入中心点参数
指定半径或 [直径(D)] <75>: 7✓
//输入半径参数，按Enter键结束即可

图13-75 绘制网格球体

03 镜像图形。调用MI【镜像】命令，将新绘制的网格球体进行镜像操作，如图13-76所示。

图13-76 镜像图形

04 绘制网格圆锥体。调用MESH【图元网格】命令，激活【圆锥体】选项，绘制网格圆锥体，如图13-77所示，命令行提示如下。

命令: MESH✓
//调用【图元网格】命令
当前平滑度设置为: 0
输入选项 [长方体(B)/圆锥体(C)/圆柱体(CY)/棱锥体(P)/球体(S)/楔体(W)/圆环体(T)/设置(SE)] <圆锥体>: CONE✓
//选择【圆锥体（C）】选项
指定底面的中心点或 [三点(3P)/两点(2P)/切点、切点、半径(T)/椭圆(E)]: from✓
//调用【捕捉自】命令
基点: <偏移>: @50,35,10✓
//输入基点参数
指定底面半径或 [直径(D)] <20>: 20✓
//输入底面半径参数
指定高度或 [两点(2P)/轴端点(A)/顶面半径(T)] <15>: 15✓
//输入高度参数，按Enter键结束即可

图13-77 最终效果

13.7 本章小结

实体模型是三维建模中最重要的一部分，是最符合真实情况的模型。通过本章的学习，可以帮助读者快速掌握三维坐标系、视点和实体模型的控制和设置方法，也可以快速绘制出三维曲面和三维网格模型。

13.8 课后习题

本节通过具体的实例图形练习三维坐标系、视点的设置方法，以及三维曲面和三维网格的绘制方法。

13.8.1 设置三维实体的显示

案例位置	素材＞第13章＞13.8.1 设置三维实体的显示.dwg
视频位置	视频＞第13章＞13.8.1 设置三维实体的显示.mp4
难易指数	★☆☆☆☆
学习目标	学习【显示精度】功能的使用

三维实体的显示的设置流程如图13-78、图13-79和图13-80所示。

图 13-78 素材文件

图 13-79 设置精度

图 13-80 消隐图形

13.8.2 切换视图

案例位置	素材＞第13章＞13.8.2 切换视图.dwg
视频位置	视频＞第13章＞13.8.2 切换视图.mp4
难易指数	★☆☆☆☆
学习目标	学习【切换视图】功能的使用

切换视图的设置流程如图13-81和图13-82所示。

图 13-81 素材文件

图 13-82 切换至【东南等轴测】视图

299

第14章

三维图形的绘制

实体模型是三维建模中最重要的一部分，是最符合真实情况的模型。实体模型不再像曲面模型那样只是一个"空壳"，而是具有厚度和体积的模型。AutoCAD 2014也提供了直接创建基本形状的实体模型命令。对于非基本形状的实体模型，可以通过曲面模型的旋转、拉伸等操作创建。在创建好三维模型后，可以像二维图形中的修改功能一样对三维模型进行编辑和修改一样，也可以对已经创建的三维实体进行编辑和修改，以创建出更复杂的三维实体模型。根据三维建模中将三维转化为二维的基本思路，可以借助UCS变换，使用平移、复制、镜像、旋转等基本修改命令，对三维实体进行修改。

学习目标

熟悉通过二维图形转化三维图形的操作方法

掌握三维实体的绘制方法

掌握布尔运算的应用方法

熟悉倒角边与圆角边的操作方法

掌握三维图形的操作方法

掌握三维图形表面的编辑方法

熟悉图形的消隐与着色方法

熟悉三维模型的渲染方法

了解三维动态观察器的应用方法

14.1 通过二维图形转化三维图形

用户可以采用拉伸二维对象或将二维对象绕指定轴线旋转的方法生成三维实体，被拉伸或旋转的对象可以是三维平面、封闭的多段线、矩形、多边形、圆、圆弧、圆环、椭圆、封闭的样条曲线和面域等。

14.1.1 拉伸

【拉伸】工具可以将二维图形沿指定的高度和路径，将其拉伸为三维实体。拉伸命令常用于创建楼梯栏杆、管道、异形装饰等物体，是实际工程中创建复杂三维面最常用的一种方法。

在AutoCAD 2014中可以通过以下几种方法启动【拉伸】命令。

● 菜单栏：执行【绘图】|【建模】|【拉伸】命令。

● 命令行：在命令行中输入EXTRUDE/EXT命令。

● 功能区：在【常用】选项卡中，单击【建模】面板中的【拉伸】按钮 ▥。

在命令执行过程中，需要确定拉伸对象和拉伸高度。

如图14-1所示，选择多段线为拉伸对象，修改【拉伸高度】为7，对选择的对象进行拉伸操作。执行【拉伸】命令后，命令行提示如下。

命令: extrude↙

//调用【拉伸】命令

当前线框密度: ISOLINES=4，闭合轮廓创建模式 = 实体

选择要拉伸的对象或 [模式(MO)]: _MO 闭合轮廓创建模式 [实体(SO)/曲面(SU)] <实体>: _SO

选择要拉伸的对象或 [模式(MO)]: 找到 1 个

//选择拉伸对象

选择要拉伸的对象或 [模式(MO)]:

指定拉伸的高度或 [方向(D)/路径(P)/倾斜角(T)/表达式(E)]: 7↙

//修改拉伸高度参数即可

图14-1 拉伸图形的前后对比效果

在其命令行中各选项的含义如下。

● 模式（MO）：用于控制拉伸对象是实体还是曲面。

● 拉伸的高度：即按照指定的高度拉伸出三维实体图形。输入高度值后连续按两次Enter键即可得到拉伸的三维实体。同时可根据用户需要，还可设定倾斜角度。默认的角度值为0，如果输入非0的角度，拉伸后的实体截面会沿拉伸方向倾斜此角度。

● 方向（D）：默认情况下，对象可以沿Z轴方向拉伸，拉伸的高度可以为正值或负值，它们表示了拉伸的方向。

● 路径（P）：即以现有的图形对象作为拉伸创建三维实体对象。

● 倾斜角（T）：通过指定的角度拉伸对象，拉伸的角度也可以为正值或负值，其绝对值不大于90°。如果倾斜角为正，将产生内锥度，创建的侧面向里靠；如果倾斜角度为负，将产生外锥度，创建的侧面则向外。

● 表达式（E）：输入公式或方程式以指定拉伸高度。

14.1.2 扫掠

使用【扫掠】工具可以将扫掠对象沿着开放或闭合的二维或三维路径运动扫描，来创建实体或曲面。

在AutoCAD 2014中可以通过以下几种方法启动【扫掠】命令。

- 菜单栏：执行【绘图】|【建模】|【扫掠】命令。
- 命令行：在命令行中输入SWEEP命令。
- 功能区：在【常用】选项卡中，单击【建模】面板中的【扫掠】按钮圝。

在命令执行过程中，需要确定扫掠对象和扫掠高度。

如图14-2所示，选择圆为扫掠对象，选择倾斜直线为扫掠路径，对其进行扫掠操作。执行【扫掠】命令后，命令行提示如下。

> 命令: sweep✓
> //调用【扫掠】命令
> 当前线框密度: ISOLINES=4，闭合轮廓创建模式 = 实体
> 选择要扫掠的对象或 [模式(MO)]: _MO 闭合轮廓创建模式 [实体(SO)/曲面(SU)] <实体>: _SO
> 选择要扫掠的对象或 [模式(MO)]: 找到 1 个
> //选择圆对象
> 选择要扫掠的对象或 [模式(MO)]:
> 选择扫掠路径或 [对齐(A)/基点(B)/比例(S)/扭曲(T)]:
> //选择倾斜直线即可

图14-2 扫掠图形的前后对比效果

在其命令行中各选项的含义如下。

- 要扫掠的对象：指定要用作扫掠截面轮廓的对象。
- 要扫掠的路径：基于选择的对象指定扫掠路径。
- 对齐（A）：指定是否对齐轮廓以使其作为扫掠路径切向的法向。
- 基点（B）：指定要扫掠对象的基点。
- 比例（S）：指定比例因子以进行扫掠操作。从扫掠路径的开始到结束，比例因子将统一应用到扫掠的对象。
- 扭曲（T）：设置正被扫掠的对象的扭曲角度。扭曲角度指定沿扫掠路径全部长度的旋转量。

14.1.3 旋转

使用【旋转】命令可以通过绕轴旋转开放或闭合对象来创建实体或曲面，以旋转对象定义实体或曲面轮廓。用于旋转的二维对象可以是封闭多段线、多边形、圆、椭圆、封闭样条曲线、圆环、封闭区域、三维对象、包含在块中的对象，有交叉或自干涉的多段线不能被旋转，而且每次只能旋转一个对象。

在AutoCAD 2014中可以通过以下几种方法启动【旋转】命令。

- 菜单栏：执行【绘图】|【建模】|【旋转】命令。
- 命令行：在命令行中输入REVOLVE命令。
- 功能区：在【常用】选项卡中，单击【建模】面板中的【旋转】按钮圝。

在命令执行过程中，需要确定旋转对象、轴起点、轴端点和旋转角度参数。

如图14-3所示，选择多段线为旋转对象，捕捉图形的右下方倾斜直线的上下端点为轴起点和端点，修改【旋转角度】为360，对其进行旋转操作。执行【旋转】命令后，命令行提示如下。

> 命令: revolve✓
> //调用【旋转】命令
> 当前线框密度: ISOLINES=4，闭合轮廓创建模式 = 实体

选择要旋转的对象或 [模式(MO)]: _MO 闭合轮廓创建模式 [实体(SO)/曲面(SU)] <实体>: _SO

选择要旋转的对象或 [模式(MO)]: 找到 1 个

//选择多段线对象

选择要旋转的对象或 [模式(MO)]:

指定轴起点或根据以下选项之一定义轴 [对象(O)/X/Y/Z] <对象>:

//捕捉右下方倾斜直线的上端点

指定轴端点:

//捕捉右下方倾斜直线的下端点

指定旋转角度或 [起点角度(ST)/反转(R)/表达式(EX)] <360>:

//输入旋转角度参数即可

图14-3 旋转图形的前后对比效果

其命令行中各选项的含义如下。

● 选择要旋转的对象：指定要绕某个轴旋转的对象。

● 模式（MO）：控制旋转动作是创建实体还是曲面。

● 轴起点：该选项用于指定旋转轴的第1个端点。

● 轴端点：该选项用于指定旋转轴的轴端点。

● 起点角度（ST）：为从旋转对象所在平面开始的旋转指定偏移。

● 旋转角度：该选项用于指定选定对象绕轴旋转的距离。

● 反转（R）：更改旋转方向；类似于输入负角度值。

● 表达式（EX）：输入公式或方程式以指定旋转角度。

14.1.4 放样

放样实体是指在数个横截面之间的空间中创建三维实体或曲面，包括圆或圆弧等。

在AutoCAD 2014中可以通过以下几种方法启动【放样】命令。

● 菜单栏：执行【绘图】|【建模】|【放样】命令。

● 命令行：在命令行中输入LOFT命令。

● 功能区：在【常用】选项卡中，单击【建模】面板中的【放样】按钮。

在命令执行过程中，需要确定横截面、导向和路径等参数。

如图14-4所示，依次拾取圆为横截面对象，拾取中间的垂直直线为路径，对其进行放样操作。执行【放样】命令后，命令行提示如下。

命令: loft↙

//调用【放样】命令

当前线框密度: ISOLINES=4，闭合轮廓创建模式 = 实体

按放样次序选择横截面或 [点(PO)/合并多条边(J)/模式(MO)]: _MO 闭合轮廓创建模式 [实体(SO)/曲面(SU)] <实体>: _SO

按放样次序选择横截面或 [点(PO)/合并多条边(J)/模式(MO)]: 找到 1 个

//选择上方大圆

按放样次序选择横截面或 [点(PO)/合并多条边(J)/模式(MO)]: 找到 1 个，总计 2 个

//选择中间小圆

按放样次序选择横截面或 [点(PO)/合并多条边(J)/模式(MO)]: 找到 1 个，总计 3 个

//选择下方大圆

按放样次序选择横截面或 [点(PO)/合并多条边(J)/模式(MO)]:

选中了 3 个横截面

输入选项 [导向(G)/路径(P)/仅横截面(C)/设置(S)] <仅横截面>: P↙

//选择【路径（P）】选项

选择路径轮廓：

//选择中间垂直直线即可

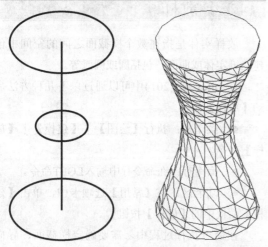

图14-4 放样图形的前后对比效果

其命令行中各选项的含义如下。

● 按放样次序选择横截面：按曲面或实体将通过曲线的次序指定开放或闭合曲线。

● 点（PO）：如果选择【点】选项，还必须选择闭合曲线。

● 合并多条边（J）：将多个端点相交曲线合并为一个横截面。

● 导向（G）：指定控制放样实体或曲面形状的导向曲线。

● 路径（P）：指定放样实体或曲面的单一路径。

● 仅横截面（C）：在不使用导向或路径的情况下，创建放样对象。

14.1.5 按住并拖动

【按住并拖动】是AutoCAD中一个简单有用的操作，可由有限有边界区域或闭合区域创建拉伸，也可以从实体上的有限有边界区域或闭合区域中创建拉伸。

在AutoCAD 2014中可以通过以下几种方法启动【按住并拖动】命令。

● 命令行：在命令行中输入PRESSPULL命令。

● 功能区：在【常用】选项卡中，单击【建模】面板中的【按住并拖动】按钮。

在命令执行过程中，需要确定拉伸对象和拉伸高度。

如图14-5所示，拾取圆对象，修改【拉伸高度】为50，对其进行按住并拖动操作。执行【按住并拖动】命令后，命令行提示如下。

命令: presspull↙

//调用【按住并拖动】命令

选择对象或边界区域：

//选择圆对象

指定拉伸高度或 [多个(M)]：

指定拉伸高度或 [多个(M)]:50↙

//修改拉伸高度，按Enter键结束

已创建 1 个拉伸

选择对象或边界区域：

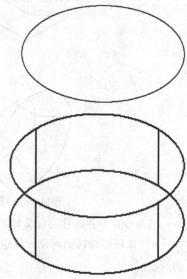

图14-5 放样图形的前后对比效果

14.1.6 课堂实例——绘制台灯

案例位置	素材＞第14章＞14.1.6 课堂实例——绘制台灯.dwg
视频位置	视频＞第14章＞14.1.6 课堂实例——绘制台灯.mp4
难易指数	★★★☆☆
学习目标	学习【多段线】、【旋转】、【拉伸】和【扫掠】等命令的使用

01 绘制多段线。新建文件。将视图切换至【前视】视图，调用PL【多段线】命令，绘制一条封闭多段线，如图14-6所示。

图14-6 绘制多段线

02 旋转实体。将视图切换至【西南等轴测】视图，调用REV【旋转】命令，对新绘制的多段线进行旋转操作，如图14-7所示。

图14-7 旋转实体

03 圆角图形。调用F【圆角】命令，修改【圆角半径】为0.1，对底座的两条棱边进行圆角处理，显示效果如图14-8所示。

图14-8 圆角边对象

04 绘制圆。将坐标系恢复到世界坐标系，调用C【圆】命令，在合适的位置处绘制一个半径为2的圆，如图14-9所示。

图14-9 绘制圆

05 拉伸图形。调用EXT【拉伸】命令，选择新绘制的圆为拉伸对象，修改【倾斜角度】为20、【拉伸高度】为1，拉伸实体图形，如图14-10所示。

图14-10 拉伸实体

06 绘制样条曲线。将视图切换至【前视】视图，调用SPL【样条曲线】命令，捕捉圆心为起点，依次输入点参数（@0，20）和（@10，0），绘制样条曲线，如图14-11所示。

图14-11 绘制样条曲线

07 绘制圆。将视图切换至【西南等轴测】视图，将坐标系统Y轴旋转90°，调用C【圆】命令，在样条曲线的上方端点处，绘制一个半径为0.4的圆，如图14-12所示。

08 扫掠实体。调用SWEEP【扫掠】命令，依次拾取新绘制的圆和样条曲线为扫掠对象和扫掠路径，进行扫掠操作，显示效果如图14-13所示。

09 圆角图形。调用UNI【并集】命令，将底座模型进行并集操作；调用F【圆角】命令，修改【圆角半径】为1，将底座的上端面进行圆角操作，如图14-14所示。

图14-12 绘制圆

图14-15 创建坐标系　　　图14-16 绘制图形

图14-13 扫掠对象　　　图14-14 圆角图形

图14-17 最终效果

⑩ 创建坐标系。调用UCS【坐标系】命令，新建坐标系原点，并将新创建的坐标系绕Y轴旋转-90°，如图14-15所示。

⑪ 绘制图形。将视图切换至【左视】视图，调用PL【多段线】、L【直线】、M【移动】和F【圆角】命令，绘制灯罩轮廓曲线，如图14-16所示。

⑫ 调用REV【旋转】命令，将新绘制的图形进行旋转操作，隐藏多余的图形，得到的最终效果如图14-17所示。

14.2　三维实体的绘制

用户可以在【三维建模】界面的【建模】面板中单击相应的按钮以创建出基本三维实体，主要包括长方体、楔体、球体、圆柱体、圆锥体、圆环体和多段体等。

14.2.1　长方体

使用【长方体】命令，可以创建具有规则实体模型形状的长方体或正方体等实体，如创建零件的底座、支撑板、建筑墙体及家具等。

在AutoCAD 2014中可以通过以下几种方法启动【长方体】命令。

- 菜单栏：执行【绘图】|【建模】|【长方体】命令。
- 命令行：在命令行中输入BOX命令。
- 功能区：在【常用】选项卡中，单击【建模】面板中的【长方体】按钮 。

在命令执行过程中，需要确定第一角点和其他角点。

如图14-18所示，捕捉图形的右下方合适端点为第一角点，输入（@-1200，150，1900）为其他角点，进行长方体的绘制操作。执行【长方体】命令后，命令行提示如下。

> 命令: box↙
> //调用【长方体】命令
> 指定第一个角点或 [中心(C)]:
> //指定右下方合适角点
> 指定其他角点或 [立方体(C)/长度(L)]:
> @-1200,150,1900↙
> //输入参数按Enter键结束

图14-18 绘制长方体的前后对比效果

14.2.2 圆柱体

圆柱体是指在一个平面内，该平面绕着一条定直线旋转一周所围成的旋转面。圆柱体常用于创建房屋基柱、旗杆等柱状物体。

在AutoCAD 2014中可以通过以下几种方法启动【圆柱体】命令。

- 菜单栏：执行【绘图】|【建模】|【圆柱体】命令。
- 命令行：在命令行中输入CYLINDER/CYL命令。
- 功能区：在【常用】选项卡中，单击【建模】面板中的【圆柱体】按钮 。

在命令执行过程中，需要确定底面中心点、半径和高度。

如图14-19所示，捕捉顶面圆心点为底面中心线，修改【底面半径】和【高度】分别为40和8，进行圆柱体的绘制操作。执行【长方体】命令后，命令行提示如下。

> 命令: cylinder↙
> //调用【圆柱体】命令
> 指定底面的中心点或 [三点(3P)/两点(2P)/切点、切点、半径(T)/椭圆(E)]:
> //指定顶面圆心点
> 指定底面半径或 [直径(D)] <20.0000>: 40↙
> //指定底面半径参数
> 指定高度或 [两点(2P)/轴端点(A)]
> <1900.0000>: 8↙
> //指定高度参数，按Enter键结束

图14-19 绘制圆柱体的前后对比效果

14.2.3 圆锥体

在创建圆锥体时，底面半径的默认值始终是先前输入的任意实体的底面半径值。用户可以通过在命令行中选择相应的选项，来定义圆锥面的底面。

在AutoCAD 2014中可以通过以下几种方法启动【圆锥体】命令。

● 菜单栏：执行【绘图】|【建模】|【圆锥体】命令。

● 命令行：在命令行中输入CONE命令。

● 功能区：在【常用】选项卡中，单击【建模】面板中的【圆锥体】按钮△。

在命令执行过程中，需要确定底面中心点、半径和高度。

如图14-20所示，捕捉最上方圆柱体的上方圆心点为底面中心点，修改【底面半径】和【高度】分别为12和20，进行圆锥体的绘制操作。执行【圆锥体】命令后，命令行提示如下。

命令: cone↙
//调用【圆锥体】命令
指定底面的中心点或 [三点(3P)/两点(2P)/切点、切点、半径(T)/椭圆(E)]:
//捕捉最上方的圆心点
指定底面半径或 [直径(D)]: 12↙
//输入底面半径参数
指定高度或 [两点(2P)/轴端点(A)/顶面半径(T)]: 20↙
//输入高度参数，按Enter键结束

图14-20 绘制圆锥体的前后对比效果

14.2.4 楔体

使用【楔体】命令时，可以将楔体的底面绘制为与当前UCS的XY平面平行，斜面正对第1个角点，楔体的高度与Z轴平行。

在AutoCAD 2014中可以通过以下几种方法启动【楔体】命令。

● 菜单栏：执行【绘图】|【建模】|【楔体】命令。

● 命令行：在命令行中输入WEDGE命令。

● 功能区：在【常用】选项卡中，单击【建模】面板中的【楔体】按钮◻。

在命令执行过程中，需要确定第一角点和其他角点。

如图14-21所示，捕捉图形的模型相交线的中点为第一角点，输入（@-80，20，135）为其他角点，进行楔体的绘制操作。执行【楔体】命令后，命令行提示如下。

命令: wedge↙
//调用【楔体】命令
指定第1个角点或 [中心(C)]:
//指定模型相交线的中点
指定其他角点或 [立方体(C)/长度(L)]: @-80,20,135↙
//输入参数按Enter键结束

图14-21 绘制楔体的前后对比效果

14.2.5 球体

在三维空间中，球体是到一个点（即球心）距离相等的所有点的集合形成的实体，广泛应用于机械、建筑等制图中，如创建档位控制杆、建筑物的球形屋顶等。

在AutoCAD 2014中可以通过以下几种方法启动【球体】命令。

● 菜单栏：执行【绘图】|【建模】|【球体】命令。

● 命令行：在命令行中输入SPHERE命令。

● 功能区：在【常用】选项卡中，单击【建模】面板中的【球体】按钮◎。

在命令执行过程中，需要确定中心点和半径参数。

如图14-22所示，分别捕捉圆环中的右侧上下两个象限点为中心点，修改【半径】参数为25，进行球体的绘制操作。执行【球体】命令后，命令行提示如下。

命令: sphere✓

//调用【球体】命令

指定中心点或 [三点(3P)/两点(2P)/切点、切点、半径(T)]:

//捕捉右上方象限点

正在检查 903 个交点

指定半径或 [直径(D)] <12.0000>: 25✓

//输入半径参数，按Enter键结束

命令: SPHERE✓

//重复调用【球体】命令

指定中心点或 [三点(3P)/两点(2P)/切点、切点、半径(T)]:

//捕捉右下方象限点

正在检查 861 个交点

指定半径或 [直径(D)] <25.0000>: 25✓

//输入半径参数，按Enter键结束

图14-22 绘制球体的前后对比效果

14.2.6 圆环体

使用【圆环体】命令可以创建与轮胎内胎相似的环形体。圆环体由两个半径值定义，一个是圆管的半径，另一个是从圆环体中心到圆管中心的距离。

在AutoCAD 2014中可以通过以下几种方法启动【圆环体】命令。

● 菜单栏：执行【绘图】|【建模】|【圆环体】命令。

● 命令行：在命令行中输入TORUS命令。

● 功能区：在【常用】选项卡中，单击【建模】面板中的【圆环体】按钮◎。

在命令执行过程中，需要确定中心点、半径和圆管半径参数。

如图14-23所示，捕捉圆柱体的上方圆心点为中心点，修改【半径】和【圆管半径】参数分别为70和7，进行圆环体的绘制操作。执行【圆环体】命令后，命令行提示如下。

命令: TORUS✓

//调用【圆环体】命令

指定中心点或 [三点(3P)/两点(2P)/切点、切点、半径(T)]:

//捕捉上方圆心点

指定半径或 [直径(D)] <25.0000>: 70✓

//输入半径参数

指定圆管半径或 [两点(2P)/直径(D)]: 7✓

//输入圆管半径参数，按Enter键结束

图14-23 绘制圆环体的前后对比效果

14.2.7 课堂实例——绘制图钉

案例位置	素材＞第14章＞14.2.7 课堂实例——绘制图钉.dwg
视频位置	视频＞第14章＞14.2.7 课堂实例——绘制图钉.mp4
难易指数	★★☆☆☆
学习目标	学习【圆柱体】、【拉伸】、【球体】、【并集】和【圆锥体】等命令的使用

01 绘制圆柱体。新建文件。将视图切换至【西南等轴测】视图，调用CYL【圆柱体】命令，在原点位置处绘制一个半径为50、高度为10的圆柱体，如图14-24所示。

图14-24 绘制圆柱体

02 绘制圆。调用C【圆】命令，在原点处绘制一个半径为25的圆，如图14-25所示。

图14-25 绘制圆

03 拉伸实体。调用EXT【拉伸】命令，修改【倾斜角】为－3、【拉伸高度】为－120，将新绘制的圆进行拉伸操作，如图14-26所示。

04 绘制球体。调用SPHERE【球体】命令，在合适的位置处绘制一个球体，如图14-27所示，其命令行提示如下。

> 命令: sphere✓
> //调用【球体】命令
> 指定中心点或 [三点(3P)/两点(2P)/切点、切点、半径(T)]: 0,0,-210✓
> //输入中心点坐标值
> 指定半径或 [直径(D)] <50.0000>: 100✓
> //输入半径参数，按Enter键结束

图14-26 拉伸实体

图14-27 绘制球体

05 剖切实体。调用SL【剖切】命令，剖切新绘制的球体，如图14-28所示，其命令行提示如下。

> 命令: SL✓
> //调用【剖切】命令
> SLICE
> 选择要剖切的对象: 找到 1 个
> //选择球体
> 选择要剖切的对象:
> 指定 切面 的起点或 [平面对象(O)/曲面(S)/Z轴(Z)/视图(V)/XY(XY)/YZ(YZ)/ZX(ZX)/三点(3)] <三点>: xy✓
> //输入XY选项
> 指定 XY 平面上的点 <0,0,0>: 0,0,-160✓
> //输入点参数
> 在所需的侧面上指定点或 [保留两个侧面(B)] <保留两个侧面>:
> //指定下方端点即可

06 并集实体。调用UNI【并集】命令，并集所有模型，如图14-29所示。

图14-28 剖切实体　　　　　图14-29 并集模型

07 绘制圆柱体。调用CYL【圆柱体】命令，在合适位置处绘制一个圆柱体，如图14-30所示，其命令行提示如下。

命令: CYL↙

//调用【圆柱体】命令

CYLINDER

指定底面的中心点或 [三点(3P)/两点(2P)/切点、切点、半径(T)/椭圆(E)]: 0,0,-160↙

//输入底面中心点参数

指定底面半径或 [直径(D)] <100.0000>: 5↙

//输入半径参数

指定高度或 [两点(2P)/轴端点(A)] <-120.0000>: -160↙

//输入高度参数即可

(08) 绘制圆锥体。调用CONE【圆锥体】命令，在合适位置处绘制一个圆锥体，其命令行提示如下。

命令: CONE↙

//调用【圆锥体】命令

指定底面的中心点或 [三点(3P)/两点(2P)/切点、切点、半径(T)/椭圆(E)]: 0,0,-320↙

//输入底面中心点参数

指定底面半径或 [直径(D)] <5.0000>: 5↙

//输入底面半径参数

指定高度或 [两点(2P)/轴端点(A)/顶面半径(T)] <-160.0000>: -40↙

//输入高度参数即可

(09) 完善模型。调用UNI【并集】命令，并集所有模型，显示效果如图14-31所示。

图14-30 绘制圆柱体　　图14-31 剖切实体

14.3 布尔运算的应用

很多三维图形并不是规则的图形，而且也不能简单地利用拉伸或者旋转来绘制。在此情况下，可以通过布尔运算等来创建复合实体。

14.3.1 并集运算

并集运算是将若干个实体（或曲面）对象合并成为一个新的组合对象。这些实体（或曲面）可以没有公共部分。

在AutoCAD 2014中可以通过以下几种方法启动【并集运算】命令。

● 菜单栏：执行【修改】|【实体编辑】|【并集】命令。

● 命令行：在命令行中输入UNION/UNI命令。

● 功能区：在【常用】选项卡中，单击【实体编辑】中的【并集】按钮◉。

在命令执行过程中，需要确定并集运算对象。

如图14-32所示，选择两个大圆柱体和拉伸实体为并集运算对象，进行并集运算操作。执行【并集】命令后，命令行提示如下。

命令: union↙

//调用【并集运算】命令

选择对象: 找到 1 个

选择对象: 找到 1 个，总计 2 个

选择对象: 找到 1 个，总计 3 个

//选择所有圆柱体，按Enter键结束选择

选择对象:

图14-32 并集运算的前后对比效果

311

14.3.2 差集运算

差集运算可以从具有公共部分的两个或两个以上的实体中减去一个或多个实体。

在AutoCAD 2014中可以通过以下几种方法启动【差集运算】命令。

● 菜单栏：执行【修改】|【实体编辑】|【差集】命令。

● 命令行：在命令行中输入SUBTRACT/ SU命令。

● 功能区：在【常用】选项卡中，单击【实体编辑】中的【差集】按钮◙。

在命令执行过程中，需要确定要从中减去的实体和减去的实体。

如图14-33所示，选择并集实体为要从中减去的实体，选择两个小圆柱体为减去的实体，进行差集运算操作。执行【差集运算】命令后，命令行提示如下。

命令: SUBTRACT↙

//调用【差集】命令

选择要从中减去的实体、曲面和面域

选择对象: 找到1个↙

//选择并集实体

选择对象: 选择要减去的实体、曲面和面域

选择对象: 找到2个↙

//选择小圆柱体，按Enter键结束即可

图14-33 差集运算的前后对比效果

14.3.3 交集运算

交集运算是利用各实体的公共部分来创建新的实体。

在AutoCAD 2014中可以通过以下几种方法启动【交集运算】命令。

● 菜单栏：执行【修改】|【实体编辑】|【交集】命令。

● 命令行：在命令行中输入INTERSECT/ IN命令。

● 功能区：在【常用】选项卡中，单击【实体编辑】中的【交集】按钮◙。

在命令执行过程中，需要确定交集运算的实体。

如图14-34所示，选择所有的实体为交集运算对象，进行交集运算操作。执行【交集运算】命令后，命令行提示如下。

命令: INTERSECT↙

//调用【交集】命令

选择对象: 指定对角点: 找到2个

//选择两个圆柱体对象

选择对象:

//按回车键结束选择，完成交集运算操作

图14-34 交集运算的前后对比效果

14.3.4 课堂实例——创建阀体模型

案例位置　素材＞第14章＞14.3.4 课堂实例——创建阀体模型.dwg
视频位置　视频＞第14章＞14.3.4 课堂实例——创建阀体模型.mp4
难易指数　★★★☆☆
学习目标　学习【并集】、【差集】等命令的使用

01 绘制圆。新建文件。调用C【圆】命令，在原点处绘制两个半径分别为15和21的圆，如图14-35所示。

图14-35 绘制圆

02 绘制圆。调用C【圆】和M【移动】命令，结合【对象捕捉】功能，绘制圆，如图14-36所示。

图14-36 绘制圆

03 环形阵列图形。调用ARRAYPOLAR【环形阵列】命令，修改【项目数】为3，将新绘制的小圆进行环形阵列操作；调用X【分解】命令，分解环形阵列图形，如图14-37所示。

图14-37 环形阵列图形

04 旋转坐标系。将视图切换至【西南等轴测】视图，调用UCS【坐标系】命令，将坐标系绕X轴旋转90°，效果如图14-38所示。

图14-38 旋转坐标系

05 移动坐标系。调用UCS【坐标系】命令，输入新坐标点（0，25），移动坐标系，如图14-39所示。

图14-39 移动坐标系

06 绘制圆。调用C【圆】命令，在原点处分别绘制半径为7.5和15的圆，效果如图14-40所示。

图14-40 绘制圆

07 绘制圆。调用C【圆】命令，在（0,9.75）处绘制一个半径为1.5的圆，如图14-41所示。

图14-41 绘制圆

⑧ 环形阵列图形。调用ARRAYPOLAR【环形阵列】命令，修改【项目数】为3，将新绘制的小圆进行环形阵列操作；调用X【分解】命令，分解环形阵列图形，如图14-42所示。

图14-42 环形阵列图形

⑨ 拉伸实体。调用EXT【拉伸】命令，拾取上方半径为1.5、7.5和15的圆为拉伸对象，修改【拉伸高度】为38，进行拉伸实体操作，如图14-43所示。

图14-43 拉伸实体

⑩ 拉伸实体。调用EXT【拉伸】命令，拾取上方半径为15和21的圆为拉伸对象，修改【拉伸高度】为50，进行拉伸实体操作，如图14-44所示。

图14-44 拉伸实体

⑪ 拉伸实体。调用EXT【拉伸】命令，拾取半径为4.5和7.5的同心圆为拉伸对象，修改【拉伸高度】为7.5，进行拉伸实体操作，如图14-45所示。

图14-45 拉伸实体

⑫ 复制图形。调用CO【复制】命令，选择【拉伸高度】为7.5的实体为复制对象，进行复制操作，如图14-46所示。

图14-46 复制图形

⑬ 并集实体。调用UNI【并集】命令，选择外侧所有的大圆柱体，进行并集运算操作，如图14-47所示。

图14-47 并集模型

⑭ 并集实体。调用UNI【并集】命令，选择内侧所有的小圆柱体，进行并集运算操作，如图14-48所示。

图14-48 并集模型

⑮ 差集实体。调用SU【差集】命令，将小的并集实体从大的并集实体中减去，显示效果如图14-49所示。

图14-49 最终效果

14.3.5 干涉运算

【干涉运算】主要是通过对比两组对象或一对一地检查所有实体来检查实体模型中的干涉。系统将高亮显示模型相交的部分，即实体或曲面间的干涉。干涉检查命令没有改变并保留了原来的实体模型，而且将其公共部分创建为一个新模型。

在AutoCAD 2014中可以通过以下几种方法启动【干涉检查】命令。

● 菜单栏：执行【修改】|【三维操作】|【干涉检查】命令。

● 命令行：在命令行中输入INTERFERE命令。

● 功能区：在【常用】选项卡中，单击【实体编辑】面板中的【干涉】按钮。

通过以上任意一种方法执行该命令后，在绘图区选取执行干涉检查的实体模型，按Enter键完成选择，接着选取执行干涉的另一个模型，按Enter键即可查看干涉检查效果，如图14-50所示。

图14-50 干涉运算模型的前后对比效果

执行【干涉】命令后，命令行提示如下。

```
命令: interfere↙↙
//调用【干涉】命令
选择第一组对象或 [嵌套选择（N）/设置
（S）]: ↙
//选择第一组对象
选择第一组对象或 [嵌套选择（N）/设置
（S）]: ↙
```

//按Enter键确定

选择第二组对象或 [嵌套选择（N）/检查第一组（K）]: ↙

//选择第二组对象

选择第二组对象或 [嵌套选择（N）/检查第二组（K）]: ↙

//按Enter键确定

其命令行中各选项的含义如下。

- 嵌套选择：即用户可以选择嵌套在块和外部参照中的单个实体对象。

- 设置：选择该选项，系统打开【干涉检查】对话框，如图14-51所示，可以设置干涉的相关参数。

图14-51 【干涉检查】对话框

在【干涉检查】对话框中各常用选项的含义如下。

- 第一组：显示第一组中选定的对象数目。
- 第二组：显示第二组中选定的对象数目。
- 找到的干涉点对：显示选定对象中找到的干涉数目。
- 关闭时删除已创建的干涉对象：关闭对话框时删除干涉对象。
- 高亮显示：使用【上一个】和【下一个】在对象中循环时，将高亮显示干涉对象。
- 缩放对：使用【上一个】和【下一个】时缩放干涉对象。

14.4 倒角边与圆角边的操作

在三维实体建模过程中，为了使产品更加美观或者达到预期设定的要求，就需要对实体模型的边缘进行倒角或者圆角处理，【倒角】和倒【圆角】在实体中的命令及操作方法和在二维图形中基本相同。

14.4.1 倒角边

使用【倒角边】命令可以在三维实体中的棱建立斜角，该命令不适用于表面模型，提示顺序也与二维图形中倒斜角不同。

在AutoCAD 2014中可以通过以下几种方法启动【倒角边】命令。

- 菜单栏：执行【修改】|【实体编辑】|【倒角边】命令。
- 命令行：在命令行中输入CHAMFEREDGE命令。
- 功能区：在【实体】选项卡中，单击【实体编辑】面板中的【倒角边】按钮。

在命令执行过程中，需要确定距离参数和倒角边对象。

如图14-52所示，修改【距离】均为2，依次拾取长方体中的4条边对象，进行倒角边操作。执行【倒角边】命令后，命令行提示如下。

```
命令: CHAMFEREDGE ↙
//调用【倒角边】命令
距离 1 = 4.0000，距离 2 = 4.0000
选择一条边或 [环(L)/距离(D)]: d↙
//选择【距离（D）】选项
指定距离 1 或 [表达式(E)] <4.0000>: 2↙
//输入距离参数
指定距离 2 或 [表达式(E)] <4.0000>: 2↙
//输入距离参数
选择一条边或 [环(L)/距离(D)]:
//选择第1条边
选择同一个面上的其他边或 [环(L)/距离(D)]:
//选择第2条边
选择同一个面上的其他边或 [环(L)/距离(D)]:
//选择第3条边
选择同一个面上的其他边或 [环(L)/距离(D)]:
//选择第4条边
按 Enter 键接受倒角或 [距离(D)]:
//按Enter键结束即可
```

图14-52 倒角边的前后对比效果

在【倒角边】命令行中各选项的含义如下。

• 选择边：用于选择要建立倒角的一条实体边或曲面边。

• 距离1：用于设定第一条倒角边与选定边的距离。

• 距离2：用于设定第二条倒角边与选定边的距离。

• 环（L）：用于对一个面上所有边建立倒角。

14.4.2 圆角边

使用【圆角边】命令，可以为实体对象边建立圆角。

在AutoCAD 2014中可以通过以下几种方法启动【圆角边】命令。

• 菜单栏：执行【修改】|【实体编辑】|【圆角边】命令。

• 命令行：在命令行中输入FILLETEDGE命令。

• 功能区：在【实体】选项卡中，单击【实体编辑】面板中的【圆角边】按钮 。

在命令执行过程中，需要确定圆角半径和需要圆角的边对象。

如图14-53所示，修改【圆角半径】为5，拾取合适的边为圆角对象，进行圆角边操作，执行【圆角边】命令后，命令行提示如下。

```
命令: FILLETEDGE↙
//调用【圆角边】命令
半径 = 1.0000
选择边或 [链(C)/环(L)/半径(R)]:
选择边或 [链(C)/环(L)/半径(R)]: r↙
//选择【半径（R）】选项
输入圆角半径或 [表达式(E)] <1.0000>: 5↙
//输入圆角半径参数
选择边或 [链(C)/环(L)/半径(R)]:
//选择合适的边对象
已选定 1 个边用于圆角。
按 Enter 键接受圆角或 [半径(R)]:
//按Enter键接受圆角边
```

图14-53 圆角边的前后对比效果

其命令行中各选项的含义如下。

- 链（C）：指定多条边的边相切。
- 环（L）：在实体的面上指定边的环。
- 半径（R）：指定半径值。

14.4.3 课堂实例——绘制轴模型

案例位置	素材＞第14章＞14.4.3 课堂实例——绘制轴模型.dwg
视频位置	视频＞第14章＞14.4.3 课堂实例——绘制轴模型.mp4
难易指数	★★☆☆☆
学习目标	学习【倒角边】、【圆角边】等命令的使用

⑴ 绘制封闭多段线。新建文件。调用PL【多段线】命令，绘制一条封闭的多段线，如图14-54所示。

图14-54 绘制封闭多段线

⑵ 旋转实体。将视图切换至【西南等轴测】视图，调用REV【旋转】命令，将新绘制的多段线进行旋转操作，如图14-55所示。

图14-55 旋转实体

⑶ 倒角边。调用CHAMFEREDGE【倒角边】命令，修改【距离】均为2，拾取合适的边对象，进行倒角边操作，如图14-56所示。

图14-56 倒角边

⑷ 圆角边。调用FILLETEDGE【圆角边】命令，修改【圆角半径】为2，拾取合适的边对象进行圆角操作，效果如图14-57所示。

图14-57 圆角边效果

⑸ 绘制图形。将视图切换至【俯视】视图，调用C【圆】、M【移动】、CO【复制】、L【直线】和TR【修剪】命令，绘制轮廓图形；调用JOIN【合并】命令，合并所有图形，【二维线框】显示效果如图14-58所示。

图14-58 绘制轮廓图形

⑹ 拉伸实体。将视图切换至【西南等轴测】视图，调用EXT【拉伸】命令，修改【拉伸高度】为7，拉伸实体，如图14-59所示。

图14-59 拉伸实体

⑺ 差集运算。调用M【移动】命令，在【前视】视图中调整拉伸实体的位置；调用SU【差集】命令，将拉伸实体从旋转实体中减去，得到的最终效果如图14-60所示。

图14-60 最终效果

14.5 三维图形的操作

AutoCAD 2014提供了专业的三维对象编辑工具，如三维阵列、三维镜像、三维旋转、三维对齐等，从而为创建出更加复杂的实体模型提供了条件。

14.5.1 三维对齐

使用【三维对齐】命令，分别指定源对象与目标对象中的3个点，可以将源对象与目标对象对齐。

在AutoCAD 2014中可以通过以下几种方法启动【三维对齐】命令。

● 菜单栏：执行【修改】|【三维操作】|【三维对齐】命令。

● 命令行：在命令行中输入3DALIGN命令。

● 功能区：在【常用】选项卡中，单击【修改】面板中的【三维对齐】按钮🔲。

在命令执行过程中，需要确定三维对象、源平面和方向、目标平面和方向。

如图14-61所示，选择桌腿对象为三维对齐对象，捕捉选择对象的左上方圆心点为基点，捕捉桌子左上角合适的点为目标，进行三维对齐操作。执行【三维对齐】命令后，命令行提示如下。

命令: 3dalign↙
//调用【三维对齐】命令
选择对象: 指定对角点: 找到 1 个
选择对象:
//选择桌腿对象
指定源平面和方向

指定基点或 [复制(C)]:
//捕捉左上方圆心点
INTERSECT 所选对象太多
指定第二个点或 [继续(C)] <C>:
//按Enter键结束选择
指定目标平面和方向
指定第1个目标点:
//捕捉桌子左上角合适点
指定第2个目标点或 [退出(X)] <X>:
//按Enter键结束选择，完成三维对齐操作

图14-61 三维对齐模型的前后对比效果

14.5.2 三维镜像

使用【三维镜像】工具，可以将三维对象通过镜像平面获取与之完全相同的对象。

在AutoCAD 2014中可以通过以下几种方法启动【三维镜像】命令。

● 菜单栏：执行【修改】|【三维操作】|【三维镜像】命令。

● 命令行：在命令行中输入MIRROR3D命令。

● 功能区：在【常用】选项卡中，单击【修改】面板中的【三维镜像】按钮🔲。

在命令执行过程中，需要确定三维模型、镜像平面或镜像点。

如图14-62所示，选择梯子作为镜像对象，依次捕捉左侧矩形下方的上下两个端点，在任意捕捉一点，进行三维镜像操作。执行【三维镜像】命令后，命令行提示如下。

命令: mirror3d✓
//调用【三维镜像】命令
选择对象: 指定对角点: 找到 10 个
选择对象: 指定对角点: 找到 3 个, 总计 13 个
//选择梯子对象
选择对象:
指定镜像平面 (三点) 的第1个点或
[对象(O)/最近的(L)/Z 轴(Z)/视图(V)/XY 平面(XY)/YZ 平面(YZ)/ZX 平面(ZX)/三点(3)] <三点>:
//指定第一点
在镜像平面上指定第二点:
//指定第二点
在镜像平面上指定第三点:
//指定第三点
是否删除源对象? [是(Y)/否(N)] <否>:
//按Enter键结束即可

图14-62 三维镜像模型的前后对比效果

在【三维镜像】命令行中各选项的含义如下。

● 对象（O）：使用选定平面对象的平面作为镜像平面。

● Z轴（Z）：根据平面上的一个点和平面法线上的一个点定义镜像平面。

● 视图（V）：将镜像平面与当前视口中通过指定点的视图平面对齐。

● XY平面（XY）：将镜像平面与一个通过指定点的标准平面XY对齐。

● YZ平面（YZ）：将镜像平面与一个通过指定点的标准平面YZ对齐。

● ZX平面（ZX）：将镜像平面与一个通过指定点的标准平面ZX对齐。

● 三点（3）：通过三个点定义镜像平面。

14.5.3 三维移动

三维图形对象的移动是指在三维空间中调整图形对象的位置，操作方法与在二维空间中移动图形对象的方法类似。执行【三维移动】命令后，在三维视图中显示三维移动小控件，以便将三维对象在指定方向上移动指定距离。

在AutoCAD 2014中可以通过以下几种方法启动【三维移动】命令。

● 菜单栏：执行【修改】|【三维操作】|【三维移动】命令。

● 命令行：在命令行中输入3DMOVE命令。

● 功能区：在【常用】选项卡中，单击【修改】面板中的【三维移动】按钮⊙。

在命令执行过程中，需要确定三维模型、移动基点和移动点。

执行以上任一命令均可启动【三维移动】命令，命令行提示如下。

命令: 3dmove✓
//调用【三维移动】命令
选择对象: 指定对角点: 找到 0 个
选择对象: 找到 1 个
//选择三维实体
选择对象:
指定基点或 [位移(D)] <位移>:
//指定基点
正在检查 1128 个交点
** MOVE **
指定移动点 或 [基点(B)/复制(C)/放弃(U)/退出(X)]:
//指定移动点借口

14.5.4 三维阵列

使用【三维阵列】命令可以在三维空间中按矩形阵列或环形阵列的方式，创建指定对象的多个副本。

在AutoCAD 2014中可以通过以下几种方法启动【三维阵列】命令。

- 菜单栏：执行【修改】|【三维操作】|【三维阵列】命令。
- 命令行：在命令行中输入3DARRAY/3A命令。

在命令执行过程中，需要确定阵列类型、项目数和阵列中心点等参数。

如图14-63所示，选择石凳为三维阵列对象，选择【环形（P）】阵列类型，修改【项目数目】为6，依次捕捉上下圆心点为阵列中点，进行三维阵列操作。执行【三维阵列】命令后，命令行提示如下。

```
命令: 3A↙
//调用【三维阵列】命令
选择对象: 找到 1 个
//选择石凳对象
选择对象:
输入阵列类型 [矩形(R)/环形(P)] <矩形>:p↙
//选择【环形（P）】选项
输入阵列中的项目数目: 6↙
//修改项目参数
指定要填充的角度 (+=逆时针，−=顺时针)
<360>:
//指定填充角度
旋转阵列对象？ [是(Y)/否(N)] <Y>:
//按Enter键确认
指定阵列的中心点:
//捕捉最上方圆心点
指定旋转轴上的第二点:
//捕捉下方圆心点即可
```

图14-63 三维阵列模型的前后对比效果

其命令行中各选项的含义如下。

- 矩形（R）：对于三维矩形阵列，需要指定行数、列数、层数、行间距和层间距，其中一个矩形阵列可设置多行、多列和多层。
- 环形（P）：对于三维环形阵列，需要指定阵列的数目、阵列填充的角度、旋转轴的起点和终点及对象在阵列后是否绕着阵列中心旋转。三维环形阵列与二维环形阵列不同的是，三维阵列是对象围绕着一条指定的轴进行环形阵列复制。

14.5.5 三维旋转

【三维旋转】命令可以根据两点、对象、X轴、Y轴或Z轴，或者当前视图的Z方向确定一根旋转轴，使指定的对象围绕这根轴线旋转一定的角度。三维旋转命令使对象的旋转范围从一个平面扩展到整个三维空间，相比二维旋转命令，其更具自由度。

在AutoCAD 2014中可以通过以下几种方法启动【三维旋转】命令。

- 菜单栏：执行【修改】|【三维操作】|【三维旋转】命令。
- 命令行：在命令行中输入3DROTATE命令。
- 功能区：在【常用】选项卡中，单击【修改】面板中的【三维旋转】按钮。

在命令执行过程中，需要确定三维模型、旋转轴和旋转角度。

如图14-64所示，选择三角板模型为三维旋转对象，拾取Z轴为旋转轴，修改【旋转角度】为260，进行三维旋转操作。执行【三维旋转】命令后，命令行提示如下。

命令: 3drotate↙

//调用【三维旋转】命令

UCS 当前的正角方向: ANGDIR=逆时针 ANGBASE=0

选择对象: 指定对角点: 找到 1 个

//选择三角板

选择对象:

指定基点:

//拾取Z轴为旋转轴

** 旋转 **

指定旋转角度或 [基点(B)/复制(C)/放弃(U)/参照(R)/退出(X)]: 260↙

//输入旋转角度参数,按Enter键即可

图14-64 三维旋转模型的前后对比效果

14.5.6 课堂实例——创建垫块模型

案例位置 素材>第14章>14.5.6 课堂实例——创建垫块模型.dwg
视频位置 视频>第14章>14.5.6 课堂实例——创建垫块模型.mp4
难易指数 ★★★★☆
学习目标 学习【三维阵列】、【三维移动】和【三维镜像】等命令的使用

01 绘制长方体。新建文件,将视图切换至【西南等轴测】视图;调用BOX【长方体】命令,以原点为第一角点,(@70,−36,10)为其他角点,绘制长方体,如图14-65所示。

图14-65 绘制长方体

02 圆角边。调用FILLETEDGE【圆角边】命令,修改【圆角半径】为7,拾取合适的边对象进行圆角操作,效果如图14-66所示。

图14-66 圆角边效果

03 绘制圆柱体。调用CYL【圆柱体】命令,绘制一个【底面半径】为4,【高度】为−10的圆柱体,如图14-67所示。

图14-67 绘制圆柱体

04 三维阵列图形。调用3A【三维阵列】命令,拾取新绘制的圆柱体为矩形阵列对象,对其进行三维阵列操作,如图14-68所示,其命令行提示如下。

命令: 3A↙

//调用【三维阵列】命令

选择对象: 指定对角点: 找到 1 个

//选择新绘制圆柱体

选择对象:

输入阵列类型 [矩形(R)/环形(P)] <矩形>:

//按Enter键确认选择

输入行数 (---) <1>: 2↙

```
//输入行参数
输入列数 (|||) <1>: 2↙
//输入列参数
输入层数 (...) <1>:
//按Enter键确认
指定行间距 (---): -22↙
//输入行间距参数
指定列间距 (|||): 56↙
//输入列间距参数，按Enter键结束
```

图14-68　三维阵列模型

⑤ 差集模型。调用SU【差集】命令，将阵列后的小圆柱体从长方体中减去，效果如图14-69所示。

图14-69　差集模型效果

⑥ 绘制圆。将视图切换至【仰视】视图，调用C【圆】命令，结合【对象捕捉】和【对象捕捉追踪】功能，绘制两个半径分别为17和10的圆，如图14-70所示。

图14-70　绘制圆

⑦ 拉伸实体。将视图切换至【西南等轴测】视图，调用EXT【拉伸】命令，修改【拉伸高度】为44，将新绘制的两个圆进行拉伸操作，如图14-71所示。

图14-71　拉伸实体

⑧ 修改模型。调用UNI【并集】命令，将长方体和大圆柱体进行并集运算操作；调用SU【差集】命令，将小圆柱体从并集实体中减去，如图14-72所示。

图14-72　修改模型

⑨ 移动坐标系。将坐标系恢复到世界坐标系，将视图切换至【前视】视图，调用REC【矩形】、C【圆】和M【移动】命令，绘制图形，如图14-73所示。

图14-73　绘制图形

⑩ 移动图形。将视图切换至【俯视】视图，调用M【移动】命令，移动新绘制的图形，如图14-74所示。

图14-74 移动图形

⑪ 拉伸实体。将视图切换至【西南等轴测】视图，调用EXT【拉伸】命令，修改【拉伸高度】为-16，对新绘制的图形进行拉伸操作，如图14-75所示。

图14-75 拉伸实体

⑫ 修改模型。调用UNI【并集】命令，将整个实体和拉伸的矩形实体进行并集运算操作；调用SU【差集】命令，将拉伸的圆实体从并集实体中减去，如图14-76所示。

图14-76 修改模型

⑬ 绘制多段线。将视图切换至【前视】视图，调用PL【多段线】命令，结合【对象捕捉】功能，绘制多段线，如图14-77所示。

图14-77 绘制多段线

⑭ 修改模型。将视图切换至【西南等轴测】视图，调用EXT【拉伸】命令，修改【拉伸高度】为7，对新绘制的多段线进行拉伸操作；调用M【移动】命令，调整拉伸后实体的位置，如图14-78所示。

图14-78 修改模型

⑮ 三维镜像模型。调用MIRROR3D【三维镜像】命令，选择拉伸后的实体为三维镜像对象，以YZ平面为镜像面，捕捉上方右侧的圆心点，进行三维镜像操作，如图14-79所示。

图14-79 三维镜像模型

⑯ 并集模型。调用UNI【并集】命令，选择所有模型进行并集运算操作，得到的最终效果如图14-80所示。

图14-80 最终效果

14.6 三维图形表面的编辑

在编辑三维实体时，可以对整个实体的任意表面调用编辑操作，即通过改变实体表面，从而达到改变实体的目的。

14.6.1 移动实体面

使用【移动面】命令，可以沿指定的高或距离移动选定的三维实体对象的面。在使用【移动面】命令移动实体面时，当被移动表面是实体的外表面时，表面移动实质上相当于表面拉伸。

在AutoCAD 2014中可以通过以下几种方法启动【移动面】命令。

● 菜单栏：执行【修改】|【实体编辑】|【移动面】命令。

● 命令行：在命令行中输入SOLIDEDIT命令。

● 功能区：在【常用】选项卡中，单击【实体编辑】面板中的【移动面】按钮 。

在命令执行过程中，需要确定移动面、基点和位移点。

如图14-81所示，选择圆柱面为需要移动的面，捕捉上方圆心点为基点，捕捉左下方的上圆心点为位移点，进行移动面操作。执行【实体编辑】命令后，命令行提示如下。

命令: solidedit✓

//调用【实体编辑】命令

实体编辑自动检查: SOLIDCHECK=1

输入实体编辑选项 [面(F)/边(E)/体(B)/放弃(U)/退出(X)] <退出>: _face

输入面编辑选项

[拉伸(E)/移动(M)/旋转(R)/偏移(O)/倾斜(T)/删除(D)/复制(C)/颜色(L)/材质(A)/放弃(U)/退出(X)] <退出>: move✓

//选择【移动（M）】选项

选择面或 [放弃(U)/删除(R)]: 找到一个面。

//选择圆柱面

选择面或 [放弃(U)/删除(R)/全部(ALL)]:

指定基点或位移:

//捕捉上方圆心点

指定位移的第二点:

//捕捉左下方的上圆心点

已开始实体校验。

已完成实体校验。

输入面编辑选项

[拉伸(E)/移动(M)/旋转(R)/偏移(O)/倾斜(T)/删除(D)/复制(C)/颜色(L)/材质(A)/放弃(U)/退出(X)] <退出>:

实体编辑自动检查: SOLIDCHECK=1

输入实体编辑选项 [面(F)/边(E)/体(B)/放弃(U)/退出(X)] <退出>:

//双击Enter键退出

图14-81 移动实体面的前后对比效果

14.6.2 拉伸实体面

使用【拉伸面】命令，可以将选定的三维实体对象的面拉伸到指定的高度，或沿一条路径拉伸。

在AutoCAD 2014中可以通过以下几种方法启动【拉伸面】命令。

- 菜单栏：执行【修改】|【实体编辑】|【拉伸面】命令。
- 命令行：在命令行中输入SOLIDEDIT命令。
- 功能区：在【常用】选项卡中，单击【实体编辑】面板中的【拉伸面】按钮▣。

在命令执行过程中，需要确定拉伸面、拉伸高度和倾斜角度。

如图14-82所示，选择最上方的表面为拉伸面，修改【拉伸高度】为10，进行拉伸面操作。执行【实体编辑】命令后，命令行提示如下。

命令: solidedit↙
//调用【实体编辑】命令
实体编辑自动检查: SOLIDCHECK=1
输入实体编辑选项 [面(F)/边(E)/体(B)/放弃(U)/退出(X)] <退出>: _face
输入面编辑选项
[拉伸(E)/移动(M)/旋转(R)/偏移(O)/倾斜(T)/删除(D)/复制(C)/颜色(L)/材质(A)/放弃(U)/退出(X)] <退出>: extrude↙
//选择【拉伸（E）】选项
选择面或 [放弃(U)/删除(R)]: 找到一个面。
//选择上表面
选择面或 [放弃(U)/删除(R)/全部(ALL)]:
指定拉伸高度或 [路径(P)]: 10↙
//输入拉伸高度参数
指定拉伸的倾斜角度 <357>:
已开始实体校验。
已完成实体校验。
输入面编辑选项
[拉伸(E)/移动(M)/旋转(R)/偏移(O)/倾斜(T)/删除(D)/复制(C)/颜色(L)/材质(A)/放弃(U)/退出(X)] <退出>:

实体编辑自动检查: SOLIDCHECK=1
输入实体编辑选项 [面(F)/边(E)/体(B)/放弃(U)/退出(X)] <退出>:

图14-82 拉伸实体面的前后对比效果

14.6.3 偏移实体面

使用【偏移面】命令可以在一个三维实体上按指定的距离均匀地偏移实体面。可根据设计需要将现有的面从原始位置向内或向外偏移指定的距离，从而获取新的实体面。

在AutoCAD 2014中可以通过以下几种方法启动【偏移面】命令。

- 菜单栏：执行【修改】|【实体编辑】|【偏移面】命令。
- 命令行：在命令行中输入SOLIDEDIT命令。
- 功能区：在【常用】选项卡中，单击【实体编辑】面板中的【偏移面】按钮▣。

在命令执行过程中，需要确定偏移面和偏移距离。

如图14-83所示，选择右下方的面为偏移面，修改【偏移距离】为−30，进行偏移面操作。执行【实体编辑】命令后，命令行提示如下。

命令: solidedit↙

//调用【实体编辑】命令

实体编辑自动检查: SOLIDCHECK=1

输入实体编辑选项 [面(F)/边(E)/体(B)/放弃(U)/退出(X)] <退出>: _face

输入面编辑选项

[拉伸(E)/移动(M)/旋转(R)/偏移(O)/倾斜(T)/删除(D)/复制(C)/颜色(L)/材质(A)/放弃(U)/退出(X)] <退出>: offset↙

//选择【偏移（O）】选项

选择面或 [放弃(U)/删除(R)]: 找到一个面。

选择面或 [放弃(U)/删除(R)/全部(ALL)]:

指定偏移距离: −30↙

//选择偏移距离参数

已开始实体校验。

已完成实体校验。

输入面编辑选项

[拉伸(E)/移动(M)/旋转(R)/偏移(O)/倾斜(T)/删除(D)/复制(C)/颜色(L)/材质(A)/放弃(U)/退出(X)] <退出>:

实体编辑自动检查: SOLIDCHECK=1

输入实体编辑选项 [面(F)/边(E)/体(B)/放弃(U)/退出(X)] <退出>:

//双击Enter键退出

图14-83 偏移实体面的前后对比效果

14.6.4 旋转实体面

使用【旋转面】命令，能够使单个或多个实体表面绕指定的轴线旋转，或者使旋转实体的某些部分形成新的实体。

在AutoCAD 2014中可以通过以下几种方法启动【旋转面】命令。

● 菜单栏：执行【修改】|【实体编辑】|【旋转面】命令。

● 命令行：在命令行中输入SOLIDEDIT命令。

● 功能区：在【常用】选项卡中，单击【实体编辑】面板中的【旋转面】按钮 。

在命令执行过程中，需要确定旋转面、旋转轴点和旋转角度。

如图14-84所示，选择最右侧的面为旋转面，依次捕捉选择面的左上角点和右下角点，修改【旋转角度】为−60，进行旋转面操作。执行【实体编辑】命令后，命令行提示如下。

命令: solidedit↙

//调用【实体编辑】命令

实体编辑自动检查: SOLIDCHECK=1

输入实体编辑选项 [面(F)/边(E)/体(B)/放弃(U)/退出(X)] <退出>: _face

输入面编辑选项

[拉伸(E)/移动(M)/旋转(R)/偏移(O)/倾斜(T)/删除(D)/复制(C)/颜色(L)/材质(A)/放弃(U)/退出(X)] <退出>: rotate

//选择【旋转（R）】选项

选择面或 [放弃(U)/删除(R)]: 找到一个面。

//选择最右侧的表面

选择面或 [放弃(U)/删除(R)/全部(ALL)]:

指定轴点或 [经过对象的轴(A)/视图(V)/X 轴(X)/Y 轴(Y)/Z 轴(Z)] <两点>:

//捕捉左上方端点

在旋转轴上指定第2个点:

//捕捉右下方端点

指定旋转角度或 [参照(R)]: −60

//输入旋转角度参数，

已开始实体校验。

已完成实体校验。

输入面编辑选项

[拉伸(E)/移动(M)/旋转(R)/偏移(O)/倾斜(T)/删除(D)/复制(C)/颜色(L)/材质(A)/放弃(U)/退出(X)] <退出>：

实体编辑自动检查: SOLIDCHECK=1

输入实体编辑选项 [面(F)/边(E)/体(B)/放弃(U)/退出(X)] <退出>：

//双击Enter键退出

图14-84 旋转实体面的前后对比效果

14.6.5 删除实体面

删除实体面可以选定的三维实体面进行删除操作。

在AutoCAD 2014中可以通过以下几种方法启动【删除面】命令。

• 菜单栏：执行【修改】|【实体编辑】|【删除面】命令。

• 命令行：在命令行中输入SOLIDEDIT命令。

• 功能区：在【常用】选项卡中，单击【实体编辑】面板中的【删除面】按钮 。

在命令执行过程中，需要确定删除面。

如图14-85所示，选择圆柱面为需要移动的面，捕捉上方圆心点为基点，捕捉左下方的上圆心点为位移点，进行移动面操作。执行【实体编辑】命令后，命令行提示如下。

命令: _solidedit✓

//调用【实体编辑】命令

实体编辑自动检查: SOLIDCHECK=1

输入实体编辑选项 [面(F)/边(E)/体(B)/放弃(U)/退出(X)] <退出>: _face

输入面编辑选项

[拉伸(E)/移动(M)/旋转(R)/偏移(O)/倾斜(T)/删除(D)/复制(C)/颜色(L)/材质(A)/放弃(U)/退出(X)] <退出>: delete✓

//选择【删除（D）】选项

选择面或 [放弃(U)/删除(R)]: 找到一个面。

//选择圆柱面

选择面或 [放弃(U)/删除(R)/全部(ALL)]:

已开始实体校验。

已完成实体校验。

输入面编辑选项

[拉伸(E)/移动(M)/旋转(R)/偏移(O)/倾斜(T)/删除(D)/复制(C)/颜色(L)/材质(A)/放弃(U)/退出(X)] <退出>：

实体编辑自动检查: SOLIDCHECK=1

输入实体编辑选项 [面(F)/边(E)/体(B)/放弃(U)/退出(X)] <退出>：

//双击Enter键退出

图14-85 删除实体面的前后对比效果

14.6.6 倾斜实体面

斜三维面是指通过将实体对象上的一个或多个表面按指定的角度、方向进行倾斜而得到的三维面。

在AutoCAD 2014中可以通过以下几种方法启动【倾斜面】命令。

- 菜单栏：执行【修改】|【实体编辑】|【倾斜面】命令。

- 命令行：在命令行中输入SOLIDEDIT命令。

- 功能区：在【常用】选项卡中，单击【实体编辑】面板中的【倾斜面】按钮。

在命令执行过程中，需要确定倾斜面、基点和角度。

如图14-86所示，选择合适的侧面为倾斜面，捕捉选择侧面的左下角点和右下角点为倾斜基点，修改【倾斜角度】为30，进行倾斜面操作。执行【实体编辑】命令后，命令行提示如下。

> 命令: solidedit↙
> //调用【实体编辑】命令
> 实体编辑自动检查: SOLIDCHECK=1
> 输入实体编辑选项 [面(F)/边(E)/体(B)/放弃(U)/退出(X)] <退出>: _face
> 输入面编辑选项
> [拉伸(E)/移动(M)/旋转(R)/偏移(O)/倾斜(T)/删除(D)/复制(C)/颜色(L)/材质(A)/放弃(U)/退出(X)] <退出>: taper
> //选择【倾斜（T）】选项
> 选择面或 [放弃(U)/删除(R)]: 找到一个面。
> //选择上方合适的侧面
> 选择面或 [放弃(U)/删除(R)/全部(ALL)]:
> 指定基点:
> //捕捉选择侧面的左下方端点为基点
> 指定沿倾斜轴的另一个点:
> //捕捉选择侧面的右下方端点为另一点
> 指定倾斜角度: 30
> //输入倾斜角度参数
> 已开始实体校验。

> 已完成实体校验。
> 输入面编辑选项
> [拉伸(E)/移动(M)/旋转(R)/偏移(O)/倾斜(T)/删除(D)/复制(C)/颜色(L)/材质(A)/放弃(U)/退出(X)] <退出>:
> 实体编辑自动检查: SOLIDCHECK=1
> 输入实体编辑选项 [面(F)/边(E)/体(B)/放弃(U)/退出(X)] <退出>:
> //双击Enter键退出

图14-86 倾斜实体面的前后对比效果

14.6.7 复制实体面

使用【复制面】命令可以复制三维实体对象的各个面，执行【复制面】操作，可将现有实体模型上单个或多个面偏移到其他位置，从而运用这些面创建出新的图形对象。

在AutoCAD 2014中可以通过以下几种方法启动【复制面】命令。

- 菜单栏：执行【修改】|【实体编辑】|【复制面】命令。

- 命令行：在命令行中输入SOLIDEDIT命令。

- 功能区：在【常用】选项卡中，单击【实体编辑】面板中的【复制面】按钮。

在命令执行过程中，需要确定移动面、基点和位移点。

如图14-87所示，选择合适的面为复制面，捕捉选择面的圆心点，修改【位移】为64，进行复制面操作。执行【实体编辑】命令后，命令行提示如下。

命令: solidedit↙

//调用【实体编辑】命令

实体编辑自动检查: SOLIDCHECK=1

输入实体编辑选项 [面(F)/边(E)/体(B)/放弃(U)/退出(X)] <退出>: _face

输入面编辑选项

[拉伸(E)/移动(M)/旋转(R)/偏移(O)/倾斜(T)/删除(D)/复制(C)/颜色(L)/材质(A)/放弃(U)/退出(X)] <退出>: copy↙

//选择【复制（C）】选项

选择面或 [放弃(U)/删除(R)]: 找到一个面。

//选择合适的面

选择面或 [放弃(U)/删除(R)/全部(ALL)]:

指定基点或位移:

//捕捉圆心点

指定位移的第二点: 64↙

//输入位移参数

输入面编辑选项

[拉伸(E)/移动(M)/旋转(R)/偏移(O)/倾斜(T)/删除(D)/复制(C)/颜色(L)/材质(A)/放弃(U)/退出(X)] <退出>:

实体编辑自动检查: SOLIDCHECK=1

输入实体编辑选项 [面(F)/边(E)/体(B)/放弃(U)/退出(X)] <退出>:

//双击Enter键退出

图14-87 复制实体面的前后对比效果

14.6.8 课堂实例——绘制拨叉模型

案例位置	素材＞第14章＞14.6.8课堂实例——绘制拨叉模型.dwg
视频位置	视频＞第14章＞14.6.8课堂实例——绘制拨叉模型.mp4
难易指数	★★★☆☆
学习目标	学习【多段线】、【旋转】、【拉伸】和【扫掠】等命令的使用

01 绘制圆柱体。新建文件，将视图切换至【东南等轴测】视图；调用CYL【圆柱体】命令，在原点处绘制一个半径为50、高度为50的圆柱体，如图14-88所示。

图14-88 绘制圆柱体

02 绘制圆柱体。调用CYL【圆柱体】命令，在原点处绘制一个半径为30、高度为50的圆柱体，如图14-89所示。

图14-89 绘制圆柱体

03 差集模型。调用SU【差集】命令，将小圆柱体从大圆柱体中减去，显示效果如图14-90所示。

图14-90 差集模型

04 绘制圆柱体。调用CYL【圆柱体】命令，在点坐标为（180,0,0）的位置处绘制一个半径为30、高度为30的圆柱体，如图14-91所示。

图14-91 绘制圆柱体

05 绘制长方体。调用BOX【长方体】命令，捕捉新绘制圆柱体上表面的右象限点，输入（@40，−60，−30），绘制长方体，如图14-92所示。

图14-92 绘制长方体

06 并集模型。调用UNI【并集】命令，选择新绘制的圆柱体和长方体为并集对象，对其进行并集运算，如图14-93所示。

图14-93 并集模型

07 绘制长方体。单击【实体编辑】面板中的【复制边】按钮，选择并集后的实体的底面边线，捕捉最下方的端点为基点，在原位置进行复制边操作。调用JOIN【合并】命令，将复制后的边对象进行合并操作。

08 偏移图形。调用O【偏移】命令，将合并后的多段线向内偏移10，如图14-94所示。

图14-94 偏移图形

09 拉伸实体。调用EXT【拉伸】命令，修改【拉伸高度】为30，拉伸偏移后的多段线，如图14-95所示。

图14-95 拉伸实体

10 拉伸实体面。单击【实体编辑】面板中的【拉伸面】按钮，选择新拉伸后的实体对象的右侧面为拉伸面，修改拉伸高度为10，进行拉伸处理，如图14-96所示。

图14-96 拉伸实体面

11 修改模型。调用SU【差集】命令，将拉伸后的实体从并集实体中减去；调用E【删除】命令，删除多余的边对象，如图14-97所示。

图14-97 修改模型

⑫ 绘制多段线。将视图切换至【俯视】视图，调用PL【多段线】命令，结合【对象捕捉】功能，绘制多段线，如图14-98所示。

图14-98 绘制多段线

⑬ 移动图形。将视图切换至【东南等轴测】视图，调用M【移动】命令，选择新绘制的多段线为移动对象，修改移动距离为7，向上进行移动操作，如图14-99所示。

图14-99 移动图形

⑭ 拉伸实体。调用EXT【拉伸】命令，修改【拉伸高度】为10，拉伸新绘制的多段线，如图14-100所示。

图14-100 拉伸实体

⑮ 绘制多段线。将视图切换至【前视】视图，调用PL【多段线】命令，结合【对象捕捉】功能，绘制多段线，如图14-101所示。

图14-101 绘制多段线

⑯ 移动图形。将视图切换至【东南等轴测】视图，调用M【移动】命令，选择新绘制的多段线为移动对象，修改移动距离为5，向右进行移动操作，显示效果如图14-102所示。

图14-102 移动图形

⑰ 完善模型。调用EXT【拉伸】命令，修改【拉伸高度】为10，拉伸新绘制的多段线；调用UNI【并集】命令，并集所有实体，得到的最终效果如图14-103所示。

图14-103 最终效果

14.7　图形的消隐与着色

　　在三维模型的创建过程中适当地调整图形的视觉样式或者将图形进项消隐操作，有利于用户保持清醒的绘图思路，帮助用户快速地创建出三维模型。

14.7.1 图形消隐

使用【消隐】命令，可以使用线框表示法显示对象，而隐藏表示背面的线。

在AutoCAD 2014中可以通过以下几种方法启动【消隐】命令。

- 菜单栏：执行【视图】|【消隐】命令。
- 命令行：在命令行中输入HIDE命令。
- 功能区：在【视图】选项卡中，单击【视觉样式】面板中的【隐藏】按钮🔲。

如图14-104所示，在命令行中输入HIDE【消隐】命令并按Enter键，即可对绘图区中的模型进行消隐操作，其命令行提示如下。

> 命令: HIDE↙
> //调用【消隐】命令
> 正在重生成模型。

图14-104 消隐模型的前后对比效果

14.7.2 图形着色

使用【着色】显示，可以用于产生平滑的着色模型。

在AutoCAD 2014中可以通过以下几种方法启动【着色】命令。

- 菜单栏：执行【视图】|【视觉样式】|【着色】命令。
- 功能区：在【视图】选项卡中，单击【视觉样式】面板中的【着色】按钮🔲。

如图14-105所示，单击【视觉样式】面板中的【着色】按钮🔲，即可对绘图区中的模型进行着色操作。在对模型着色的过程中，可以在【特性】选项板中对模型的颜色进行修改。

图14-105 着色模型的前后对比效果

14.7.3 视觉样式管理

视觉样式是一组用来设置控制视口中边和着色的显示命令。使用【视觉样式管理】命令来管理实体模型，不仅可以实现模型的各个视觉样式变换，还可以对视觉样式中的参数进行修改。

在AutoCAD 2014中可以通过以下几种方法启动【视觉样式管理】命令。

- 菜单栏：执行【视图】|【视觉样式】|【视觉样式管理器】命令。

- 命令行：在命令行中输入VISUALSTYLES命令。

- 功能区：在【视图】选项卡中，单击【视觉样式】面板中的【视觉样式管理器】按钮▣。

执行以上任一命令均可打开【视觉样式管理器】选项板，如图14-106所示，在该面板的预览区域中包含了图形中可用的所有视觉样式，选定的视觉样式用黄色边框表示；设置面板显示了用于设置样式的参数。选择不同的视觉样式，则设置面板中显示的设置样式的参数也不相同，如图14-107所示为【概念】视觉样式下的设置面板。

图14-106 【视觉样式管理器】选项板

图14-107 设置面板

14.8 三维模型的渲染

渲染是对三维图形对象上加上颜色和材质因素，或灯光、背景、场景等因素的操作，能够更真实地表达图形的外观和纹理。渲染是输出图形的关键步骤，并且在效果图的设计中尤其重要。

14.8.1 设置材质

为了给渲染提供更多的真实效果，可以在模型的表面应用材质，如地板和塑料，也可以在渲染时将材质贴到对象上。

在AutoCAD 2014中可以通过以下几种方法启动【材质】命令。

- 菜单栏：执行【视图】|【渲染】|【材质浏览器】命令。

- 命令行：在命令行中输入RMAT命令。

- 功能区：在【渲染】选项卡中，单击【材质】面板中的【材质浏览器】按钮。

执行以上任一命令均可打开【材质浏览器】选项板，如图14-108所示，在该选项板中包含了多种材质，用户可以直接调用。用户在选择模型对象后，在【材质浏览器】选项板中选择合适的材质，单击鼠标右键，在弹出的快捷菜单中选择【指定给当前选择】命令，即可为选择的模型赋予材质。

图14-108 【材质浏览器】选项板

在【材质浏览器】选项板中各常用选项的含义如下。

● 【搜索】文本框：在该文本框中输入相应的名称，可以在多个库中搜索材质外观。

● 【文档材质：全部】面板：显示随打开的图形保存的材质。

● 【库】面板：列出当前可用的【材质】库中的类别。

● 【更改您的视图】按钮 ：单击该按钮，提供用于过滤和显示材质列表的选项。

● 【在文档中创建新材质】按钮 ：单击该按钮，可以创建或复制材质。

● 【Autodesk库】列表框：包含由Autodesk提供的材质，以供所有应用程序使用。

● 【材质编辑器】按钮 ：单击该按钮，可以打开【材质编辑器】选项板，如图14-109所示，在打开的选项板中，可以对选择的材质进行编辑。

图14-109 【材质编辑器】选项板

14.8.2 设置光源

设置光源可以使渲染的实体模型更具有真实感。用户可以根据需要设置影响实体表面明暗程度的光源和光的强度，以便能产生阴影效果。在AutoCAD中包含有点光源、聚光灯和平行光3种类型，每种类型的光源都会在图形中产生不同的效果。

1. 点光源

点光源从其所在位置向四周发射光线，点光源不以一个对象为目标，使用点光源可以达到基本的照明效果。

在AutoCAD 2014中可以通过以下几种方法启动【点光源】命令。

● 菜单栏：执行【视图】|【渲染】|【光源】|【新建点光源】命令。

● 命令行：在命令行中输入POINTLIGHT命令。

● 功能区：在【渲染】选项卡中，单击【光源】面板中的【点】按钮 。

使用以上任意一种方法启动【点光源】命令后，命令行提示如下。

命令: pointlight↙
//调用【点光源】命令
指定源位置 <0,0,0>:
//指定点光源位置
输入要更改的选项 [名称(N)/强度(I)/状态(S)/阴影(W)/衰减(A)/颜色(C)/退出(X)] <退出>:
//更改点光源参数

其命令行中各选项的含义如下。

● 名称（N）：定义点光源名称；

● 强度（I）：设置光源的强度和亮度，范围从0.00到系统所支持的最大值；

● 状态（S）：打开和关闭点光源，如果图形中没有启用照明，此设置不会生效；

● 阴影（W）：光源投射阴影，【锐化】显示鲜明的阴影，执行速度较快，【柔和】显示边柔和的真实阴影；

● 衰减（A）：控制光线随着距离衰减方式，离点光源越远，对象越暗；

● 颜色（C）：设置点光源颜色。

2. 聚光灯

聚光灯发射定向锥形光，可以控制光源的方向和圆锥体的尺寸。聚光灯的强度随着距离的增加而减弱，可以用聚光灯制作建筑模型中的壁灯、高射灯来显示特定特征和区域。

在AutoCAD 2014中可以通过以下几种方法启动【聚光灯】命令。

- 菜单栏：执行【视图】|【渲染】|【光源】|【新建聚光灯】命令。
- 命令行：在命令行中输入SPOTLIGHT命令。
- 功能区：在【渲染】选项卡中，单击【光源】面板中的【聚光灯】按钮 。

使用以上任意一种方法启动【聚光灯】命令后，命令行提示如下。

```
命令: spotlight✓
//调用【聚光灯】命令
指定源位置 <0,0,0>:
//指定源位置
指定目标位置 <0,0,-10>:
//指定目标位置
输入要更改的选项 [名称(N)/强度(I)/状态(S)/
聚光角(H)/照射角(F)/阴影(W)/衰减(A)/颜色(C)/退
出(X)] <退出>:
//更改点光源参数
```

3. 平行光

平行光可以在一个方向上发射平行的光线，就像太阳光照射在地球表面上一样，平行光主要用于模拟太阳光的照射效果。

在AutoCAD 2014中可以通过以下几种方法启动【平行光】命令。

- 菜单栏：执行【视图】|【渲染】|【光源】|【新建平行光】命令。
- 命令行：在命令行中输入DISTANTLIGHT命令。
- 功能区：在【渲染】选项卡中，单击【光源】面板中的【平行光】按钮 。

使用以上任意一种方法启动【平行光】命令后，命令行提示如下。

```
命令: distantlight✓
//调用【平行光】命令
指定光源来向 <0,0,0> 或 [矢量(V)]:
//指定光源来向的点位置
```

```
指定光源去向 <1,1,1>:
//指定光源去向的点位置
输入要更改的选项 [名称(N)/强度(I)/状态(S)/
阴影(W)/颜色(C)/退出(X)] <退出>:
//更改点光源参数
```

14.8.3 设置贴图

将贴图频道和贴图类型添加到材质后，用户可以通过修改相关的贴图特性优化材质。可以使用贴图控件来调整贴图的特性。

在AutoCAD 2014中可以通过以下几种方法启动【设置贴图】命令。

- 菜单栏：执行【视图】|【渲染】|【贴图】命令。
- 命令行：在命令行中输入MATERIALMAP命令。
- 功能区：在【渲染】选项卡中，单击【光源】面板中的【贴图】按钮 。

使用以上任意一种方法均可启动【贴图】命令。

如图14-110所示，选择最上方的表面为需要调整贴图的面，对其进行贴图调整操作。执行【贴图】命令后，命令行提示如下。

```
命令: MATERIALMAP✓
//调用【贴图】命令
选择选项 [长方体(B)/平面(P)/球面(S)/柱面
(C)/复制贴图至(Y)/重置贴图(R)] <长方体>:
//保持默认选项
选择面或对象: 找到 1 个
//选择最上方的表面
选择面或对象:
接受贴图或 [移动(M)/旋转(R)/重置(T)/切换
贴图模式(W)]:
//按Enter键结束即可
```

图14-110 消隐模型的前后对比效果

其命令行中各常用选项的含义如下。

● 长方体：将图像映射到类似长方体的实体上。该图像将在对象的每个面上重复使用。

● 平面：将图像映射到对象上，就像将其从幻灯片投影器投影到二维曲面上一样，图像不会失真，但是会被缩放以适应对象。该贴图最常用于面。

● 球面：在水平和垂直两个方向上同时使图像弯曲。纹理贴图的顶边在球体的【北极】会压缩为一个点；同样，底边在【南极】也会压缩为一个点。

● 柱面：将图像映射到圆柱形对象上，水平边将一起弯曲，但顶边和底边不会弯曲。图像的高度将沿圆柱体的轴进行缩放。

● 复制至贴图：将贴图从原始对象或面应用到选定对象。

● 重置贴图：将UV坐标重置为贴图的默认坐标。

14.8.4 渲染环境

通过渲染可以将物体的光照效果、材质效果以及环境效果等都完美地表现出来。

在AutoCAD 2014中可以通过以下几种方法启动【渲染环境】命令。

● 菜单栏：执行【视图】|【渲染】|【渲染环境】命令。

● 命令行：在命令行中输入RENDERENVIRONMENT命令。

● 功能区：在【渲染】选项卡中，单击【渲染】面板中的【环境】按钮 🔲 环境。

执行以上任一命令均可打开【渲染环境】对话框，如图14-111所示，在该对话框中可以对渲染环境的各个参数进行修改，其中各选项的含义如下。

图14-111 【渲染环境】对话框

● 启用雾化：启用雾化或关闭雾化，而不影响对话框中的其他设置。

● 颜色：指定雾化颜色。

● 雾化背景：不仅对背景进行雾化，也对几何图形进行雾化。

● 近距离：指定雾化开始处到相机的距离。

● 近处雾化百分比：指定近距离处雾化的不透明度。

14.8.5 渲染效果图

使用【渲染】命令，可以将模型渲染为具有真实感效果的图形。

在AutoCAD 2014中可以通过以下几种方法启动【渲染】命令。

● 菜单栏：执行【视图】|【渲染】|【渲染】命令。

● 命令行：在命令行中输入RENDER命令。

● 功能区：在【渲染】选项卡中，单击【渲染】面板中的【渲染】按钮 ◌。

执行以上任一命令均可对模型进行渲染。

14.8.6 课堂实例——渲染梳子模型

案例位置	素材＞第14章＞14.8.6 课堂实例——渲染梳子模型.dwg
视频位置	视频＞第14章＞14.8.6 课堂实例——渲染梳子模型.mp4
难易指数	★★★☆☆
学习目标	学习【多段线】、【旋转】、【拉伸】和【扫掠】等命令的使用

01 打开文件。单击【快速访问】工具栏中的【打开】按钮 ◌，打开本书配套光盘中的"第14章/14.8.6 课堂实例——渲染梳子模型.dwg"素材文件，如图14-112所示。

图14-112 素材文件

02 添加材质。调用RMAT【材质浏览器】命令，打开【材质浏览器】选项板，在【材质】下拉列表框选择【白蜡木-苦杏酒色】材质，将其添加至【文档材质】下拉列表，如图14-113所示。

03 选择选项。在绘图区中选择梳子模型，在【材质浏览器】选项板中，用鼠标右键单击【白蜡木-苦杏酒色】材质，打开快捷菜单，选择【指定给当前选择】，如图14-114所示。

04 应用材质。现在即可将选择的材质应用到材质中，并以【真实】视觉样式显示模型，如图14-115所示。

05 设置贴图。调用MATERIALMAP【贴图】命令，将梳子模型以【球面】贴图显示，如图14-116所示。

06 打开对话框。调用RENDER【渲染】命令，打开【未安装Autodesk材质库-中等质量图像库】对话框，如图14-117所示。

07 渲染模型。单击【在不使用中等质量图像库的情况下工作】按钮，打开【渲染】窗口，渲染模型，其渲染效果如图14-118所示。

图14-113 【材质浏览器】选项板

图14-114 快捷菜单

图14-115 应用材质效果

图14-116 设置贴图后的效果

图14-117 【未安装Autodesk材质库-中等质量图像库】对话框

图14-118 渲染效果

14.9 三维动态观察器的使用

使用【动态观察】命令可以在当前视口中创建一个三维视图，用户可以使用鼠标实时控制和改变视图，以得到不同的观察效果。

在AutoCAD 2014中可以通过以下几种方法启动【动态观察】命令。

- 菜单栏：执行【视图】|【动态观察】命令。
- 命令行：在命令行中输入3DORBIT命令。
- 功能区：在【视图】选项卡中，单击【导航】面板中【动态观察】下拉列表。
- 导航栏：单击导航栏中的【动态观察】按钮。

如图14-119所示，在命令行中输入3DORBIT【动态观察】命令并按Enter键，即可对绘图区中的模型进行动态观察操作，其命令行提示如下。

命令: HIDE↙
//调用【消隐】命令
正在重生成模型。

图14-119 动态观察模型的前后对比效果

14.10 本章小结

在AutoCAD中可以用3种方式来创建三维图形，即曲面建模、网格建模和实体建模。本章讲解了曲面建模和网格建模的操作方法，并重点讲解了

339

实体建模的操作方法。通过本章中讲解的三维实体编辑、布尔运算应用、倒角边、圆角边与三维实体表面的编辑操作等内容，可以快速掌握三维图形的创建方法，从而创建出更多的机械和建筑模型。

14.11 课后习题

本节通过具体的实例练习三维模型的绘制与编辑方法。

14.11.1 创建连接套轴三维模型

案例位置	素材＞第14章＞14.11.1 创建连接套轴三维模型.dwg
视频位置	视频＞第14章＞14.11.1 创建连接套轴三维模型.mp4
难易指数	★★★☆☆
学习目标	学习【圆】、【拉伸】、【差集】和【环形阵列】等命令的使用

连接轴套三维模型如图14-120所示。

图14-120 连接轴套三维模型

连接轴套三维模型的绘制流程如图14-121、图14-122、图14-123、图14-124、图14-125和图14-126所示。

图 14-121 绘制轮廓图形

图 14-122 拉伸实体

图 14-123 拉伸实体

图 14-124 复制实体

图 14-125 并集实体

图 14-126 差集实体

14.11.2 创建方向盘三维模型

案例位置 素材＞第14章＞14.11.2 创建方向盘三维模型.dwg
视频位置 视频＞第14章＞14.11.2 创建方向盘三维模型.mp4
难易指数 ★★★☆☆
学习目标 学习【圆环体】、【球体】、【圆柱体】和【环形阵列】等命令的使用

方向盘三维模型如图14-127所示。

图14-127 方向盘三维模型

方向盘三维模型的绘制流程如图14-128、图14-129、图14-130和图14-131所示。

图 14-128 绘制半径为100、圆管半径为12的圆环体

图 14-129 绘制一个半径为18的球体

图 14-130 绘制半径为4、高度为93的圆柱体

图 14-131 环形阵列图形

第15章

建筑设计及绘图

建筑是人类文明的一部分，与人们的生活息息相关，而建筑设计是一项涉及了许多不同种类学科知识的综合性工作。本章综合运用前面所学的知识，向用户介绍建筑图的绘制方法与设计技巧。

学习目标

了解建筑设计的概念知识

掌握常用建筑设施图的绘制方法

掌握别墅设计图的绘制方法

掌握凉亭三维模型的创建方法

15.1 建筑设计的概念

建筑设计是指在建造建筑物之前，设计者按照建设任务，把施工和建造过程中可能存在或发生的问题，事先做好通盘的设想，拟订好解决这些问题的办法和方案，并用图纸和文件表达出来。它也是备料、施工组织工作和各工种在制作和建造过程中互相配合、相互协作的依据。

建筑工程图根据其内容和各工种不同可分为建筑施工图、结构施工图与设备施工图，其中，一套完整的建筑施工图又应当包含以下内容。

1. 建筑施工图首页

建筑施工图首页内含工程名称、实际说明、图纸目录、经济技术指标、门窗统计表以及本套建施图所选用标准图集的名称列表等。其中，图纸目录一般包括整套图纸的目录，应有建筑施工图目录、结构施工图目录、给水排水施工图目录、采暖通风施工图目录和建筑电气施工图目录。

2. 建筑总平面图

将新建工程四周一定范围内的新建、拟建、原有和拆除的建筑物、构筑物，连同其周围的地形、地物状况用水平投影方法和相应的图例所画出的图样，即为总平面图。

建筑总平面图主要表示新建房屋的位置、朝向、与原有建筑物的关系，以及周围道路、绿化和给水、排水、供电条件等方面的情况，作为新建房屋施工定位、土方施工、设备管网平面布置，安排在施工时进入现场的材料和构件、配件堆放场地、构件预制的场地以及运输道路的依据。图15-1为某小区建筑总平面图。

图15-1 某小区建筑总平面图

3. 建筑各层平面图

建筑平面图是假想用一水平剖切平面从建筑窗台上一点剖切建筑，移去上面的部分，向下所作的正投影图，简称平面图。

建筑平面图反映建筑物的平面形状和大小、内部布置、墙的位置、厚度和材料、门窗的位置和类型以及交通等情况，可作为建筑施工定位、放线、砌墙、安装门窗、室内装修、编制预算的依据。

一般房屋有几层，就应有几个平面图。通常有底层平面图、标准层平面图、顶层平面图等，在平面图下方应注明相应的图名及采用的比例。

因平面图是剖面图，因此应按剖面图的图示方法绘制，即被剖切平面剖切到的墙、柱等轮廓用粗实线表示，未被剖切到的部分如室外台阶、散水、楼梯以及尺寸线等用细实线表示，门的开启线用中粗实线表示。图15-2是某标准层平面图。

住宅标准层平面图 1: 100

图15-2 某商住楼标准层平面图

4. 建筑立面图

在与建筑立面平行的铅直投影面上所作的正投影图称为建筑立面图，简称立面图。建筑立面图是反映建筑物的体型、门窗位置、墙面的装修材料和色调等内容的图样。图15-3为某住宅楼立面图。

图15-3 某住宅楼标准层平面图

5. 建筑剖面图

建筑剖面图是假想用一个或一个以上垂直于外墙轴线的铅垂剖切平面剖切建筑而得到的图形，简称剖面图。图15-4为某别墅剖面图。

图15-4 别墅剖面图

6. 建筑详图

建筑详图主要包括屋顶详图、楼梯详图、卫生间详图及一切非标准设计或构件的详略图。图15-5为楼梯踏步和栏杆详图。

图15-5 楼梯踏步和栏杆详图

15.2 常用建筑设施图的绘制

建筑设施图在AutoCAD的建筑绘图中非常常见，如门窗、楼梯和栏杆等图形。本节将详细介绍常见建筑设施图的绘制方法、技巧及相关的理论知识，包括平面、立面绘制。

15.2.1 课堂实例——绘制双扇推拉门

案例位置	素材＞第15章＞15.2.1课堂实例——绘制双扇推拉门.dwg
视频位置	视频＞第15章＞15.2.1课堂实例——绘制双扇推拉门.mp4
难易指数	★★★☆☆
学习目标	学习【矩形】、【偏移】、【复制】、【修剪】、【直线】、【圆】、【镜像】和【填充】等命令的使用

推拉门在平面图中及其常见。在绘制门立面时，应根据实际情况绘制出门的形式，也可表明门的开启方向线。本小节通过绘制图15-6所示的双扇推拉门，使读者了解双扇推拉门的绘制过程和技巧。

图15-6　双扇推拉门

1. 绘制平面图

01　绘制矩形。新建文件，调用REC【矩形】命令，绘制一个矩形对象，如图15-7所示。

图15-7　绘制矩形

02　偏移图形。调用X【分解】命令，分解新绘制的矩形；调用O【偏移】命令，将分解后的矩形进行偏移操作，如图15-8所示。

图15-8　偏移图形

03　修剪图形。调用TR【修剪】命令，修剪多余的图形，如图15-9所示。

图15-9　修剪图形

04　绘制矩形。调用REC【矩形】命令，结合【对象捕捉】功能，绘制矩形，如图15-10所示。

图15-10　绘制矩形

05　复制图形。调用CO【复制】命令，选择新绘制的矩形为复制对象，对其进行复制操作，如图15-11所示。

图15-11　复制图形

2. 绘制立面图

06　绘制矩形。调用REC【矩形】和M【移动】命令，结合【对象捕捉】功能，绘制矩形，如图15-12所示。

图15-12　绘制矩形

07　修改图形。调用X【分解】命令，分解矩形；调用O【偏移】命令，将矩形的上方水平直线向下偏移，如图15-13所示。

08　偏移图形。调用O【偏移】命令，将分解后矩形的左侧垂直直线向右进行偏移操作，如图15-14所示。

09　修剪图形。调用TR【修剪】命令，修剪多余的图形，如图15-15所示。

图15-13 偏移图形

图15-14 偏移图形

图15-15 修剪图形

图15-16 绘制直线

图15-17 绘制矩形

图15-18 绘制圆

⑩ 绘制直线。调用L【直线】命令，结合【对象捕捉】功能，连接直线，如图15-16所示。

⑪ 绘制矩形。调用REC【矩形】和M【移动】命令，结合【对象捕捉】功能，绘制矩形，如图15-17所示。

⑫ 绘制圆。调用C【圆】命令，结合【中点捕捉】和【中点捕捉追踪】功能，绘制多个圆，如图15-18所示。

⑬ 分解图形。调用X【分解】命令，分解新绘制的矩形。

⑭ 偏移图形。调用O【偏移】命令，将分解后矩形上方的水平直线向下偏移，如图15-19所示。

⑮ 偏移图形。调用O【偏移】命令，将分解后矩形左侧垂直直线向右偏移，如图15-20所示。

⑯ 镜像图形。调用MI【镜像】命令，选择合适的图形将其进行镜像操作，如图15-21所示。

⑰ 修改图形。调用TR【修剪】和E【删除】命令，修剪并删除多余的图形，如图15-22所示。

图15-21 镜像图形

图15-19 偏移图形

图15-22 修改图形

⑱ 填充图形。调用H【图案填充】命令，选择【AR-RROOF】图案，修改【图案填充比例】为10、【图案填充角度】为45，填充图形，得到的最终效果如图15-6所示。

15.2.2 课堂实例——绘制旋转楼梯

案例位置	素材＞第15章＞15.2.2 课堂实例——绘制旋转楼梯.dwg
视频位置	视频＞第15章＞15.2.2 课堂实例——绘制旋转楼梯.mp4
难易指数	★★★★★
学习目标	学习【矩形】、【偏移】、【复制】、【修剪】、【直线】、【圆】、【镜像】和【填充】等命令的使用

旋转楼梯通常又称为螺旋形或螺旋式楼梯，通常是围绕一根单柱布置。由于其流线造型美观、典雅，节省空间而受欢迎。本小节通过绘制图15-23所示的旋转楼梯，使读者了解旋转楼梯的绘制过程和技巧。

图15-20 偏移图形

图15-23 旋转楼梯

1. 绘制平面图

图15-26 偏移图形

直线分别进行偏移操作，如图15-26所示。

① 绘制圆。新建文件，调用C【圆】命令，捕捉任意一点为圆心，分别绘制半径为222.5、242.5、250、300、594和650的圆，如图15-24所示。

④ 修改图形。调用EX【延伸】命令，延伸相应的图形；调用TR【修剪】和E【删除】命令，修剪并删除多余的图形，如图15-27所示。

图15-24 绘制圆

② 绘制直线。调用L【直线】命令，结合【对象捕捉】功能，捕捉圆心点和象限点，绘制两条直线，如图15-25所示。

图15-27 修改图形

⑤ 圆角图形。调用F【圆角】命令，拾取两条平行直线，对其进行圆角操作，如图15-28所示。

图15-25 绘制直线

③ 偏移图形。调用O【偏移】命令，将新绘制的

图15-28 圆角图形

⑥ 环形阵列图形。单击【修改】面板中的【环形阵列】按钮 环列，修改【项目数】为24，选择合适的垂直直线为环形阵列对象，对其进行环形阵

列操作。

⑦ 修改图形。调用X【分解】命令，分解环形阵列图形；调用E【删除】命令，删除多余的图形，如图15-29所示。

图15-29 环形阵列图形

⑧ 绘制。调用PL【多段线】命令，绘制一条多段线，如图15-30所示。

⑨ 旋转图形。调用RO【旋转】命令，修改【旋转角度】为8，将新绘制的多段线进行旋转复制操作，如图15-31所示。

图15-30 绘制多段线　　图15-31 旋转图形

⑩ 移动图形。调用M【移动】命令，结合【对象捕捉】功能，移动旋转复制后图形，如图15-32所示。

图15-32 移动图形

⑪ 环形阵列图形。单击【修改】面板中的【环形阵列】按钮 阵列，修改【项目数】为6，选择移动后的多段线为环形阵列对象，对其进行环形阵列操作，如图15-33所示。

图15-33 环形阵列图形

⑫ 修改图形。调用X【分解】命令，分解环形阵列图形；调用E【删除】命令，删除多余的图形，如图15-34所示。

图15-34 修改图形

⑬ 修改图形。调用RO【旋转】、M【移动】、CO【复制】和TR【修剪】命令，对多段线进行修改，如图15-35所示。

⑭ 绘制直线。调用L【直线】、M【移动】和RO【旋转】命令，绘制直线。

图15-35 修改图形

⑮ 修改图形。调用EX【延伸】命令，延伸多余的图形；调用TR【修剪】命令，修剪多余的图形，如图15-36所示。

图15-36 修改图形

2. 绘制立面图

在立面图中包含了旋转楼梯的立面内容，包含了旋转楼梯的立面台阶、扶手和栏杆等图形。

⑯ 绘制矩形。调用REC【矩形】命令，绘制一个矩形，如图15-37所示。

图15-37 绘制矩形

⑰ 修改图形。调用X【分解】命令，分解新绘制的矩形；调用O【偏移】命令，将分解后矩形上方的水平直线向下进行偏移操作；调用ARRAYRECT【矩形阵列】命令，修改【列数】为1、【行数】为17、【行间距】为-150，环形矩形阵列图形，如图15-38所示。

图15-38 偏移图形

⑱ 修改图形。调用O【偏移】命令，将矩形左侧的垂直直线向右进行偏移操作；调用TR【修剪】命令，修剪多余的图形；调用E【删除】命令，删除多余的图形，其图形效果如图15-39所示。

图15-39 修改图形

⑲ 绘制直线。调用L【直线】命令，结合【对象捕捉】和【正交】功能，绘制直线，如图15-40所示。

图15-40 绘制直线

⑳ 偏移图形。调用O【偏移】命令，偏移相应的直线对象，如图15-41所示。

图15-41 偏移图形

㉑ 修改图形。调用EX【延伸】、TR【修剪】、E【删除】和L【直线】命令，修改图形，如图15-42所示。

图15-42 修改图形

㉒ 绘制矩形。调用REC【矩形】和M【移动】命令，绘制一个矩形，如图15-43所示。

㉓ 修改图形。调用CO【复制】命令，将新绘制的矩形进行复制操作；调用TR【修剪】命令，修剪多余的图形，如图15-44所示。

图15-43 绘制矩形

图15-44 修改图形

㉔ 绘制多段线。调用PL【多段线】和M【移动】命令，绘制多个多段线，如图15-45所示。

图15-45 绘制多段线

㉕ 绘制图形。调用SPL【样条曲线】命令，结合【对象捕捉】功能，绘制样条曲线；调用TR【修剪】命令，修剪多余的图形，如图15-46所示。

351

图15-46 绘制样条曲线

㉖ 完善图形。调用L【直线】命令，绘制两条直线；调用C【圆】命令，以【两点】方式绘制圆，如图15-47所示。

图15-47 完善图形

㉗ 添加多重引线。调用MLD【多重引线】命令和DLI【线性标注】命令，为旋转楼梯图形添加多重引线和尺寸标注，得到的最终效果如图15-23所示。

15.3 别墅设计图的绘制

别墅设计图在外观设计上力求以全新的景观设计手法塑造出生态效益、环境效益和社会效益兼备的居住之地，使其散发出浓郁的地域文化和历史文化气息，在内部结构上也可以体现出各种各样的装修风格。本节将详细介绍常见别墅设计图的绘制方法，包括平面、立面及剖面图的绘制。

15.3.1 课堂实例——绘制别墅首层平面图

案例位置	素材＞第15章＞15.3.1 课堂实例——绘制别墅首层平面图.dwg
视频位置	视频＞第15章＞15.3.1 课堂实例——绘制别墅首层平面图.mp4
难易指数	★★★★★
学习目标	学习【直线】、【偏移】、【多线】、【修剪】、【删除】、【圆弧】、【插入】和【文字】等命令的使用

别墅的首层平面图用于表示第一层房间的布置、建筑入口、门厅及楼梯、一层门窗及尺寸等。本小节通过绘制图15-48所示的别墅首层平面图，使读者了解首层平面图的绘制过程和技巧。

图15-48 别墅首层平面图

1. 设置绘图环境

如图15-48所示，该住宅一层平面图主要由轴线、门窗、墙体、楼梯、设施、文本标注、尺寸标注等元素组成，因此绘制平面图形时应建立表15-1所示的图层。

表 15-1 图层设置

序号	图层名	描述内容	线宽	线型	颜色	打印属性
1	轴线	定位轴线	默认	点划线(ACAD_ISOO4W100)	红色	不打印
2	墙体	墙体	0.30mm	实线(CONTINUOUS)	黑色	打印
3	柱子	墙柱	默认	实线(CONTINUOUS)	8色	打印
4	轴线编号	轴线圆	默认	实线(CONTINUOUS)	绿色	打印
5	散水	散水	默认	实线(CONTINUOUS)	洋红色	打印
6	门窗	门窗	默认	实线(CONTINUOUS)	绿色	打印
7	尺寸标注	尺寸标注	默认	实线(CONTINUOUS)	蓝色	打印
8	文字标注	图内文字、图名、比例	默认	实线(CONTINUOUS)	蓝色	打印
9	标高	标高文字及符号	默认	实线(CONTINUOUS)	黑色	打印
10	设施	布置的设施	默认	实线(CONTINUOUS)	44色	打印
11	楼梯	楼梯间	默认	实线(CONTINUOUS)	134色	打印
12	剖切符号	剖切符号	默认	实线(CONTINUOUS)	青色	打印
13	其他	附属构件	默认	实线(CONTINUOUS)	黑色	打印

01 新建图层。新建文件，调用LA【图层】命令，打开【图层特性管理器】选项板，根据表15-1所示的参数来新建图层，如图15-49所示。

图15-49 【图层特性管理器】选项板

02 修改线型比例。调用LINETYPE【线型管理器】命令，打开【线型管理器】对话框，单击【显示细节】按钮，打开细节选项组，设置【全局比例因子】为100，如图15-50所示，然后单击【确定】按钮即可。

图15-50 【线型管理器】对话框

03 设置图形界限。调用LIMITS【图形界限】命令，设置图形界限。命令行提示如下。

命令: LIMITS↙

\\调用【图形界线】命令

重新设置模型空间界限:

指定左下角点或 [开(ON)/关(OFF)] <0.0,0.0>:

\\按Enter键确定

指定右上角点 <420.0,297.0>: 59400,42000↙

\\指定界限按Enter键确定

04 全部缩放图形。调用Z【缩放】命令，根据命令行提示，输入A选项，使输入的图形界限区域全部显示在图形窗口内。

05 修改参数。调用ST【文字样式】命令，打开【文字样式】对话框，单击【新建】按钮，新建【文字说明】样式，并修改各参数，如图15-51所示。

图15-51 【文字样式】对话框

06 创建文字样式。用同样的方法，新建【轴号】样式，并修改各参数，如图15-52所示，将【文字说明】样式置为当前，单击【关闭】按钮，关闭对话框。

图15-52 创建文字样式

07 单击按钮。调用D【标注样式】命令，打开【标注样式管理器】对话框，单击【新建】按钮，如图15-53所示。

08 修改名称。打开【创建新标注样式】对话框，修改【新样式名】为【建筑标注】，如图15-54 所示。

图15-53 【标注样式管理器】对话框

图15-54 【创建新标注样式】对话框

09 修改参数。单击【继续】按钮，打开【新建标注样式：建筑标注】对话框，依次在各个选项卡中修改对应的参数，如表15-2所示。

表15-2 【建筑标注】标注样式的参数设置

【线】选项卡	【符号和箭头】选项卡	【文字】选项卡	【调整】选项卡
尺寸线 颜色(C)：ByBlock 线型(L)：ByBlock 线宽(G)：ByBlock 超出标记(N)：0 基线间距(A)：3.75 隐藏：□尺寸线 1(M) □尺寸线 2(D) 超出尺寸线(X)：2.5 起点偏移量(F)：2.5 □固定长度的尺寸界线(O) 长度(E)：1	箭头 第一个(T)：建筑标记 第二个(D)：建筑标记 引线(L)：实心闭合 箭头大小(I)：2	文字外观 文字样式(Y)：文字说明 文字颜色(C)：ByBlock 填充颜色(L)：无 文字高度(T)：3.5 分数高度比例(H)：1 □绘制文字边框(F) 文字位置 垂直(V)：上 水平(Z)：居中 观察方向(D)：从左到右 从尺寸线偏移(O)：1 文字对齐(A) ○水平 ●与尺寸线对齐 ○ISO 标准	标注特征比例 □注释性(A) ○将标注缩放到布局 ●使用全局比例(S)：100

⑩ 保存模板。单击【快速访问】工具栏中的【保存】按钮,将其保存为【建筑绘图模板.dwt】文件。

2. 绘制定位轴线

⑪ 绘制轴线。将【轴线】图层置为当前,调用L【直线】命令,结合【正交】功能,绘制轴线,如图15-55所示。

图15-55 绘制轴线

⑫ 偏移图形。调用O【偏移】命令,将新绘制的水平直线向上进行偏移操作,如图15-56所示。

图15-56 偏移图形

⑬ 偏移图形。调用O【偏移】命令,将新绘制的垂直直线向右进行偏移操作,如图15-57所示。

图15-57 偏移图形

3. 绘制墙体和柱子

⑭ 绘制外部墙体。将【墙体】图层置为当前,调用ML【多线】命令,修改【比例】为240、【对正】为【无】,结合【对象捕捉】功能,绘制封闭的240墙体,如图15-58所示。

图15-58 绘制外部墙体

⑮ 绘制内部墙体。重新调用ML【多线】命令,修改【比例】为240、【对正】为【无】,结合【对象捕捉】功能,绘制其他240墙体,如图15-59所示。

图15-59 绘制内部墙体

⑯ 绘制隔墙。调用ML【多线】命令，修改【比例】为120、【对正】为【下】，结合【对象捕捉】功能，绘制120墙体，图15-60所示。分解图形。隐藏【轴线】图层，调用X【分解】命令，分解所有多线。

图15-60 绘制隔墙

⑰ 修改图形。调用L【直线】、TR【修剪】和E【删除】命令，完善墙体图形，如图15-61所示。

图15-61 修改图形

⑱ 绘制柱子。将【柱子】图层置为当前，调用REC【矩形】命令，在相应的位置，绘制300×300的矩形，效果如图15-62所示。

图15-62 绘制柱子

⑲ 填充柱子。调用H【图案填充】命令，选择【SOLID】图案，拾取新绘制的矩形区域，填充柱子对象，如图15-63所示。

图15-63 填充柱子

4. 绘制门窗

⑳ 偏移图形。调用O【偏移】命令，选择合适的垂直直线进行偏移操作，如图15-64所示。

图15-64 偏移图形

㉑ 绘制水平窗洞。调用TR【修剪】和E【删除】命令，修剪并删除多余的图形，完成水平窗洞的绘制，如图15-65所示。

图15-65 绘制水平窗洞

㉒ 偏移图形。调用O【偏移】命令，选择合适的水平直线进行偏移操作，如图15-66所示。

图15-66 偏移图形

㉓ 绘制垂直窗洞。调用TR【修剪】、EX【延伸】和E【删除】命令，完善垂直窗洞图形，如图15-67所示。

图15-67 绘制垂直窗洞

㉔ 绘制图形。将【门窗】图层置为当前。调用L【直线】命令，结合【端点捕捉】功能，连接直线；调用O【偏移】命令，修改【偏移距离】为80，将新绘制的直线进行偏移操作，如图15-68所示。

图15-68 绘制窗户

㉕ 绘制窗户。重新调用L【直线】和O【偏移】命令，绘制其他的窗户图形，如图15-69所示。

图15-69 绘制其他窗户

㉖ 绘制圆弧。调用A【圆弧】命令，以【起点、端点、半径】的方式，修改半径为1685，绘制圆弧，如图15-70所示。

图15-70 绘制圆弧

㉗ 修改图形。调用O【偏移】命令，修改【偏移距离】为80，将新绘制的圆弧向外偏移；调用EX【延伸】命令，延伸偏移后的圆弧，如图15-71所示。

图15-71 修改图形

㉘ 偏移图形。调用O【偏移】命令，选择合适的垂直直线进行偏移操作，如图15-72所示。

图15-72 偏移图形

㉙ 绘制水平门洞。调用EX【延伸】、TR【修剪】和E【删除】命令，延伸、修剪并删除多余的图形，完成水平门洞的绘制，如图15-73所示。

图15-73 绘制水平门洞

㉚ 偏移图形。调用O【偏移】命令，选择合适的水平直线进行偏移操作，如图15-74所示。

图15-74 偏移图形

(31) 绘制垂直门洞。调用TR【修剪】和E【删除】命令，修剪并删除多余的图形，完成垂直门洞的绘制，如图15-75所示。

图15-75 绘制垂直门洞

(32) 绘制车库门。调用PL【多段线】命令，修改【宽度】为50，结合【对象捕捉】功能，绘制车库门，并修改其线型为【DASHED】，如图15-76所示。

图15-76 绘制车库门

(33) 布置门图块。调用I【插入】命令，插入随书光盘中的【门】图块，并对其进行复制、缩放、旋转和镜像操作，如图15-77所示。

图15-77 绘制矩形

5. 绘制楼梯

(34) 绘制矩形。将【楼梯】图层置为当前，调用REC【矩形】命令，结合【对象捕捉】功能，绘制矩形，如图15-78所示。

图15-78 绘制矩形

(35) 偏移图形。调用X【分解】命令，分解矩形；调用O【偏移】命令，选择最下方的水平直线进行偏移操作，如图15-79所示。

图15-79 偏移图形

㊱ 偏移图形。调用O【偏移】命令，将最左侧的垂直直线向右偏移，如图15-80所示。

图15-80 偏移图形

㊲ 绘制多段线。调用PL【多段线】、M【移动】命令，结合【对象捕捉】功能，绘制多段线对象，如图15-81所示。

图15-81 绘制多段线

㊳ 修改图形。调用TR【修剪】和E【删除】命令，修剪删除图形，如图15-82所示。

图15-82 修改图形

㊴ 绘制多段线。调用PL【多段线】命令，修改【起始宽度】、【端点宽度】分别为0、80，结合【对象捕捉】功能，绘制多段线对象，如图15-83所示。

图15-83 绘制多段线

6. 完善图形

图形的完善包含了家具的布置、车库坡道填充、外围墙和台阶的绘制以及文字、标高、尺寸标注等的插入。

㊵ 绘制多段线。将【家具】图层置为当前。调用PL【多段线】和M【移动】命令，结合【对象捕捉】功能，绘制多段线，如图15-84所示。

图15-84 绘制多段线

④ 布置家具。调用I【插入】命令，布置随书光盘中的【燃气灶】、【洗菜池】、【烟道】、【浴缸】、【马桶】、【洗手台】和【车】图块，如图15-85所示。

图15-85 布置家具

④ 绘制图形。将【其他】图层置为当前，调用L【直线】、O【偏移】和TR【修剪】命令，绘制外围墙和台阶，如图15-86所示。

④ 填充车库坡道。调用H【图案填充】命令，选择【ANSI31】图案，修改【图案填充比例】为50、【图案填充角度】为45，填充图形，如图15-87所示。

图15-86 绘制外围墙和台阶

图15-87 填充图形

④ 添加文字。将【文字标注】图层置为当前，调用MT【多行文字】命令，添加多行文字对象，如图15-88所示。

④ 标注尺寸。将【尺寸标注】图层置为当前，显示【轴线】图层，调用DLI【线性标注】和DCO【连续标注】命令，结合【对象捕捉】功能，添加尺寸标注，并隐藏【轴线】图层，如图15-89所示。

图15-88 添加多行文字

图15-90 插入图块

图15-89 标注尺寸

(46) 插入图块。调用I【插入】命令，插入【标高图块】图块，修改【比例】为3，在绘图区中餐厅区域的任意位置，单击鼠标，打开【编辑属性】对话框，输入0.000，单击【确定】按钮即可，如图15-90所示。

(47) 修改图块。调用CO【复制】命令，将【标高】图块进行复制操作，双击相应属性图块，修改其属性，如图15-91所示。

图15-91 修改图块

(48) 绘制图形。调用C【圆】命令，绘制半径为300的圆，调用L【直线】命令，以圆的象限点为起点，绘制长为500的直线，如图15-92所示。

(49) 添加文字。将【轴号】文字置为当前，调用MT【多行文字】命令，修改【文字高度】为300，添加轴号，效果如图15-93所示。

图15-92 绘制图形   图15-93 添加文字

㊿ 布置轴号。结合使用CO【复制】、RO【旋转】、L【直线】和M【移动】命令，将轴号插入到平面图中，如图15-94所示。

图15-94 布置轴号

�51 添加文字。将【文字说明】文字样式置为当前，调用MT【多行文字】命令，修改【文字高度】为600，添加图名及比例，如图15-95所示。

图15-95 添加文字

�52 完善图形。调用PL【多段线】和L【直线】命令，修改【宽度】为150，添加下划线，得到最终效果如图15-48所示。

15.3.2 绘制别墅其他图层平面图

别墅的平面图除了首层平面图外，还包含有其他的平面图。别墅地下层平面图如图15-96所示，读者可以参照别墅首层平面图的绘制方法自行练习，这里将不再讲述绘制过程。

图15-96 别墅地下层平面图

别墅二层平面图如图15-97所示，读者可以参照别墅首层平面图的绘制方法自行练习，这里将不再讲述绘制过程。

图15-97 别墅二层平面图

别墅三平面图如图15-98所示，读者可以参照别墅首层平面图的绘制方法自行练习，这里将不再讲述绘制过程。

图15-98 别墅三次平面图

15.3.3 课堂实例——绘制别墅正立面图

案例位置	素材＞第15章＞15.3.3 课堂实例——绘制别墅正立面图.dwg
视频位置	视频＞第15章＞15.3.3 课堂实例——绘制别墅正立面图.mp4
难易指数	★★★★★
学习目标	学习【构造线】、【修剪】、【偏移】、【修剪】、【删除】、【圆弧】、【插入】和【文字】等命令的使用

别墅正立面图是将别墅的正表面投影到垂直投影面上而得到的正投影图，反映了别墅中的外部墙体、栏杆、阳台、屋顶和门窗等内容的立面效果。这里所讲述的别墅正立面图即指A-J立面图，其立面图中包含了屋顶、墙体、台阶和门窗等。本小节通过绘制图15-99所示的别墅正立面图，使读者了解别墅正立面图的绘制过程和技巧。

图15-99 别墅立面图

1. 绘制外部轮廓

01 新建文件。单击【快速访问】工具栏中的【新建】按钮，新建文件。
02 复制文件。调用OPEN【打开】命令，打开绘制好的首层平面图，并将其复制到新建文件中。
03 整理图形。调用TR【修剪】、E【删除】和RO【旋转】命令，整理图形，如图15-100所示。

图15-100 整理图形

04 绘制构造线。将【墙体】图层置为当前，调用XL【构造线】命令，通过墙体及门窗边缘绘制构造线，进行墙体和窗体的定位，如图15-101所示。

图15-101 绘制构造线

05 绘制构造线。调用XL【构造线】命令，绘制一条水平构造线；调用O【偏移】命令，将新绘制的水平构造线向上分别偏移2800、1800、2700、300和2700，如图15-102所示。

图15-102 绘制构造线

06 修改图形。调用TR【修剪】和E【删除】命令，修剪并删除多余的图形，如图15-103所示。

图15-103 修剪图形

07 偏移图形。调用O【偏移】命令，将最下方的水平直线向上进行偏移操作，如图15-104所示。

图15-104 偏移图形

08 偏移图形。调用O【偏移】命令，选择合适的垂直直线进行偏移操作，如图15-105所示。

图15-105 偏移图形

09 绘制台阶1。调用TR【修剪】和E【删除】命令，修剪并删除多余的图形，如图15-106所示。

图15-106 修改图形

⑩ 绘制外部轮廓1。调用O【偏移】命令，选择右下方合适的水平直线向上进行偏移操作，如图15-107所示。

图15-107 偏移图形

⑪ 绘制台阶2。调用O【偏移】命令，选择最下方的水平直线向上进行偏移操作，选择最左侧的垂直直线向右偏移，如图15-108所示。

图15-108 偏移图形

⑫ 修改图形。调用TR【修剪】和E【删除】命令，修剪并删除多余的图形，如图15-109所示。

图15-109 修改图形

⑬ 绘制外部轮廓2。调用O【偏移】命令，选择最下方的水平直线向上进行偏移操作，如图15-110所示。

图15-110 偏移图形

⑭ 偏移图形。调用O【偏移】命令，选择从左数第6条垂直直线向右进行偏移操作，如图15-111所示。

图15-111 偏移图形

⑮ 修改图形。调用TR【修剪】和E【删除】命令，修剪并删除多余的图形，如图15-112所示。

图15-112 修改图形

⑯ 绘制外部轮廓3。偏移图形。调用O【偏移】命令，选择合适的水平直线向上和向下进行偏移操作，如图15-113所示。

图15-113 偏移图形

⑰ 偏移图形。调用O【偏移】命令，选择合适的垂直直线进行偏移操作，如图15-114所示。

图15-114 偏移图形

⑱ 修改图形。调用EX【延伸】命令，延伸直线；调用TR【修剪】和E【删除】命令，修剪并删除图形，如图15-115所示。

图15-115 修改图形

⑲ 绘制外部轮廓4。调用O【偏移】命令，选择从上往下数的第3条水平直线进行偏移操作，如图15-116所示。

图15-116 偏移图形

⑳ 偏移图形。调用O【偏移】命令，选择最左侧的垂直直线进行偏移操作，如图15-117所示。

图15-117 偏移图形

㉑ 修改图形。调用EX【延伸】、TR【修剪】和E【删除】命令，延伸、修剪并删除多余的图形，如图15-118所示。

图15-118 修改图形

㉒ 绘制外部轮廓5。调用O【偏移】命令，选择从上往下数的第2条水平直线进行偏移操作，如图15-119所示。

图15-119 偏移图形

㉓ 偏移图形。调用O【偏移】命令，选择最左侧的垂直直线进行偏移操作，如图15-120所示。

图15-120 偏移图形

㉔ 修改图形。调用EX【延伸】命令，延伸相应的图形；调用TR【修剪】和E【删除】命令，修剪并删除多余的图形，如图15-121所示。

图15-121 修改图形

㉕ 绘制外部轮廓6。调用O【偏移】命令，将最上方的水平直线向上进行偏移50和150，如图15-122所示。

图15-122 偏移图形

㉖ 偏移图形。调用O【偏移】命令，将最左侧的垂直直线向右偏移4950、50、9140和50，如图15-123所示。

图15-123 偏移图形

㉗ 修改图形。调用EX【延伸】、TR【修剪】和E【删除】命令，延伸、修剪并删除多余的图形，如图15-124所示。

图15-124 修改图形

㉘ 绘制外部轮廓7。调用O【偏移】命令，将合适的水平直线向上进行偏移，如图15-125所示。

图15-125 偏移图形

㉙ 修改图形。调用O【偏移】命令，将合适的垂直直线进行偏移，如图15-126所示。

图15-126 偏移图形

㉚ 修改图形。调用TR【修剪】和E【删除】命令，修剪并删除多余的图形，如图15-127所示。

图15-127 修改图形

2. 绘制门窗图形

㉛ 绘制门。将【门窗】图层置为当前，调用L【直线】和M【移动】命令，结合【对象捕捉】和【正交】功能，绘制直线，如图15-128所示。

图15-128 绘制直线

㉜ 绘制矩形。调用REC【矩形】和M【移动】命令，绘制矩形，如图15-129所示。

图15-129 绘制矩形

(33) 分解图形。调用X【分解】命令，分解新绘制的矩形。

(34) 偏移图形。调用O【偏移】命令，选择合适的图形对其进行偏移操作，如图15-130所示。

图15-130 偏移图形

(35) 修剪图形。调用TR【修剪】命令，修剪多余的图形，如图15-131所示。

图15-131 修剪图形

(36) 镜像图形。调用MI【镜像】命令，将修剪后的图形进行镜像操作，如图15-132所示。

(37) 绘制车库门。调用O【偏移】命令，选择合适的图形进行偏移操作，如图15-133所示。

图15-132 镜像图形

图15-133 偏移图形

(38) 修剪图形。调用TR【修剪】命令，修剪多余的图形，如图15-134所示。

图15-134 修剪图形

(39) 绘制图形。调用A【圆弧】命令，结合【对象捕捉】功能，以【三点】方式绘制圆弧；调用L【直线】命令，结合【对象捕捉】功能，连接直线，如图15-135所示。

图15-135 绘制图形

⑩ 修改图形。调用TR【修剪】和E【删除】命令，修剪并删除多余的图形，并将修剪后的图形修改至【门窗】图层，如图15-136所示。

图15-136 修改图形

㊶ 布置图块。调用I【插入】命令，插入随书光盘中的【立面门1】和【立面门2】图块，并调整其位置，效果如图15-137所示。

图15-137 布置图块

㊷ 修改图形。调用CO【复制】命令，复制插入的门图形；调用X【分解】命令，分解相应的门图块；调用TR【修剪】和E【删除】命令，修剪并删除多余的图形，效果如图15-138所示。

图15-138 修改图形

㊸ 绘制窗户1。调用O【偏移】命令，依次拾取相应的水平直线和垂直直线进行偏移操作，如图15-139所示。

图15-139 偏移图形

㊹ 修改图形。调用TR【修剪】命令，修剪多余的图形，并将修改后的图形修改至【门窗】图层，如图15-140所示。

图15-140 修改图形

㊺ 绘制窗户2。调用O【偏移】命令，依次拾取相应的水平直线和垂直直线进行偏移操作，如图15-141所示。

图15-141 偏移图形

46 修改图形。调用TR【修剪】和E【删除】命令，修剪并删除多余的图形，并将修改后的图形修改至【门窗】图层，如图15-142所示。

图15-142 修改图形

47 绘制其他窗户。用同样的方法，绘制其他的窗户图形，如图15-143所示。

图15-143 绘制其他窗户

48 布置窗户。调用I【插入】命令，插入随书光盘中的【窗户】图形，并对其进行移动操作，效果如图15-144所示。

图15-144 布置窗户

3. 绘制屋顶

49 绘制多段线。将【墙体】图层置为当前，调用PL【多段线】和M【移动】命令，结合【对象捕捉】功能，绘制多段线，如图15-145所示。

图15-145 绘制多段线

50 填充图形。调用TR【修剪】命令，修剪多余的图形；新建【填充】图层并将其置为当前，调用H【图案填充】命令，选择【AR-RSHKE】图案，拾取屋顶区域，填充图形，如图15-146所示。

图15-146 填充图形

371

4. 完善图形

(51) 布置栏杆。调用I【插入】命令，插入随书光盘中的【栏杆】图形，对其进行移动、复制和修剪操作，如图15-147所示。

图15-147 布置栏杆

(52) 填充图形。调用H【图案填充】命令，选择【ANSI32】图案，修改【图案填充比例】为20、【图案填充角度】为135，拾取合适的区域填充图形，如图15-148所示。

图15-148 填充图形

(53) 绘制多段线。将【墙体】图层置为当前，调用PL【多段线】命令，修改【宽度】为20，绘制地坪线对象，效果如图15-149所示。

图15-149 绘制地坪线

(54) 添加尺寸标注。将【尺寸标注】图层置为当前，调用DLI【线性标注】和DCO【连续标注】命令，结合【对象捕捉】功能，依次添加尺寸标注，效果如图15-150所示。

图15-150 添加尺寸标注

(55) 绘制直线。调用L【直线】命令，结合【对象捕捉】功能，绘制多条水平直线，如图15-151所示。

图15-151 绘制水平直线

(56) 添加标高。调用I【插入】、M【移动】和CO【复制】命令，布置标高图块，如图15-152所示。

图15-152 布置标高图块

(57) 添加轴号。调用C【圆】、L【直线】命令，绘制半径为300的圆和长500的直线，结合使用DT【单行文字】、CO【复制】命令，添加轴号，如图15-153所示。

图15-153 添加轴号

⑤⑧ 添加文字。调用MT【多行文字】命令，添加图名及比例，字高为600，如图15-154所示。

别墅正立面图 1:100

图15-154 添加文字

⑤⑨ 完善图形。调用PL【多段线】和L【直线】命令，修改【宽度】为150，添加下划线，最终效果如图15-99所示。

15.3.4 课堂实例——绘制别墅剖面图

案例位置	素材＞第15章＞15.3.4 课堂实例——绘制别墅剖面图.dwg
视频位置	视频＞第15章＞15.3.4 课堂实例——绘制别墅剖面图.mp4
难易指数	★★★★★
学习目标	学习【构造线】、【修剪】、【偏移】、【修剪】、【删除】、【圆弧】、【插入】和【文字】等命令的使用

别墅剖面图用于表示别墅内部的结构构造、垂直方向的分层情况、各层楼地面、屋顶的构造及相关尺寸、标高等。本小节通过绘制图15-155所示的别墅剖面图，讲述了1-1剖面位置，并在该剖面位置处绘制了楼梯以及A-J立面中的墙体和门窗剖面等。

图15-155 别墅剖面图

1. 绘制剖切符号

①① 新建文件。单击【快速访问】工具栏中的【新建】按钮，新建文件。

②② 复制文件。调用OPEN【打开】命令，打开绘制好的首层平面图和别墅正立面图，并将其复制到新建文件中。

③③ 整理图形。调用TR【修剪】、E【删除】和RO【旋转】命令，整理图形。

④④ 绘制剖切符号。调用PL【多段线】和MT【多行文字】命令，在平面图中添加剖切符号，表示剖切位置，如图15-156所示。

图15-156 整理图形

2. 绘制外部轮廓

⑤⑤ 绘制构造线。将【墙体】图层置为当前，调

用XL【构造线】命令，通过墙体及门窗边缘绘制构造线，进行墙体和窗体的定位，如图15-157所示。

图15-157 绘制垂直构造线

06 绘制构造线。调用XL【构造线】命令，结合【对象捕捉】功能，绘制水平构造线，如图15-158所示。

图15-158 绘制水平构造线

07 修改图形。调用TR【修剪】和E【删除】命令，修剪并删除多余的图形，如图15-159所示。

图15-159 修改图形

08 偏移图形。调用O【偏移】命令，将最下方的水平直线向下进行偏移操作，如图15-160所示。

图15-160 偏移图形

09 修改图形。调用EX【延伸】命令，延伸相应的图形；调用TR【修剪】和E【删除】命令，修剪并删除多余的图形，如图15-161所示。

图15-161 修改图形

3. 绘制楼板结构

10 绘制楼板1。调用O【偏移】命令，将从下往上数第3条水平直线向上进行偏移操作；调用TR【修剪】和E【删除】命令，修剪并删除多余的图形，如图15-162所示。

图15-162 绘制楼板1

11 绘制楼板2。调用O【偏移】命令，将从上往下数第7条水平直线和最右侧垂直直线进行偏移操作；调用TR【修剪】和E【删除】命令，修剪并删除多余的图形，如图15-163所示。

图15-163　绘制楼板2

⑫　绘制楼板3。调用O【偏移】命令，将从上往下数第6条水平直线向下进行偏移操作；调用TR【修剪】和E【删除】命令，修剪并删除多余的图形，如图15-164所示。

图15-164　绘制楼板3

⑬　绘制楼板4。调用O【偏移】命令，将最上方的水平直线进行偏移操作；调用TR【修剪】和E【删除】命令，修剪并删除多余的图形，如图15-165所示。

图15-165　绘制楼板4

⑭　绘制楼板5。调用O【偏移】命令，将从上往下数的第2条长水平直线向下进行偏移操作；调用TR【修剪】和E【删除】命令，修剪并删除多余的

图形，如图15-166所示。

图15-166　绘制楼板5

⑮　填充楼板。将【填充】图层置为当前，调用H【图案填充】命令，选择【SOLID】图案，填充图形，如图15-167所示。

图15-167　填充楼板

4.　绘制门窗

⑯　偏移图形。调用O【偏移】命令，将最上方的水平直线向下进行偏移操作，如图15-168所示。

图15-168　偏移图形

⑰　修改图形。调用EX【延伸】命令，延伸偏移后的图形；调用TR【修剪】和E【删除】命令，修剪并删除多余的图形，如图15-169所示。

图15-169 修改图形

⑱ 绘制窗户。将【门窗】图层置为当前，调用L【直线】和O【偏移】命令，结合【对象捕捉】功能，修改【偏移距离】为80，绘制窗户图形，如图15-170 所示。

图15-170 绘制窗户

⑲ 绘制矩形。调用REC【矩形】和M【移动】命令，结合【对象捕捉】功能，绘制矩形，如图15-171所示。

⑳ 绘制矩形。调用REC【矩形】和M【移动】命令，结合【对象捕捉】功能，绘制矩形，如图15-172所示。

图15-171 绘制矩形　　图15-172 绘制矩形

㉑ 复制图形。调用CO【复制】命令，将新绘制的两个矩形进行复制操作，如图15-173所示。

图15-173 复制矩形

㉒ 绘制图形。调用REC【矩形】和M【移动】命令，结合【对象捕捉】功能，绘制矩形；调用L【直线】命令，结合【中点捕捉】功能，连接直线，如图15-174所示。

图15-174 绘制图形

㉓ 绘制图形。调用REC【矩形】和M【移动】命令，结合【对象捕捉】功能，绘制矩形；调用L【直线】命令，结合【中点捕捉】功能，连接直线，如图15-175所示。

㉔ 绘制矩形。调用REC【矩形】命令，结合【对象捕捉】功能，绘制矩形，如图15-176所示。

图15-175 绘制图形

图15-176 绘制矩形

25 复制图形。调用CO【复制】命令，将新绘制的矩形进行复制操作，如图15-177所示。

图15-177 复制图形

26 修改图形。调用TR【修剪】命令，修剪多余的图形；调用E【删除】命令，删除多余的图形，如图15-178所示。

图15-178 修改图形

27 偏移图形。调用O【偏移】命令，拾取合适的直线分别进行偏移操作，如图15-179所示。

图15-179 复制图形

28 修改图形。调用TR【修剪】命令，修剪多余的图形；调用E【删除】命令，删除多余的图形，并将修改后的图形修改至【门窗】图形，如图15-180所示。

图15-180 修改图形

29 绘制窗户。调用O【偏移】命令，拾取合适的直线分别进行偏移操作；调用TR【修剪】命令，修剪多余的图形；调用E【删除】命令，删除多余的图形，并将修改后的图形修改至【门窗】图形，如图15-181所示。

图15-181 绘制窗户

③⓪ 绘制直线。将【墙体】图层置为当前，调用L【直线】和M【移动】命令，结合【对象捕捉】功能，绘制直线，如图15-182所示。

图15-182 绘制直线

5. 绘制楼梯和阳台

③① 绘制多段线。将【楼梯】图层置为当前，调用PL【多段线】命令，结合【对象捕捉】和【正交】功能，向右绘制11级高宽为150×270的台阶，如图15-183所示。

图15-183 绘制台阶

③② 复制图形。调用CO【复制】命令，将新绘制的台阶进行复制操作，如图15-184所示。

图15-184 复制台阶

③③ 修改图形。调用MI【镜像】命令，将新绘制的台阶图形进行镜像操作；调用M【移动】命令，调整镜像后的台阶图形，如图15-185所示。

图15-185 修改图形

③④ 绘制图形。调用EX【延伸】命令，延伸相应的图形；调用L【直线】、M【移动】和RO【旋转】命令，结合【对象捕捉】功能，修改【旋转角度】为29°，绘制直线，如图15-186所示。

③⑤ 修改图形。调用TR【修剪】命令，修剪多余的图形；调用E【删除】命令，删除多余的图形，并将修剪后的图形修改至【楼梯】图层，如图15-187所示。

图15-186 绘制直线

图15-187 修改图形

㉟ 填充图形。将【填充】图层置为当前，调用H【图案填充】命令，选择【SOLID】图案，填充图形，如图15-188所示。

图15-188 填充图形

㊲ 绘制直线。将【楼梯】图层置为当前，调用L【直线】和M【移动】命令，结合【对象捕捉】功能，绘制直线，如图15-189所示。

图15-189 绘制直线

㊳ 完善图形。调用L【直线】、CO【复制】、EX【延伸】和TR【修剪】命令，完善楼梯栏杆图形，如图15-190所示。

图15-190 完善楼梯栏杆图形

㊴ 偏移图形。调用O【偏移】命令，选择合适的水平直线向下进行偏移操作，如图15-191所示。

图15-191 偏移图形

㊵ 偏移图形。调用O【偏移】命令，选择合适的垂直直线，进行偏移操作，如图15-192所示。

图15-192 偏移图形

㊶ 修改图形。调用EX【延伸】命令，延伸图形；调用TR【修剪】命令，修剪多余的图形；调用E【删除】命令，删除多余的图形，如图15-193所示。

图15-193 修改图形

㊷ 偏移图形。调用O【偏移】命令，选择合适的水平直线，进行偏移操作，如图15-194所示。

图15-194 偏移图形

㊸ 偏移图形。调用O【偏移】命令，选择合适的垂直直线，进行偏移操作，如图15-195所示。

图15-195 偏移图形

㊹ 修改图形。调用EX【延伸】命令，延伸相应的直线；调用TR【修剪】和E【删除】命令，修剪并删除多余的图形，并将修剪后的图形修改至【墙体】图层，如图15-196所示。

图15-196 修改图形

㊺ 布置栏杆图形。调用I【插入】按钮，插入随书光盘中的【栏杆】图块，并调整其位置和数量，效果如图15-197所示。

图15-197 布置栏杆

6. 绘制屋顶和屋檐

(46) 绘制多段线。将【墙体】图层置为当前，调用PL【多段线】和【M】移动命令，结合【对象捕捉】功能，绘制多段线，如图15-198所示。

图15-198　绘制多段线

(47) 复制图形。调用CO【复制】命令，将新绘制的多段线向下进行复制操作，如图15-199所示。

图15-199　复制图形

(48) 绘制多段线。调用PL【多段线】和【M】移动命令，结合【对象捕捉】功能，绘制多段线，如图15-200所示。

图15-200　绘制多段线

(49) 复制图形。调用CO【复制】命令，将新绘制的多段线向下和向上进行复制操作，如图15-201所示。

图15-201　复制图形

(50) 绘制图形。调用PL【多段线】命令，结合【对象捕捉】功能，绘制多段线，如图15-202所示。

图15-202　绘制多段线

(51) 复制图形。调用CO【复制】、MI【镜像】和M【移动】命令，将新绘制的多段线进行复制操作，如图15-203所示。

图15-203　复制图形

(52) 封闭图形。调用L【直线】命令，结合【对象捕捉】功能，封闭图形。

(53) 修改图形。调用TR【修剪】命令，修剪多余的图形；调用E【删除】命令，删除多余的图形，如图15-204所示。

图15-204　修改图形

(54) 填充图形。将【填充】图层置为当前，调用H【图案填充】命令，选择【SOLID】图案，拾取合适的区域，填充图形，如图15-205所示。

图15-205 填充图形

7. 完善图形

(55) 绘制台阶。调用L【直线】、O【偏移】和TR【修剪】命令，绘制台阶图形，并将绘制好的图形修改至【其他】图层，如图15-206所示。

图15-206 绘制台阶

(56) 添加尺寸标注。将【尺寸标注】图层置为当前，调用DLI【线性标注】和DCO【连续标注】命令，结合【对象捕捉】功能，依次添加尺寸标注，效果如图15-207所示。

图15-207 添加尺寸标注

(57) 添加标高。将立面图中的标高图形复制到剖面图中，并修改标高参数，如图15-208所示。

图15-208 添加标高

(58) 标注轴号。参照本章平面图轴号标注方法，标注轴号。结果如图15-209所示。

图15-209 标注轴号

(59) 完善图形。调用MT【多行文字】命令，添加图名及比例，字高为600，调用PL【多段线】和L【直线】命令，修改【宽度】为150，添加下划线，得到的最终效果如图15-155所示。

15.4 课堂实例——凉亭三维模型的创建

案例位置	素材＞第15章＞15.4课堂实例——凉亭三维模型的创建.dwg
视频位置	视频＞第15章＞15.4课堂实例——凉亭三维模型的创建.mp4
难易指数	★★☆☆☆
学习目标	学习【圆柱体】、【圆】、【环形阵列】、【拉伸】、【并集】和【旋转】等命令的使用

凉亭是建在花园或公园中的纳凉亭榭，一般由柱子支承屋顶建造。本小节通过绘制图15-210所示的凉亭三维模型，使读者了解凉亭三维模型的绘制过程和技巧。

图15-210 凉亭三维模型

01 新建文件。单击【快速访问】工具栏中的【新建】按钮，新建空白文件。

02 绘制圆柱体。将视图切换至【西南等轴测】视图，调用CYL【圆柱体】命令，在原点处绘制一个半径为200、高度为20的圆柱体，如图15-211所示。

图15-211 绘制圆柱体

03 绘制圆柱体。调用CYL【圆柱体】命令，结合【圆心点捕捉】功能，在圆柱体最上方的圆心点处，绘制一个半径为10、高度为65的圆柱体，如图15-212所示。

图15-212 绘制圆柱体

04 绘制圆柱体。调用CYL【圆柱体】命令，结合【圆心点捕捉】功能，在新绘制的圆柱体最上方的圆心点处，绘制一个半径为60、高度为10的圆柱

体，如图15-213所示。

图15-213 绘制圆柱体

05 绘制圆。将视图切换至【俯视】视图，调用C【圆】和M【移动】命令，在合适的位置处，绘制一个半径为7.5的圆，如图15-214所示。

图15-214 绘制圆

06 绘制圆。调用C【圆】和M【移动】命令，在合适的位置处，绘制一个半径为5的圆，如图15-215所示。

图15-215 绘制圆

07 环形阵列图形。单击【修改】面板中的【环形阵列】按钮，修改【项目数】为8，拾取新绘制的两个圆为环形阵列对象，对其进行环形阵列操作，如图15-216所示，调用X【分解】命令，分解环形阵列图形。

图15-216 环形阵列图形

08 拉伸实体。将视图切换至【西南等轴测】视图，调用EXT【拉伸】命令，修改【拉伸高度】为30，将半径为5的圆进行拉伸操作，如图15-217所示。

图15-217 拉伸实体

09 绘制圆柱体。将坐标系恢复到世界坐标系，调用CYL【圆柱体】命令，结合【圆心点捕捉】功能，绘制一个半径为18、高度为5的圆柱体，如图15-218所示。

图15-218 绘制圆柱体

10 复制模型。调用CO【复制】命令，将新绘制的圆柱体进行复制操作，如图15-219所示。

图15-219 复制模型

11 并集模型。调用UNI【并集】命令，选择合适的模型，进行并集操作。

12 拉伸实体。调用EXT【拉伸】命令，修改【拉伸高度】为220，将半径为7.5的圆进行拉伸操作，如图15-220所示。

图15-220 拉伸实体

13 绘制图形。将视图切换至【前视】视图，调用PL【多段线】和L【直线】命令，绘制轮廓图形，如图15-221所示。

图15-221 绘制轮廓图形

14 旋转实体。将视图切换至【西南等轴测】视图，调用REV【旋转】命令，将新绘制的多段线进行旋转操作；调用M【移动】命令，调整旋转实体的位置，如图15-222所示。

图15-222 旋转实体

15.5 本章小结

本章详细讲解了建筑方面的一些知识点，包括建筑设计的概念知识、别墅图纸的设计以及凉亭三维模型的创建，通过本章的学习可以快速掌握建筑设计的绘图手法，从而将其应用到其他的建筑设计图纸中。

15.6 课后习题——绘制别墅屋顶平面图

案例位置 素材＞第15章＞15.6 课堂实例——绘制别墅屋顶平面图.dwg
视频位置 视频＞第15章＞15.6 课堂实例——绘制别墅屋顶平面图.mp4
难易指数 ★★★☆☆

本节通过具体的实例练习建筑设计的绘图方法。

别墅屋顶平面图如图15-223所示，读者可以参照别墅首层平面图的绘制方法自行练习，这里将不再讲述绘制过程。

图15-223 别墅屋顶平面图

第16章

机械设计及绘图

机械制图是用图样确切表示机械的结构形状、尺寸大小、工作原理和技术要求的学科。图样由图形、符号、文字和数字组成，是表达设计意图和制造要求及交流经验的技术文件，常被称为工程界的语言。AutoCAD是实现机械制图的一种工具，使用AutoCAD可以更加方便快捷地绘制出精确的机械图形。

学习目标

清楚机械设计制图的内容

了解机械设计制图的流程

熟悉机械零件图的绘制方法

熟悉机械装配图的绘制方法

掌握三维机械图的绘制方法

16.1 机械设计制图的内容

对于机械制造行业来说,机械制图在行业中起着举足轻重的作用。因此,每个工程技术人员都需要熟练地掌握机械制图的内容和流程。机械制图的内容主要包括零件图和装配图,此外还有布置图、示意图和轴测图等。

一套完整的机械制图包含有以下几部分内容。

- 图框和图纸幅面:图纸幅面尺寸就是图纸的大小,以图纸长、宽的尺寸来确定。图框在图纸幅面中用粗实线画出。
- 标题栏:标题栏用以说明所表达的机件名称、比例、图号、设计者、审核者及机件种类、材料等。一般位于图样的右下角位置。
- 样图:样图的绘制是图形最主要的部分,缺少了它图形也就毫无意义。绘制零件图和装配图可以采用相同的方法进行绘制,也可以采用不同的方法进行绘制,两者之间存在一定的差别,可视具体情况而定。
- 标注:尺寸标注、标注粗糙度和基准面以及零件序号都是标注中的一种形式,用户可以根据零件图和装配图的不同进行不同的标注说明。

16.2 机械设计制图的流程

在AutoCAD中,机械零件图的绘制流程主要包括以下几个步骤。

- 了解所绘制零件的名称、材料、用途以及各部分的结构形状及加工方法。
- 根据上述分析,确定绘制物体的主视图,再根据其结构特征确定顶视图及剖视图等其他视图。
- 标注尺寸及添加文字说明,最后绘制标题栏并填写内容。
- 图形绘制完成后,可对其进行打印输出。

在AutoCAD中,机械装配图的绘制流程主要包括以下步骤。

- 了解所绘制部件的工作原理、零件之间的装配关系、用途以及主要零件的基本结构和部件的安装情况等内容。
- 根据对所绘制部件的了解,合理运用各种表达方法,按照装配图的要求选择视图,确定视图表达方案。

16.3 机械零件图的绘制

零件图是制造和检验零件的主要依据,是设计部门提交给生产部门的重要技术文件,也是进行技术交流的重要资料。零件图不仅仅是把零件的内、外结构形状和大小表达清楚,还需要对零件的材料、加工、检验、测量提出必要的技术要求。

16.3.1 零件图的内容

为了满足生产部门制造零件的要求,一张零件图必须包括以下几方面内容。

1. 一组视图

用一组视图完整、清晰地表达零件各个部分的结构以及形状。这组视图包括机件的各种表达方法中的视图、剖视图、断面图、局部放大图和简化画法。

2. 完整的尺寸

在零件图中应正确、完整、清晰、合理地标注零件在制造和检验时所需要的全部尺寸。

3. 技术要求

用规定的符号、代号、标记和简要的文字表达出对零件制造和检验时所应达到的各项技术指标和要求。

4. 标题栏

在标题栏中一般应填写单位名称、图名(零件的名称)、材料、质量、比例、图号,以及设计、审核、批准人员的签名和日期等。

16.3.2 零件图的类型

机械设计制图中的零件图按照各类零件的用途及外形来分类，大致可分为以下几大类。

1. 标准零件

常用标准零件主要包括平垫、销钉、槽轮、棘轮、拨叉、轴承等。这类零件的主要特征就是在型号、规格、大小等方面有国标规定，增强了零件的通用性。

2. 定位零件

常用的定位零件主要包括花键、楔键、开口销钉、止动垫片、回转器等，这类零件的主要特征就是在回转机构中起到重要的轴向定位作用。这类结构的零件大部分已经标准化，并且有规定的画法。

3. 螺纹零件

常用的螺纹零件主要包括各类螺母、螺栓、螺杆、螺丝及螺钉等。这类零件在个部件当中很重要，起连接和紧固作用，并且此类零件大部分在型号、规格和画法上也是有规定的。

4. 工具零件

常用的工具零件主要包括扳手、拉环、起钉锤、手柄、手轮、曲柄、螺丝刀等，这些是在我们的日常生活当中经常用到的工具。这类零件的主要特征是结构形状比较复杂，零件一般带有倾斜或弯曲的结构，但是其制造和生产也是根据日常生活中常用的产品来规范化的，一般的其外形和规格也是经过国家规定的，但也可以根据需要生产非标准规格的、自己需要的工具零件。

5. 盘类零件

常用的盘类零件主要包括齿轮、凸轮、轴承盖、阀盖、泵盖、V带轮、平带轮等。这类零件的主要特征是大多数零件主要部分一般是由自由回转体构成，且成扁平的盘状，沿着零件的圆周均匀分布各种加强筋，孔和槽等结构特征。这类零件在加工的时候一般是水平放置，通常加工的位置就是零件的中心位置及零件的轴线位置。

6. 箱体零件

常用箱体类零件主要包括箱体、壳体、泵体、阀体等。这类零件的特征就是能支撑和包容其他零件，所以此类零件的结构比较复杂，加工位置变化也很大，一般根据具体的零件装配和加工工艺进行具体加工。

7. 轴套零件

轴套零件是机械零件中常用的一种零件，如支墩轴套、传动轴套、传动轴以及阶梯轴等零件。其中，轴类零件主要用于支承传动零部件，传递扭矩和承受载荷以及保证在轴上零件的回转精度等。常见的轴类零件的基本形式是阶梯的回转体，其长度大于直径，主体由多段不同的直径的回转体组成。在轴上一般有轴颈、轴肩、键槽、螺纹、挡圈槽、销孔、内孔、螺纹子等，以及中心孔、退刀槽、倒角、圆角等机械加工工艺结构。套类零件是指带有孔的零件，在机器中起支撑和导向作用，主要由端面、外圆、内孔等组成，零件的壁厚较薄，易产生变形，一般零件直径大于其轴向尺寸。

16.3.3 课堂实例——绘制半联轴器零件图

案例位置	素材＞第16章＞16.3.3 课堂实例——绘制半联轴器零件图.dwg
视频位置	视频＞第16章＞16.3.3 课堂实例——绘制半联轴器零件图.mp4
难易指数	★★★★★
学习目标	学习【图层】、【直线】、【圆】、【环形阵列】、【偏移】、【修剪】、【圆角】和【倒角】等命令的使用

半联轴器零件图由主视图和剖视图组成，其主要作用是用来联接不同机构中的两根轴（主动轴和从动轴）并使之共同旋转以传递扭矩的机械零件。本小节通过绘制图16-1所示的半联轴器零件图，使读者了解基本机械零件的绘制过程和技巧。

图16-1 半联轴器零件图

1. 绘制主视图

① 新建文件。单击【快速访问】工具栏中的【新建】按钮，新建空白文件。

② 新建图层。调用LA【图层】命令，打开【图层特性管理器】选项板，依次创建【中心线】【轮廓线】【剖面线】和【尺寸标注】图层，如图16-2所示。

图16-2 【图层特性管理器】选项板

③ 绘制直线。将【中心线】图层置为当前。调用L【直线】和M【移动】命令，绘制两条长度均为238且相互垂直的中心线，如图16-3所示。

图16-3 绘制直线

④ 绘制圆。将【轮廓线】图层置为当前。调用C【圆】命令，结合【中点捕捉】功能，分别绘制圆对象，如图16-4所示。

图16-4 绘制圆

⑤ 修改图层。选择半径为75的圆，将其修改至【中心线】图层，如图16-5所示。

图16-5 修改图层效果

⑥ 绘制圆。调用C【圆】命令，结合【象限点捕捉】功能，分别绘制圆对象，如图16-6所示。

图16-6 绘制圆

389

07 环形阵列图形。单击【修改】面板中的【环形阵列】按钮 阵列，修改【项目数】为8，将新绘制的小圆对象进行环形阵列操作，如图16-7所示。

图16-7 环形阵列图形

08 偏移图形。调用O【偏移】命令，拾取中心线，对其进行偏移操作，如图16-8所示。

图16-8 偏移图形

09 修改图形。调用TR【修剪】和E【删除】命令，修剪并删除多余的图形，并将修改后的图形修改至【轮廓线】图层，如图16-9所示。

图16-9 修改图形

2. 绘制剖视图

10 添加剖切符号。将【尺寸标注】图层置为当前，调用PL【多段线】和MT【多行文字】命令，绘制剖切符号，如图16-10所示。

图16-10 绘制剖切符号

11 绘制直线。将【中心线】图层置为当前，调用L【直线】命令，在合适的位置处，绘制一条长度为110的水平中心线，如图16-11所示。

图16-11 绘制直线

12 绘制矩形。将【轮廓线】图层置为当前。调用REC【矩形】和M【移动】命令，结合【对象捕捉】功能，绘制矩形，如图16-12所示。

图16-12 绘制直线

⑬ 修改图形。调用X【分解】命令，分解新绘制的矩形；调用O【偏移】命令，将矩形上方的水平直线向下偏移，如图16-13所示。

图16-13　偏移图形

⑭ 偏移图形。调用O【偏移】命令，选择左侧的垂直直线向右偏移，如图16-14所示。

图16-14　偏移图形

⑮ 修改图形。调用TR【修剪】和E【删除】命令，修剪并删除多余的图形，如图16-15所示。

图16-15　修改图形

⑯ 镜像图形。调用MI【镜像】命令，选择合适的图形，沿着水平中心线进行镜像操作，如图16-16所示。

⑰ 修改图形。调用TR【修剪】命令，修剪多余的图形；调用E【删除】命令，删除多余的图形，如图16-17所示。

图16-16　镜像图形　　　　图16-17　修改图形

⑱ 绘制圆孔。调用O【偏移】命令，选择矩形左侧的垂直直线向右偏移；调用TR【修剪】和E【删除】命令，删除多余的图形，如图16-18所示。

图16-18　绘制圆孔

⑲ 圆角图形。调用F【圆角】命令，修改【圆角半径】为3，拾取合适的直线，对其进行圆角操作，如图16-19所示。

⑳ 倒角图形。调用CHA【倒角】命令，修改【倒角距离】均为2、【修剪】模式为【修剪】和【不修剪】，倒角图形，如图16-20所示。

图16-19 圆角图形　　　　图16-20 倒角图形

㉑ 绘制中心线。将【中心线】图层置为当前，调用L【直线】命令，在合适的位置处绘制中心线，如图16-21所示。

图16-21 绘制中心线

㉒ 绘制螺钉。调用O【偏移】命令，将最下方的水平中心线向上和向下进行偏移操作，如图16-22所示。

㉓ 偏移图形。调用O【偏移】命令，将矩形右侧的垂直直线向左和向右进行偏移操作，如图16-23所示。

图16-22 偏移图形

图16-23 偏移图形

㉔ 修改图形。调用EX【延伸】、TR【修剪】和E【删除】命令，延伸、修剪并删除多余的图形，并将修改后的图形修改至【轮廓线】图层，如图16-24所示。

图16-24 修改图形

㉕ 绘制圆弧。将【轮廓线】图层置为当前，调用A【圆弧】命令，以【起点、端点、半径】的方式绘制半径为5.5的圆弧，如图16-25所示。

图16-25 绘制圆弧

㉖ 镜像图形。调用MI【镜像】命令，将新绘制的圆弧进行镜像操作，并延长水平中心线，如图16-26所示。

图16-26 镜像圆弧

㉗ 填充图形。将【剖面线】图层置为当前。调用H【图案填充】命令，选择【ANSI31】图案，修改【图案填充比例】为0.7，填充图形，如图16-27所示。

图16-27 填充图形

3. 标注零件图

㉘ 设置文字样式。调用ST【文字样式】命令，

打开【文字样式】对话框，新建【文字】样式，并修改各参数，如图16-28所示。

图16-28 【文字样式】对话框

㉙ 设置标注样式。调用D【标注样式】命令，打开【标注样式管理器】对话框，修改【ISO-25】标注样式中的各参数，如图16-29所示。

图16-29 【标注样式管理器】对话框

㉚ 添加尺寸。将【尺寸标注】图层置为当前，调用DLI【线性标注】、DRA【半径标注】和DDI【直径标注】命令，在绘图区中标注线性、半径和直径尺寸，如图16-30所示。

图16-30 添加尺寸

㉛ 输入符号。双击相应的尺寸标注，打开文本输入框，输入相应的符号和公差，如图16-31所示。

图16-31 输入符号

(32) 添加引线标注。调用MLD【多重引线】命令，在绘图区中添加多重引线标注，如图16-32所示。

图16-32 添加多重引线标注

(33) 布置图块。调用I【插入】命令，插入随书光盘中的【表面粗糙度】图块，并对其进行复制和修改操作，如图16-33所示。

图16-33 布置图块

(34) 添加形位公差。调用TOL【形位公差】命令，在绘图区中添加形位公差，如图16-34所示。

(35) 添加文字。调用MT【多行文字】和CO【复制】命令，创建多行文字，并复制表面粗糙度图块，如图16-35所示。

图16-34 添加形位公差

技术要求:
1. 坯料正火，精加工后调质处理180~210HBS;
2. 未注尺寸公差IT14级;
3. 未注形位公差按C级。

图16-35 添加文字

(36) 插入图框。调用I【插入】命令，插入随书光盘中的图框，并调整其大小和位置，得到最终效果，如图16-1所示。

16.4 机械装配图的绘制

装配图是表达机器或部件的图样，主要表达其工作原理和装配关系。在机器设计过程中，装配图的绘制位于零件图之前，并且与零件图表达的内容不同。它主要用于机器或部件的装配、调试、安装、维修等场合，也是生产中的一种重要技术文件。

16.4.1 装配图的作用

在产品或部件的设计过程中，一般是先设计画出装配图，然后再根据装配图进行零件设计，画出零件图；在产品或部件的制造过程中，先根据零件图进行零件加工和检验，再按照依据装配图所制定的装配工艺规程将零件装配成机器或部件；在产品或部件的使用、维护及维修过程中，也经常要通过装配图来了解产品或部件的工作原理及构造。

16.4.2 装配图的内容

一套完整的装配图主要包含以下4个内容，如图16-36所示。

技术要求
1、各密封件装配前必须浸油。
2、进入装配的零件（包括外购或外协）必须具有检验部门的合格证方能装配。

送料器装配图

图16-36 装配图

1. 一组视图

一组正确、完整、清晰的视图，用于表达产品或部件的工作原理、各组成零件间的相互位置和装配关系及主要零件的结构形状。

2. 必要的尺寸

标注出反映产品或部件的规格、外形、装配、安装所需的必要尺寸和一些重要尺寸。

3. 技术要求

在装配图中用文字或国家标准规定的符号注写出该装配体在装配、检验、使用等方面的要求。

4. 零部件序号、标题栏和明细栏

按国家标准规定的格式绘制标题栏和明细栏，并按一定格式将零部件进行编号，并填写标题栏和明细栏。

16.4.3 绘制装配图的步骤

在绘制装配图之前，首先要了解部件或机器的工作原理和基本结构特征等资料，然后经过拟定方案、绘制装配图和整体校核等一系列的工序，具体步骤介绍如下。

1. 了解部件

弄清用途、工作原理、装配关系、传动路线及主要零件的基本结构。

2. 确定方案

选择主视图的方向，确定图幅及绘图比例，合理运用各种表达方法表达图形。

3. 画出底稿

先画图框、标题栏以及明细栏外框，再布置视图，画出基准线，然后画出主要零件，最后根据装配关系依次画出其余零件。

4. 完成全图

绘制剖面线、标注尺寸、编排序号，并填写标题栏、明细栏、号签及技术要求，然后按标准加深图线。

5. 全面校核

仔细而全面地校核图中的所有内容，改正错、漏处，并在标题栏内签名。

16.4.4 绘制装配图的方法

装配图的创建相对于零件图的绘制而言比较复杂。要想更好地学会利用AutoCAD进行装配图的创建，就需要学会装配图的图块插入法、图形插入法和直接绘制3种方法。

1. 图块插入法

图块插入法是指将装配图中的各个零部件的图形先制作成图块，然后再按零件之间的相对位置将图逐个插入，拼画成装配图。利用图块插入法，在绘图前应当进行必要的设置，统一的图层线型、线宽、颜色，各零件的比例应当一致。为了绘图方便，将比例统一修改为1:1。

2. 图形文件插入法

图形文件可以在不同的图形中直接插入，如果已经绘制了机器或部件的所有图形，当需要一张完整的装配图时，也可以考虑利用直接插入图形文件法来拼画装配图，这样既可以避免重复操作，又可以提高绘图效率。

3. 直接绘制法

该方法主要运用二维绘图、编辑、设置和层控制等功能，按照装配图的绘图步骤绘制出装配图。

16.4.5 课堂实例——绘制涡轮部件装配图

案例位置	素材>第16章>16.4.5 课堂实例——绘制涡轮部件装配图.dwg
视频位置	视频>第16章>16.4.5 课堂实例——绘制涡轮部件装配图.mp4
难易指数	★★★★★
学习目标	学习【矩形】【拉长】【镜像】【直线】【偏移】【移动】【复制】和【表格】等命令的使用

涡轮的主要作用是在汽车或飞机的发动机中的风扇，通过利用废气把燃料蒸汽吹入发动机，以提高发动机的性能。本小节通过绘制图16-37所示的涡轮部件装配图，使读者了解装配图的绘制过程和技巧。

图16-37 涡轮部件装配图

1. 绘制主视图

① 新建图层。新建空白文件；调用LA【图层】命令，打开【图层特性管理器】选项板，依次创建【中心线】【粗实线】【剖面线】【细实线】和【尺寸标注】图层，如图16-38所示。

图16-38 【图层特性管理器】选项板

② 绘制直线。将【中心线】图层置为当前。调用L【直线】和M【移动】命令，绘制两条长度均为340且相互垂直的中心线，如图16-39所示。

图16-39 绘制直线

③ 绘制圆。将【粗实线】图层置为当前。调用C【圆】命令，结合【中点捕捉】功能，绘制圆对象，如图16-40所示。

图16-40 绘制圆

④ 修改图层。选择半径为148和118的圆，将其修改至【中心线】图层，如图16-41所示。

图16-41 修改图层

05 绘制圆。调用C【圆】命令，结合【象限点捕捉】功能，分别绘制半径分别5和4的两个圆对象，并将新绘制的最小圆修改至【中心线】图层，如图16-42所示。

图16-42 绘制圆

06 环形阵列图形。单击【修改】面板中的【环形阵列】按钮，修改【项目数】为6，将新绘制的小圆对象和垂直中心线进行环形阵列操作，如图16-43所示。

图16-43 环形阵列图形

07 修改图形。调用X【分解】命令，分解环形阵

列图形；调用TR【修剪】和E【删除】命令，修剪并删除多余的图形，如图16-44所示。

图16-44 修改图形

08 拉长图形。调用LEN【拉长】命令，修改【增量】为4，拉长各中心线对象，如图16-45所示。

图16-45 拉长图形

09 偏移图形。调用O【偏移】命令，拾取合适的中心线，对其进行偏移操作，如图16-46所示。

图16-46 偏移图形

10 修改图形。调用TR【修剪】和E【删除】命令，修剪并删除多余的图形，并将修改后的图形修改至【粗实线】图层，如图16-47所示。

图16-47 修改图形

2. 绘制螺钉

⑪ 绘制直线。将【中心线】图层置为当前。调用L【直线】命令，绘制一条长度为35的水平直线。

⑫ 绘制直线。将【粗实线】图层置为当前。调用L【直线】和M【移动】命令，结合【对象捕捉】功能，绘制直线，如图16-48所示。

图16-48 绘制直线

⑬ 镜像图形。调用MI【镜像】命令，选择合适的图形，将其进行镜像操作，如图16-49所示。

图16-49 镜像图形

⑭ 偏移图形。调用O【偏移】命令，分别拾取合适的直线，将其进行偏移操作，如图16-50所示。

图16-50 偏移图形

⑮ 绘制直线。调用L【直线】命令，结合【对象捕捉】功能，连接直线，如图16-51所示。

图16-51 连接直线

⑯ 修改图形。调用TR【修剪】和E【删除】命令，修剪并删除多余的图形，并将修改后的图形修改至【粗实线】图层，如图16-52所示。

图16-52 修改图形

⑰ 绘制直线。将【细实线】图层置为当前，调用L【直线】命令，结合【对象捕捉】功能，连接直线，如图16-53所示。

图16-53 绘制直线

⑱ 倒角图形。调用CHA【倒角】命令，修改【倒角距离】均为0.5，拾取合适的直线，进行倒角操作，如图16-54所示。

图16-54 倒角图形

3. 绘制左视图

⑲ 绘制直线。将【中心线】图层置为当前。调用L【直线】和M【移动】命令，绘制两条中心线，如图16-55所示。

⑳ 绘制直线。将【粗实线】图层置为当前。调用L【直线】和M【移动】命令，结合【对象捕捉】功能，绘制直线，如图16-56所示。

图16-55　绘制中心线　　　　图16 56　绘制直线

㉑ 绘制圆。调用C【圆】和M【移动】命令，结合【对象捕捉】功能，绘制圆对象，并将半径为32的圆修改至【中心线】图层，如图16-57所示。

图16-57　绘制圆

㉒ 修剪图形。调用TR【修剪】命令，修剪多余的图形，如图16-58所示。

㉓ 偏移图形。调用O【偏移】命令，将水平中心线向上进行偏移操作，如图16-59所示。

图16-58　修剪图形　　　　图16-59　偏移图形

㉔ 偏移图形。调用O【偏移】命令，将垂直中心线向左右两侧进行偏移操作，如图16-60所示。

图16-60　偏移图形

㉕ 修改图形。调用TR【修剪】和E【删除】命令，修剪并删除多余的图形，并将修改后的图形修改至【粗实线】图层，如图16-61所示。

㉖ 圆角图形。调用F【圆角】命令，修改【圆角半径】为6，拾取合适的直线进行圆角操作，如图16-62所示。

图16-61　修改图形　　　　图16-62　圆角图形

㉗ 倒角图形。调用CHA【倒角】命令，修改【倒角距离】均为2、【修剪】模式为【修剪】和【不修剪】，拾取合适的直线，进行倒角操作，如图16-63所示。

图16-63　倒角图形

㉘ 镜像图形。调用MI【镜像】命令，选择合适

的图形，将其进行镜像操作；调用E【删除】命令，删除多余的直线，如图16-64所示。

㉙ 装配图形。调用M【移动】和【复制】命令，将新绘制的螺钉图形装配到左视图中；调用TR【修剪】命令，修剪多余的图形，如图16-65所示。

图16-64 镜像图形　　　　图16-65 装配图形

㉚ 填充图形。将【剖面线】图层置为当前。调用H【图案填充】命令，选择【ANSI31】图案，修改【图案填充比例】为2、【图案填充角度】分别为0和90，拾取合适的区域，填充图形，如图16-66所示。

图16-66 填充图形

4. 完善装配图

㉛ 添加尺寸标注。将【尺寸标注】图层置为当前，调用DLI【线性标注】和DIMDIAMETER【直径标注】命令，添加尺寸标注，如图16-67所示。

图16-67 添加尺寸标注

㉜ 修改标注文字。双击相应的尺寸标注，修改其标注文字，如图16-68所示。

图16-68 修改标注文字

㉝ 添加引线标注。调用MLD【多重引线】命令，为图形添加多重引线标注，如图16-69所示。

图16-69 添加多重引线标注

㉞ 添加文字。调用MT【多行文字】命令，为图形添加多行文字，如图16-70所示。

技术要求:
1. 零件去除氧化皮;
2. 经调质处理, HRC50~55;
3. 未注形状公差应符合GB1184-80的要求;
4. 未注圆角半径R6;
5. 未注倒角均为2X45。

图16-70 添加文字

(35) 插入图框。调用I【插入】命令,插入图框对象,并调整其大小和位置,如图16-71所示。

图16-71 插入图框

(36) 绘制矩形。调用REC【矩形】命令,结合【对象捕捉】功能,绘制矩形,如图16-72所示。

图16-72 绘制矩形

(37) 修改参数。调用TAB【表格】命令,打开【插入表格】对话框,修改各参数,如图16-73所示。

图16-73 【插入表格】对话框

(38) 插入表格。单击【确定】按钮,依次捕捉左下方矩形的左上角点和右下角点,插入表格,如图16-74所示。

图16-74 插入表格

(39) 修改参数。调用TAB【表格】命令,打开【插入表格】对话框,修改各参数,如图16-75所示。

图16-75 【插入表格】对话框

(40) 插入表格。单击【确定】按钮,依次捕捉右上方矩形的左上角点和右下角点,插入表格,如图16-76所示。

图16-76 插入表格

④ 完善图形。合并相应的单元格，双击单元格对象，依次输入数据，并调整表格的列宽、行高和文字对齐方式，得到的最终效果如图16-37所示。

16.5 三维机械图的绘制

本节主要介绍机械类三维零件的绘制方法与操作技巧，让用户掌握绘制机械产品设计所需要的各种绘图和编辑命令，使用户在学习前面章节的基础上，将能力和水平得到进一步提升。

16.5.1 课堂实例——绘制机床支座三维模型

案例位置	素材＞第16章＞16.4.5课堂实例——绘制涡轮部件装配图.dwg
视频位置	视频＞第16章＞16.4.5课堂实例——绘制涡轮部件装配图.mp4
难易指数	★★★☆☆
学习目标	学习【矩形】、【拉长】、【镜像】、【直线】、【偏移】、【移动】、【复制】和【表格】等命令的使用

本小节通过绘制图16-77所示的机床支座三维模型，使读者了解三维模型的绘制过程和技巧。

图16-77 机床支座

① 绘制矩形。新建文件，将视图切换至【前视】视图，调用REC【矩形】命令，在原点处绘制一个矩形，如图16-78所示。

图16-78 绘制矩形

② 绘制圆。调用C【圆】和M【移动】命令，绘制两个圆对象，如图16-79所示。

图16-79 绘制圆

③ 绘制圆弧。调用A【圆弧】命令，捕捉原点为圆弧的第一点，输入其他两点坐标（@2.8,0.8）和（@1.8,2.2），绘制圆弧；调用M【移动】命令，调整新绘制圆弧的位置，如图16-80所示。

④ 修改图形。调用MI【镜像】命令，将新绘制的圆弧进行镜像操作；调用TR【修剪】命令，修剪多余的图形；调用JOIN【合并】命令，合并修剪后的图形，如图16-81所示。

图16-80 绘制圆弧

图16-81 修改图形

⑤ 拉伸实体。将视图切换至【西南等轴测】视图；调用EXT【拉伸】命令，修改【拉伸高度】为50，将新绘制的多段线和圆进行拉伸操作，显示效果如图16-82所示。

图16-82 拉伸实体

⑥ 差集运算。调用SU【差集】命令，将圆柱体从多段线实体中减去，如图16-83所示。

图16-83 差集模型

⑦ 绘制圆。将视图切换至【俯视】视图，调用C【圆】和M【移动】命令，绘制圆对象，如图16-84所示。

图16-84 绘制圆对象

⑧ 矩形阵列图形。单击【修改】面板中的【矩形阵列】按钮，将新绘制的圆进行矩形阵列操作；调用X【分解】命令，分解矩形阵列对象，如图16-85所示。

图16-85 矩形阵列图形

⑨ 拉伸实体。将视图切换至【西南等轴测】视图，调用EXT【拉伸】命令，修改【拉伸高度】为-7，将所有小圆对象进行拉伸操作，如图16-86所示。

⑩ 拉伸实体。调用EXT【拉伸】命令，修改【拉伸高度】为-2，将所有大圆对象进行拉伸操作，如图16-87所示。

图16-86 拉伸实体

图16-89 差集模型

图16-87 拉伸实体

⑪ 差集运算。调用SU【差集】模型，将大圆拉伸体从整个实体中减去，如图16-88所示。

图16-88 差集模型

⑫ 差集运算。调用SU【差集】模型，将小圆拉伸体从整个实体中减去，如图16-89所示。

16.5.2 课堂实例——绘制定位支座三维模型

案例位置	素材＞第16章＞16.5.2 课堂实例——绘制定位支座三维模型.dwg
视频位置	视频＞第16章＞16.5.2 课堂实例——绘制定位支座三维模型.mp4
难易指数	★★★★☆
学习目标	学习【拉伸】、【圆角边】、【圆柱体】、【差集】、【坐标系】、【并集】、【长方体】和【楔体】等命令的使用

本小节通过绘制图16-90所示的定位支座三维模型，使读者了解三维模型的绘制过程和技巧。

图16-90 定位支座

① 绘制图形。新建文件，将视图切换至【前视】视图，调用L【直线】、C【圆】、TR【修剪】和JOIN【合并】命令，绘制轮廓图形，如图16-91所示。

图16-91 绘制轮廓图形

02 拉伸实体。将视图切换至【西南等轴测】视图，调用EXT【拉伸】命令，修改【拉伸高度】为95，拉伸新绘制的轮廓图形，如图16-92所示。

图16-92 拉伸实体

03 圆角边。调用FILLETEDGE【圆角边】命令，修改【圆角半径】为15，对各棱边进行圆角边操作，如图16-93所示。

图16-93 圆角边效果

04 绘制圆柱体。调用CYL【圆柱体】命令，结合【对象捕捉】功能，绘制4个直径为15，高度为-12的圆柱体，如图16-94所示。

图16-94 绘制圆柱体

05 差集模型。调用SU【差集】命令，将新绘制的圆柱体从拉伸实体中减去，显示效果如图16-95所示。

图16-95 差集模型

06 绘制圆柱体。调用L【直线】命令，结合【中点捕捉】功能，绘制辅助线；调用CYL【圆柱体】命令，结合【对象捕捉】功能，绘制半径为35，高度为58的圆柱体，删除辅助线，如图16-96所示。

图16-96 绘制圆柱体

07 旋转坐标系。调用UCS【坐标系】命令，将坐标系绕X轴旋转90°。

08 绘制圆柱体。调用CYL【圆柱体】命令，结合【对象捕捉】功能，绘制半径为15，高度为-95的圆柱体，效果如图16-97所示。

图16-97 绘制圆柱体

09 差集模型。调用SU【差集】命令，将新绘制的圆柱体从相交的圆柱体中减去，如图16-98所示。

图16-98 差集模型

⑩ 绘制圆柱体。将坐标系恢复到世界坐标系，调用CYL【圆柱体】命令，结合【对象捕捉】功能，绘制半径为20，高度为-70的圆柱体，效果如图16-99所示。

图16-99 绘制圆柱体

⑪ 修改模型。调用UNI【并集】和SU【差集】命令，布尔运算模型对象，如图16-100所示。

图16-100 布尔运算模型

⑫ 绘制长方体。调用BOX【长方体】和M【移动】命令，创建长为95，宽为15，高为96的长方体，如图16-101所示。

图16-101 绘制长方体

⑬ 差集模型。调用SU【差集】命令，将长方体从整个实体中减去，如图16-102所示。

图16-102 差集模型

⑭ 绘制楔体。将坐标系恢复到世界坐标系，调用WEDGE【楔体】、M【移动】和RO【旋转】命令，绘制长度为24，宽度为10，厚度为15的楔体，如图16-103所示。

图16-103 绘制楔体

⑮ 镜像模型。单击【修改】面板中的【三维镜像】按钮，将新创建的楔体在YZ平面中镜像，如图16-104所示。

图16-104 镜像模型

16 完善模型。调用UNI【并集】命令，选择所有实体，对其进行并集操作，最终效果如图16-90所示。

16.5.3 课堂实例——绘制箱盖三维模型

案例位置	素材＞第16章＞16.5.3 课堂实例——绘制箱盖三维模型.dwg
视频位置	视频＞第16章＞16.5.3 课堂实例——绘制箱盖三维模型.mp4
难易指数	★★★★☆
学习目标	学习【矩形】、【圆角】、【拉伸】、【差集】、【圆柱体】、【剖切】、【并集】和【多段线】等命令的使用

本小节通过绘制图16-105所示的箱盖三维模型，使读者了解三维模型的绘制过程和技巧。

图16-105 箱盖

01 绘制矩形。新建文件，将视图切换至【前视】视图，调用REC【矩形】命令，绘制一个矩形，如图16-106所示。

图16-106 绘制矩形

02 圆角图形。调用F【圆角】命令，修改圆角半径为8，拾取合适的直线，进行圆角操作，如图16-107所示。

图16-107 圆角图形

03 绘制图形。调用C【圆】和MI【镜像】命令，绘制图形，如图16-108所示。

图16-108 绘制图形

04 拉伸实体。将视图切换至【西南等轴测】视图，调用EXT【拉伸】命令，修改【拉伸高度】为8，将新绘制的圆和多段线进行拉伸操作，如图16-109所示。

图16-109 拉伸实体

407

05 差集模型。调用SU【差集】命令，将圆柱体从多段体中减去，显示效果如图16-110所示。

图16-110 差集模型

06 绘制圆柱体。调用CYL【圆柱体】命令，捕捉拉伸多段体最外侧的下方中点，绘制一个半径为15、高度为24的圆柱体，如图16-111所示。

图16-111 绘制圆柱体

07 绘制圆柱体。调用CYL【圆柱体】命令，捕捉新绘制圆柱体的最外侧圆心点，绘制一个半径为10、高度为-32的圆柱体，如图16-112所示。

08 剖切模型。调用SL【剖切】命令，选择两个圆柱体对象，以ZX面为剖切平面，依次捕捉最外侧的圆心点和大圆柱体的上象限点，剖切图形，如图16-113所示。

图16-112 绘制圆柱体

图16-113 剖切模型

09 绘制矩形。将视图切换至【后视】视图，调用REC【矩形】和M【移动】命令，绘制矩形，如图16-114所示。

图16-114 绘制矩形

10 拉伸实体。将视图切换至【西南等轴测】视图，调用EXT【拉伸】命令，修改【拉伸高度】为18，拉伸新绘制的矩形；调用M【移动】命令，将拉伸后的实体进行移动操作，如图16-115所示。

图16-115 拉伸实体

⑪ 并集模型。调用UNI【并集】命令，选择大圆柱体、箱盖主体和拉伸实体，进行并集运算操作，如图16-116所示。

图16-116 并集模型

⑫ 差集模型。调用SU【差集】命令，将小圆柱体从并集实体中减去，如图16-117所示。

图16-117 差集模型

⑬ 绘制多段线。将视图切换至【左视】视图，调用PL【多段线】命令，结合【对象捕捉】功能，绘制多段线，如图16-118所示。

图16-118 绘制多段线

⑭ 复制图形。将视图切换至【西南等轴测】视图，调用CO【复制】命令，将新绘制多段线向左复制3，如图16-119所示。

图16-119 复制图形

⑮ 删除图形。调用E【删除】命令，删除多余的图形，如图16-120所示。

图16-120 删除图形

⑯ 拉伸实体。调用EXT【拉伸】命令，修改【拉伸高度】为-6，对复制后的图形进行拉伸处理，如图16-121所示。

图16-121 拉伸实体

⑰ 完善图形。调用UNI【并集】命令，拾取所有的模型进行并集操作，得到的最终效果如图16-105所示。

16.6 本章小结

本章详细讲解了机械方面的一些知识点，包括机械设计的制图内容和流程、零件图的绘制、装配图的绘制以及三维机械模型的创建，通过本章的学习，可以快速掌握机械设计的绘图手法，从而应用到其他的机械设计图纸中。

16.7 课后习题

本节通过具体的实例练习机械设计的绘图方法。

16.7.1 创建压板零件图

案例位置	无
视频位置	视频＞第16章＞16.7.1 创建压板零件图.mp4
难易指数	★★★★☆
学习目标	学习【圆】、【矩形】、【偏移】、【修剪】、【倒角】和【图案填充】等命令的使用

压板零件图如图16-122所示。

图16-122 压板零件图

压板零件图的绘制流程如图16-123、图16-24、图16-125、图16-126和图16-127所示。

图16-123 绘制中心线

图16-124 绘制圆

图16-125　绘制中心线和倒角矩形

图16-126　分解、偏移并修剪图形

图16-127　倒角并填充图形

16.7.2　创建方墩三维模型

案例位置	无
视频位置	视频＞第16章＞16.7.2 创建方墩三维模型.mp4
难易指数	★★★★☆
学习目标	学习【长方体】、【移动】、【圆柱体】、【并集】和【差集】等命令的使用

方墩三维模型如图16-128所示。

图16-128　方墩三维模型

方墩三维模型的绘制流程如图16-129、图16-130、图16-131、图16-132、图16-133和图16-134所示。

图16-129　绘制长方体

图16-130　绘制并移动长方体

411

图16-131 绘制圆柱体

图16-134 并集与差集模型

图16-132 绘制圆柱体

图16-133 绘制圆柱体